科学出版社"十四五"普通高等教育研究生规划教材

人工智能在电气工程中的应用

胡维昊　曹　迪　张真源　黄　琦　著

科　学　出　版　社

北　京

内容简介

本书主要包括人工智能的定义与发展历史以及深度学习和强化学习在电气工程智能化中的应用，从电气工程智能化的技术发展现状和基本概念入手，逐步介绍人工智能在电气工程领域涉及的前沿算法和相关技术及体系。随后分别以具体的应用实例介绍人工智能技术在电气工程领域的应用研究现状，主要包括基于人工智能的故障诊断技术、基于人工智能的混合能源系统与电动汽车系统能量管理技术、基于人工智能的控制和优化技术以及基于人工智能的电力电子调制技术。

本书有助于相关专业的本科生、研究生详细了解人工智能技术在电气工程领域应用的研究现状，同时也面向人工智能和电气工程领域的工程技术人员，具有较高的阅研和应用价值。

图书在版编目（CIP）数据

人工智能在电气工程中的应用/胡维昊等著. -- 北京：科学出版社，2025.3. --（科学出版社"十四五"普通高等教育研究生规划教材）.
ISBN 978-7-03-080568-3

Ⅰ. TM-39

中国国家版本馆 CIP 数据核字第 202459QN70 号

责任编辑：叶苏苏　高慧元 / 责任校对：彭　映
责任印制：罗　科 / 封面设计：义和文创

科 学 出 版 社 出版
北京东黄城根北街 16 号
邮政编码：100717
http://www.sciencep.com
四川煤田地质制图印务有限责任公司印刷
科学出版社发行　各地新华书店经销

＊

2025 年 3 月第 一 版　开本：787×1092　1/16
2025 年 3 月第一次印刷　印张：12 3/4
字数：302 000
定价：149.00 元
（如有印装质量问题，我社负责调换）

前　言

近年来，大数据时代的到来和计算机性能的飞跃式发展，催生了人工智能技术的巨大进步及其在各领域的应用。新一代人工智能以算法为核心，以数据和硬件为基础，以提升感知识别、知识计算、认知推理、操作控制、人机交互能力为目标。这是引领未来的战略性技术，人工智能作为新一轮产业变革的核心驱动力，将进一步释放历次科技革命和产业变革所积蓄的巨大能量，成为推动第四次工业革命的重要力量。

当前，全球主要国家都在努力提升国家竞争力，并将发展人工智能作为重大战略。2016 年 10 月，美国政府发布了两份重要报告：《为人工智能的未来做好准备》和《国家人工智能研究与发展策略规划》。同年 12 月，英国发布了报告《人工智能：未来决策制定的机遇和影响》。2017 年 7 月，中国国务院印发了《新一代人工智能发展规划》，提出了新一代人工智能发展分三步走的战略目标，预计到 2030 年使中国人工智能理论、技术与应用总体达到世界领先水平，成为世界人工智能创新中心。2019 年 3 月，习近平总书记主持召开中央全面深化改革委员会第七次会议，强调要把握新一代人工智能发展的特点，坚持以市场需求为导向，以产业应用为目标，深化改革创新，优化制度环境，激发企业创新活力和内生动力，结合不同行业、不同区域特点，探索创新成果应用转化的路径和方法，构建数据驱动、人机协同、跨界融合、共创分享的智能经济形态。2020 年 4 月，国家发展改革委明确了新基建的范围，指出要将互联网、大数据、人工智能等技术与传统基础设施进行融合，以支撑传统基础设施转型升级。

本书分为理论篇与应用实践篇，主要由 7 章组成。第 1 章对人工智能及其在电气工程中的发展历史以及应用进行整理，介绍深度学习以及强化学习在电气工程领域中的应用潜力。第 2 章到第 7 章以应用实践的方式，介绍目前人工智能技术在电气工程领域的相关应用，突出关键技术。其中，第 2 章详细介绍基于人工智能的故障诊断技术。第 3 章介绍人工智能在混合能源系统能量管理中的应用。第 4 章详细介绍人工智能在主动配电网电压控制中的应用。第 5 章讲解人工智能在电动汽车能量管理中的应用。第 6 章详细介绍人工智能在电力系统低频超低频稳定控制中的应用。第 7 章详细讲解人工智能在双有源全桥调制中的应用。

本书各章节的撰写人员详见本书撰写组名单，全书由胡维昊负责统稿审阅。其中，胡维昊负责撰写第 1、7 章，曹迪负责撰写第 4、5 章，张真源负责撰写第 3、6 章，黄琦负责撰写第 2 章。此外，团队的张国洲、唐远鸿、李思辰、韩雨伯、秦心筱、张斌、陈健军、熊康、白云帆、赵树渤等研究生参与了书稿资料的收集。在本书编撰、审稿、出版过程中，中国电工技术学会、中国电工技术学会人工智能与电气应用专业委员会以及相关的高等院校、科研院所、电网企业、发电企业、制造企业等都给予了很多帮助，同时科学出版社也为本书的出版发行提供了大力的支持，在此一并表示衷心的感谢。

电气工程和人工智能技术结合的应用研究依然处于高速发展时期，一些技术方法还处于不断的发展变革之中。截至2024年，人工智能技术在电气工程中的应用研究仍处于初步探索阶段。限于作者水平，书中难免会有疏漏之处，敬请广大读者批评指正。

目　　录

第1章　人工智能在电气工程中的应用现状

1.1　人工智能的定义与发展史

人工智能（artificial intelligence，AI）是计算机科学中的一个分支，旨在开发能够模拟和实现人类智能的技术和算法[1]。人工智能技术早期的发展主要集中在专家系统和机器学习领域，但随着大数据和云计算技术的发展、深度学习和自然语言处理等技术的快速崛起，人工智能正逐步向更广泛的领域渗透。本节将从人工智能的发展历史、基本概念、应用领域和发展趋势等方面进行介绍。

在早期，人工智能被定义为一种可以模拟人类智力的技术，旨在实现像人类一样思考、学习和决策的机器。然而，随着技术的发展，人工智能的定义逐渐扩大，不仅包括了计算机程序的智能化，也包括了智能机器人和自动驾驶汽车等各种应用。

人工智能的发展史可以追溯到1956年，当时，达特茅斯会议（Dartmouth Conference）在美国达特茅斯学院举行，标志着人工智能作为一个学科的起点。在20世纪60年代，专家系统（expert system）开始成为人工智能领域的主流技术，该技术使用基于规则和知识的系统来模拟人类专家的思维过程。20世纪70年代，机器学习（machine learning）开始成为人工智能的重要研究领域，其中最有代表性的是神经网络（neural network）。

20世纪80~90年代，人工智能领域经历了一段低谷期，主要是由于计算机处理速度和存储容量的限制，以及缺乏大规模数据集和算法的限制。然而，2000年以后，随着互联网的普及、移动设备的广泛应用和云计算的发展，大数据技术和深度学习技术逐渐崛起。这些新技术使得人工智能技术在图像识别、语音识别、自然语言处理、机器翻译等方面取得了重大进展。

当人工智能技术开始蓬勃发展时，机器学习被认为是实现人工智能的关键。随着深度学习和强化学习的出现和发展，人工智能的表现水平得到了前所未有的提高，图1-1展示了人工智能、机器学习和强化学习以及深度学习的关系。作为推动电力系统智能化的技术手段，人工智能方法可以有效地建立电力信息到任务信息的映射关系。大量的人工智能方法从不同角度提取数据的信息特征。依据学习过程的差异，用于电力系统的人工智能方法可主要分为深度学习方法与强化学习方法。

深度学习[2]和强化学习[3]是众多人工智能算法中较为经典的代表。深度学习通过组合数据的低层特征形成更加抽象的高层表示，以发现数据的分布式特征，由于深度学习强大的特征提取能力，机器能够自动学习和理解数据的特征，从而实现高效的分类、预测和识别等任务。深度学习已经在图像识别、语音识别、自然语言处理和机器翻译等领域取得了显著的成果，近年来也被广泛应用于电力系统感知研究中，如负荷及新能源发电的预测、电力系统稳定性评估、电力系统及电力设备故障诊断等场景。

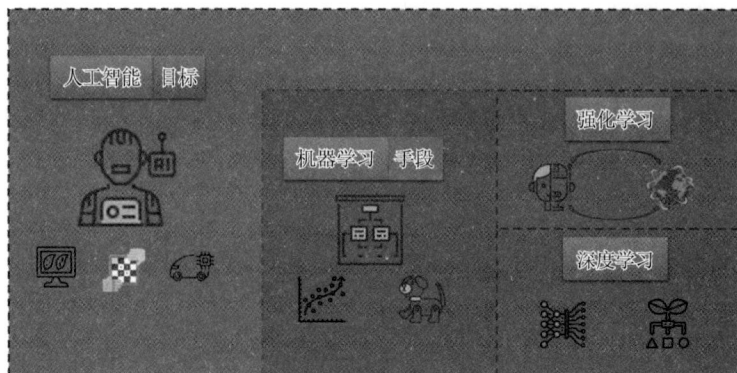

图 1-1　人工智能与机器学习等的关系

强化学习是一种泛在的人工智能方法，已经在游戏、机器人控制和自动驾驶等领域得到广泛应用，其通过和环境的不断交换学习控制策略以最大化特定目标，适合于解决优化决策问题，可被应用于电力系统稳定控制、电压控制以及电力市场优化中。虽然已经有大量人工智能技术在电力系统应用的研究发表，然而，由于人工智能算法的"黑箱"特点及其存在的可解释性差、对数据要求高等特点，以及电力系统对安全性又有着极高的要求，导致当前的工作主要停留在实验室理论研究层面，缺乏真正实际应用于电力系统的相关研究成果。

新能源发电、柔性负荷、电力电子设备的大量接入以及低碳技术的广泛应用推动电力系统朝着智能化方向发展。相比于传统电力系统，智能化电力系统具有更加开放和复杂的特性，且时刻都在产生体量大、结构复杂的数据，传统的物理模型驱动的方法无法完全满足其分析和控制需求。AI 技术是当前最具有颠覆性的技术之一，其强大的感知和决策能力可以推动电气工程领域向着智能化的方向发展，有效应对由智能化发展和能源革命所带来的各种挑战[4-8]。

1.2　深度学习和强化学习在电气工程中的应用

2019 年 3 月 19 日，中央全面深化改革委员会第七次会议审议通过了《关于促进人工智能和实体经济深度融合的指导意见》，习近平总书记在会议讲话中也提出，要促进人工智能和实体经济深度融合，把握新一代人工智能发展的特点，坚持以市场需求为导向，以产业应用为目标，深化改革创新，优化制度环境，激发企业创新活力和内生动力，结合不同行业、不同区域特点，探索创新成果应用转化的路径和方法，构建数据驱动、人机协同、跨界融合、共创分享的智能经济形态。2020 年 4 月，国家发展改革委明确了新基建的范围，指出要深度应用互联网、大数据、人工智能等技术，支撑传统基础设施转型升级。随着科学技术的不断发展和重大发展战略的深入推进，融合互联网、大数据的新一代人工智能技术作为一种先进的技术手段，可以为解决电气工程领域所面临的如设备故障率高、能源消耗过大、人工操作成本高等问题带来新的思路和方法，也是未来电气工程领域智能化研究和应用的重要发展方向。

深度学习和强化学习被众多学者广泛应用于电气工程领域的研究中并且在电气工程智能化发展中大放光彩，它们在推动电气工程智能化发展方面发挥了不可或缺的作用。通过基于人工智能方法的智能化监测、控制和优化技术，可以对电气工程涉及的各个领域实现高效管理，包括电力系统中能源的生产、储能、传输、配电、用电等环节[4]，从而提高电力系统的可靠性、安全性、经济性和环保性[5-8]，人工智能在电气工程智能化领域研究的发展趋势主要包括预测性维护、智能控制、综合能源系统管理、自动化检测、智能优化等方面[9-14]，下面将对基于深度学习和强化学习在电气工程中的应用现状进行详细介绍。

1.2.1　深度学习在电气工程中的应用现状

近年来，智能电表、先进传感装置在电力系统中的不断部署为感知系统状态提供了数据基础，而人工智能算法的不断进步和计算机算力的提升使得深度学习在电气工程相关领域中的应用成为可能。深度学习的概念起源于人工神经网络的研究，但早期的神经网络随着网络层数的增加，会导致目标函数陷入局部最优的情况，无法找到全局最优解[15]。2006 年，Hiton[16]提出了一种基于深度置信网络的生成模型，通过逐层预训练初始化网络参数，然后由 BP 算法微调网络参数，以此解决了多层神经网络模型的参数优化难题，这开启了深度学习的发展序幕。近年来，随着计算机性能的提升，深度学习技术因其强大的特征表示能力在处理电力信息时受到学者的广泛关注。深度学习方法的分类如图 1-2 所示。该方法适用于较大的数据规模与较难建立映射关系的场景。由于参数的大量堆叠，该类方法不可避免地面临可解释性差、学习效率较低的问题。在普通神经网络的基础上，许多学者提出基于拓扑结构的神经网络[17]或者嵌入物理知识的参数更新方法[18]以提高模型的可解释性与学习效率。参数化的监督模型是电力信息分析的有效途径。

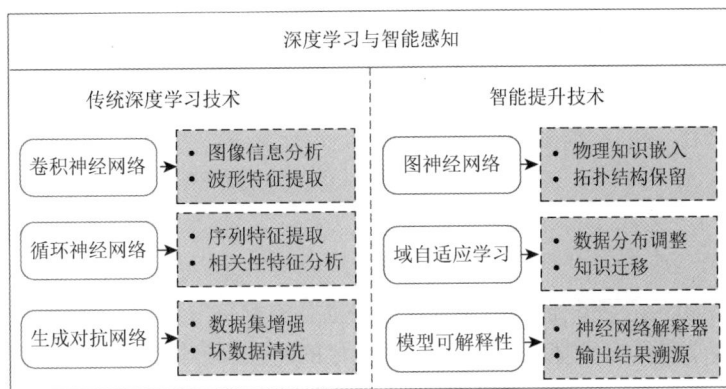

图 1-2　深度学习方法的分类

深度学习的基本思想是通过构建多层神经网络，使机器具有自主学习、自适应和自我优化的能力。深度学习是人工智能的一个分支，通过对大数据的分析和学习，能够自动发现数据中的规律和特征，从而实现自动化的判断、决策和预测等功能。图 1-3 是深度学习的基本结构图，输入数据经过多层神经网络的映射逐层向上抽象学习特征，该过程无须人工参与，通过特定的数学表达，可将特征转化为有价值的信息，指导机器完成学习工作。

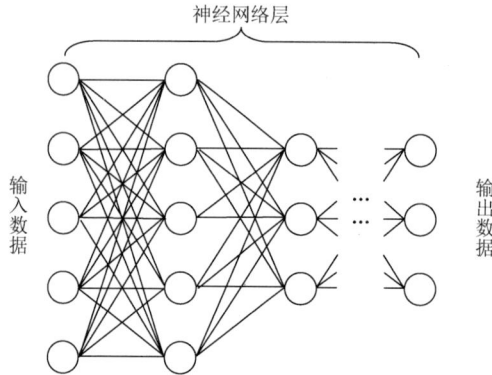

图 1-3 深度学习基本结构图

在电气工程领域，深度学习主要应用于电力负荷预测、发电预测、电力系统稳定性评估分析、电力系统故障诊断等方面[19]。图 1-4 展示了深度学习的功能及其在电气工程领域中的应用情况。

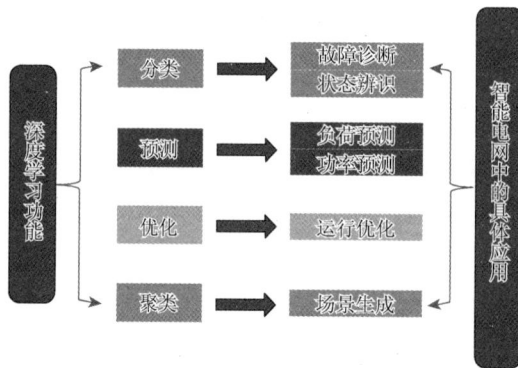

图 1-4 深度学习的功能及其在电气工程领域的应用

1. 基于深度学习的电力负荷预测

电力负荷预测对电网的安全稳定运行有很重要的意义。相较于传统的统计方法和机器学习算法，深度学习具有更强的非线性建模能力和更好的泛化能力，可以更准确地预测未来的电力负荷。深度学习在电力负荷预测中的优点包括：可以处理多维度的数据，如天气、假期等因素的影响；可以自适应地学习数据中的规律和特征，无须手动进行特征工程；具有较高的预测精度和较小的误差。

负荷预测模型的输入变量重点在于历史负荷值、时间标签和温度等特征，而输出可以分为确定值的形式和不确定值的形式。确定值的输出也称为点负荷预测，不确定值以预测区间或概率密度的方式给出未来负荷的不确定信息，也称为概率负荷预测。传统的负荷预测模型都可以进行点负荷预测，近年来由于电网波动性和不确定性的增加，提供可再生能源定量不确定性信息的概率预测有望帮助电能系统的规划、管理和运行，因此大量文献也开始针对概率负荷预测进行研究。确定性预测与概率预测如图 1-5 所示。

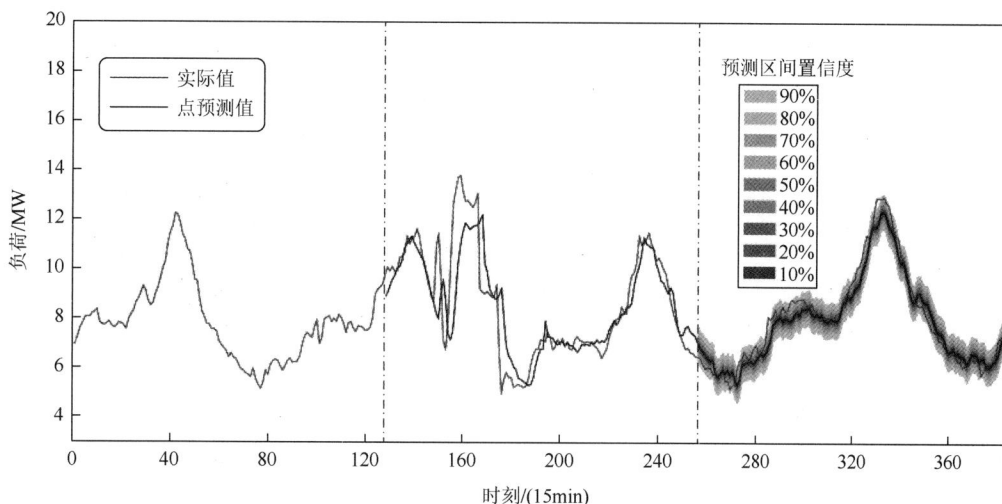

图 1-5　确定性预测与概率预测（彩图扫二维码）

概率负荷预测模型可大致分为概率学模型和参数模型两种。概率学模型如贝叶斯模型，以及高斯过程[20]等，以严格的方式量化了预测的不确定性，可以提供丰富的不确定信息，但受限于模型本身的学习能力，预测精度较低。参数模型如神经网络，具有良好的学习能力，近年来基于神经网络的概率负荷预测受到了广泛关注，其主要包括分位数回归神经网络[21]、混合密度网络[22]、贝叶斯神经网络[23]等。

近年来应用于负荷预测领域效果较好的深度学习模型主要有：极限学习机（extreme learning machine，ELM）[24]、长短期记忆（long short-term memory，LSTM）网络[25]、残差网络（ResNet）[26]、深度置信网络（deep belief network，DBN）[27]等，然而单一的预测模型更关注预测的偏差，忽略了预测的稳定性。组合预测模型以及集成学习更关注预测的方差，因此组合预测模型也成为近年来的研究热点。组合模型一般的做法是训练一系列基于简单机器学习和深度学习的基学习器，然后利用一定的组合方法对基学习器进行组合，如基于线性回归的组合模型[28]、基于二次规划的组合预测模型[29]、基于强化学习的集成模型[30]等。另外，由于负荷预测任务中缺少训练样本的情景较为常见，因此小样本学习也成为负荷预测领域比较关注的点。已有学者进行了初步探索，如文献[31]提出的多元核迁移方法利用核函数的灵活性解决迁移过程中的异特征空间问题，文献[32]提出元学习方法解决用户层面的小样本学习问题，文献[33]使用贝叶斯加权概率平均法对迁移知识在有限训练样本下进行组合，有效地消除了负面迁移信息的影响。

2. 基于深度学习的新能源发电的预测

不同于负荷预测，新能源预测模型的输入变量重点在于气象因素（如风速、太阳辐射等)、时间标签和历史出力等特征。按输出值的方式分类新能源预测也可分为点预测和概率预测两种，由于负荷预测和新能源概率预测模型较为类似，所以这里不再赘述。新能源预测（如风能预测、太阳能预测、地热能预测等）研究的关键点主要包括特征提取和建立预测模型这两个过程。

新能源发电装置的出力受到气候、自然环境、实时气象因素等多重影响，具有较强的随机性和波动性，因此特征提取对于新能源发电预测至关重要。深度学习模型由于其强大的非线性逼近能力，被广泛用于新能源预测的特征提取过程。特征提取方案如经典特征提取法（如相位空间重建、自相关函数、主成分分析等）、深度自动编码器（deep auto-encoder，DAE）[34]、基于循环神经网络（recurrent neural network，RNN）、卷积神经网络（convolutional neural network，CNN）等深度学习法[35, 36]的特征提取已被广泛应用。但气象特征复杂多变，新能源出力受到多种因素影响，如何有效提取输入特征，并有足够的稳健性应对未知的样本值得深入探索。在特征提取的基础上，设计算法拟合输入特征和目标值之间的关系，是新能源发电预测的核心。深度混合模型被广泛应用于这个环节，如基于多种机器学习模型的混合预测模型[37]、基于统计学和深度学习的混合模型[38]等。然而结构化学习的神经网络模型在应对未知的异常样本时灵活性不足，在模型受到异常噪声干扰时鲁棒性不足。Transformer模型是一种基于注意力机制的编码-解码模型[39]，利用注意力机制可以有效提取复杂多维的输入特征。近期在自然语言处理和计算机视觉领域大放异彩，基于Transformer设计新能源发电预测模型，统一季节、气候、地形等特征，提高模型的灵活性和稳健性，将会是未来的研究热点。

通过以上分析，可以看出人工智能技术在电力系统预测领域的应用具有以下优势：①将人工智能技术应用于特征提取过程，可以有效感知多个信息空间，降低输入特征的维度；②基于人工智能建立回归模型，可以映射复杂的非线性关系，提高预测精度，有效应对新能源并网带来的随机性和波动性。

尽管人工智能模型以其大数据的处理能力和先进的学习能力在电力系统预测领域已经展现出了极强的生命力，但仍存在以下挑战。

（1）对于时空相关的多元预测对象的建模问题。当下的电力预测对象多为单一时间序列，忽略了与之具有一定关联性的时间序列对其的影响作用。对单一时间序列建模无法感知多个目标之间存在的关联性，同时带来了庞大的计算消耗，而电力预测多个时间序列往往存在一定的时空相关性和因果关联，如新能源发电场景之间存在的时空相关性、同一区域用电个体负荷之间存在的关联性、综合能源系统中的多能耦合关系等。若预测模型可以有效获取多元时间序列的时空关联性，则既可以提高预测精度，又可以进行多元输出，提高计算效率。

（2）模型的抗扰动能力。人工智能模型多为在理想场景下训练的模型，当电力系统遭受较大扰动或面对突发事件时，模型如何及时做出调整依然是值得探索的问题。

（3）预测模型在实际场景中的应用效果。目前相关学者大多以精度为导向研究预测模型，重点致力于准确率方面的提升而忽略了预测模型在实际场景中的实用性。举例来说，在电力系统中，负荷预测是为经济调度、制订发电计划等服务的，所以在负荷预测模型建模时应重点考虑预测结果对于实际电力系统运行产生的经济效益。以收益为导向进行电力预测建模也是值得探索的方向。

3. 基于深度学习的电力系统稳定性评估分析

电力系统稳定性分析是电力系统安全稳定运行的重要保证。传统的稳定性分析方法主要有时域仿真法[40,41]、直接法[42,43]与扩展等面积法[44,45]。时域仿真法在模型精确时具有较高的可靠性，然而其往往受限于计算效率较低并且无稳定裕度指标。直接法与扩展等面积法的计算效率相比时域仿真法具有显著提升，但是其适应性与可靠性在某些条件下相对较弱。随着同步测量单元（phasor measurement unit，PMU）与电力系统广域信息系统在电力系统中的广泛应用，广域量测信息可以为电力系统稳定性分析提供数据支持。由此，以人工智能方法为代表的数据驱动方案成为电力系统稳定性分析问题的研究热点之一，其主要框架如图1-6所示。

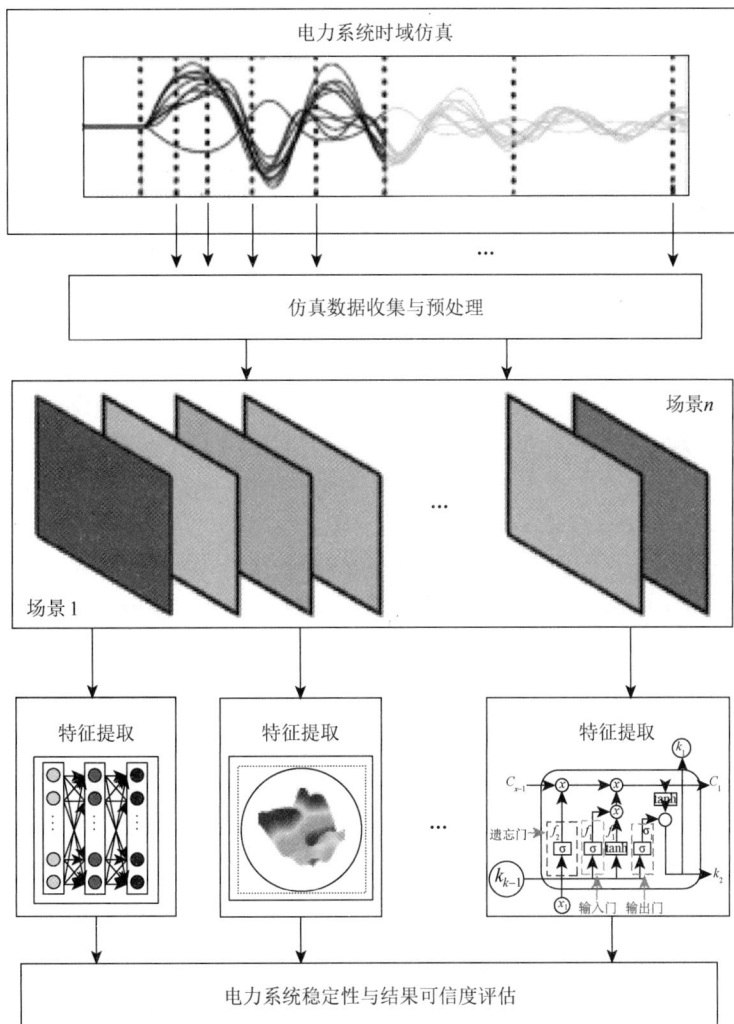

图 1-6　数据驱动的电力系统稳定性评估框架

区别于模型驱动类算法，人工智能方法对模型的依赖程度较低，其主要通过对系统信息数据进行自适应的特征提取以感知系统状态，分析系统稳定裕度。通过海量的样本数据，人工智能方法可以构建出良好的稳定性判断边界或将系统特征映射为一种新信息。一部分学者使用机器学习技术从样本空间构建稳定性判断边界并借助边界评估样本稳定性。文献[46]使用支持向量机构建多个稳定性边界以适应不同的分析需求。文献[47]将数据特征映射在高维空间中根据距离属性判断系统稳定性。一部分研究通过人工智能算法直接构建系统状态信息与稳定性评估的映射关系。文献[48]提出基于决策树（decision tree，DT）的暂态稳定预防控制策略。决策树类算法具有较好的可解释性，因而在稳定性分析问题中受到重视。文献[49]提出一种基于神经网络的稳定性判断与稳定裕度预测方法。同时，为了提高稳定性评估的可靠性，一些学者正致力于探索基于核方法的电力系统稳定性评估方案。文献[50]提出一种基于马哈拉诺比斯-核回归（Mahalanobis-kernel regression）的模型估计临界切除时间。核方法作为一种基于统计的机器学习方法，其结果具有更好的解释性。此外，还有学者为了解决大规模电力系统样本搜索空间极大与高维空间样本稀疏的维数灾难问题，对数据集的构建与增强进行了有价值的研究。为了提高稳定性评估或稳定性决策系统的性能与可靠性，数据驱动模型需要学习到关键的稳定性特征，这要求数据集尽可能地包含关键的场景与特征。文献[51]采用蒙特卡罗采样法与重要采样法以完善故障样本数据集。文献[52]结合分段方式与包装法搜索策略寻找稳定性评估的重要场景与特征。近年来，有学者提出将物理模型融入数据驱动的稳定性评估模型中。该研究有助于提高模型的性能与精度，还可以进一步提供一种评估模型可靠性的依据。文献[53]提出基于图神经网络的电力系统稳定性评估方法。但依然局限于有监督的标签学习过程。

通过以上分析，可以看出基于人工智能的电力系统稳定性评估方法具有以下优势：①人工智能的方法可以更有效地满足结构快速变化、信息不断增长的大规模电网对在线安全评估与决策响应高效性的要求；②人工智能的稳定性评估方法实现了计算负担的转移，无须在线进行时域仿真或能量函数计算，可直接根据系统信息进行稳定性指标评估；③人工智能的稳定性评估方法对模型的依赖程度较小，其过程是建立数据到稳定性指标的映射关联。这种关联经过处理后还可以用于不同的系统状态。

同时，人工智能的稳定性评估方法仍面临以下挑战。①可解释性。大多数人工智能方法仍然缺乏较强的可解释性或机理分析，然而电力系统稳定性分析需要较强的可靠性。同时，数据驱动的稳定性分析方法对异常数据的敏感程度、受到潜在的网络攻击的风险均需要进行大量的验证工作。例如，模型不稳定的结果是由系统的哪一种特征所导致的。由于可解释性的未知，人工智能方法用于实际的电力系统稳定性分析还需进一步的研究与论证。②数据集获取与增强。数据集的构建是数据驱动方法的基础。不同于负荷预测、状态估计等应用可直接利用历史数据或稳态数据训练模型，基于数据驱动的暂态稳定性分析问题在数据集的构建上更为困难。电力系统的运行数据多为正常状态数据，紧急状态与失稳状态的数据相对较少，因此必须由时域仿真器为其提供数据来源。此时，采样策略的选择会对稳定性分析模型的适应性产生较大影响。合理的采样策略的使用可以避免维数灾难并提高模型的性能。此外，对于有监督的数据驱动方法，合理的标签设置也是稳定性分析的难点。没有可靠的时域仿真暂态稳定性判据，大量的时域仿真样本均存在科学标记困难的问题。

③适应性与泛化性。大规模电力系统的运行状态多变，故障情况未知。仿真数据很难涵盖系统所有的运行状态与故障类型。采用时域仿真获得的样本均需事先给定某一运行点与故障信息。跟踪系统运行点的方式只考虑系统当前或邻近的部分系统运行方式并随时根据系统运行方式更新模型。还有一些学者提出借助更有效的数据学习方法以提高模型的泛化能力。数据驱动模型在面对电力系统处于多变情况下时，其适应性还需要进一步分析与加强。

4. 基于深度学习的电力系统故障诊断

作为新型智能电力系统自恢复过程的重要环节，故障诊断对于新型电力系统的构建来说有着至关重要的作用。随着新型电力系统技术的不断更新与大数据的快速发展，各种数据传感器和测量单元投入使用，电力系统与不同设备的运行数据以及外部环境监测数据剧增，逐渐形成了体量大、类型多、结构复杂的多源异构混合电力大数据，这对新型电力系统的数据分析与故障诊断提出了新的挑战。近年来，随着人工智能技术在特征提取与模式识别等领域显示出的优势与潜力，其在电力系统故障诊断中的应用研究也受到广泛关注。

电力系统故障诊断研究从诊断级别而言，可分为设备级与系统级[54]。系统级故障诊断研究主要针对电力系统传输线路或电气设备故障的识别、测距与定位，设备级故障诊断主要针对电力设备在不同工况或环境下的不同类型的故障的识别。目前广泛应用于电力系统的故障诊断研究的深度学习模型包括卷积神经网络[55]、长短期记忆网络[56]、深度自编码器[57]、深度置信网络[58]等。基于人工智能的故障诊断方法本质上就是将故障定位或电力设备故障类型识别问题转化为一系列的分类或者回归问题，通过建立的深度学习模型对故障数据进行特征提取，将故障数据与其对应的标签进行非线性化映射，最终实现故障诊断。先进的人工智能技术在电力系统故障诊断中的应用减少了诊断模型对于研究人员或诊断专家在模型设计中的过分依赖，通过强大的非线性拟合能力和纯数据驱动的方式克服了传统故障诊断方法在处理大量数据上的局限性。在故障诊断研究的过程中，会面临故障数据样本数量有限的问题，针对此问题，不少专家学者也提出了相应的应对策略。小样本学习方法可以只通过少量带标签的故障数据进行学习，训练后的模型不会对当前数据产生过拟合。迁移学习的基本思路是通过充分利用实验室仿真数据或类似分类任务数据，在这些任务学习知识的基础上，进行数据特征或者模型参数迁移，以辅助目标完成故障诊断任务。

深度学习技术在设备级故障诊断上取得了不错的研究进展，但针对系统级的故障定位而言，由于电力系统的物理拓扑结构没有被考虑到传统的智能诊断模型中，故障诊断模型在系统结构变化时呈现出较弱的泛化性。自 2021 年以来，由于 AlphaFold[59]实现了对蛋白质结构的准确预测，几何深度学习逐渐得到研究人员的广泛关注，以图神经网络为代表的几何深度学习方法也被用于电力系统的故障诊断与定位中[60]。图神经网络能充分利用电力系统的物理结构，通过提取电网线路的数据信息，实现故障的精确定位，基于图神经网络的电力系统故障定位方法克服了传统深度学习模型没有充分考虑电网网络结构的局限性，必定是未来电力系统故障定位的研究热点。以典型的基于图深度学习的电力系统故障诊断为例，其框架如图 1-7 所示。

以深度学习为代表的数据驱动的人工智能诊断技术，在进行电力系统故障诊断时，具有以下优势：①基于数据驱动的深度学习诊断方法在应对数据故障特征不明显、具有关联性的复杂多源异构数据时，其具有良好的非线性拟合能力；②与传统故障诊断方法相比，数据驱动的方法可以直接对原始数据进行特征学习，人为干预较少。

同时，基于人工智能的电力系统故障诊断技术在实际应用过程中还面临以下几方面的挑战：①电力系统故障类型样本有限。若故障样本采集不足，当出现模型未习得的故障类型时，模型易发生误判；②可解释性不足。电力系统故障分析对可靠性要求较高，而深度学习故障诊断模型实质上为"黑箱"模型，缺乏解释性和完整的理论支撑，电力系统运行机理无法在智能故障诊断模型中得到体现，其实际应用的可能性还需要进一步研究与验证；③模型泛化性与鲁棒性不足。电力系统常在不同工况与环境下运行，并且存在测量单元、运行环境等因素的干扰，使得即使是相同类型的故障也会发生特征偏移，模型故障诊断性能会受特征偏移的影响。

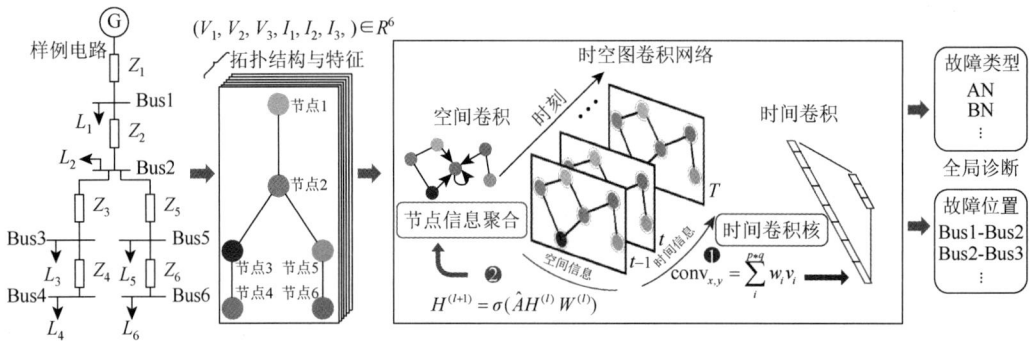

图 1-7　基于图深度学习的电力系统故障诊断模型

$H^{(l+1)}$是在第 $l+1$ 轮迭代后的节点特征矩阵；σ 是激活函数；$\hat{A}$ 是关联矩阵；$W^{(l)}$ 是第 l 轮迭代的权重矩阵。

这些方法的发展将进一步拓展深度学习在电气工程领域中的应用范围，并且为电力行业的智能化转型提供更多可能性。深度学习在电气工程中的应用前景广阔，不仅可以提高电力系统的运行效率和可靠性，还可以实现智能电力调度和管理，推动电力行业的数字化和智能化转型。

1.2.2　强化学习在电气工程中的应用现状

基于有监督学习的深度学习方法在离线训练过程中需要一定量的标签数据引导算法参数更新，而电力系统优化控制领域的标签，即控制优化的最优解，通常较难获取。相比之下，强化学习以"试错"的方式进行学习，其通过和智能体不断交互来优化控制策略，以最大化获取奖励值。这种学习范式适合于解决优化控制类问题，因此，近年来有大量的基于强化学习的电力系统决策方面的应用研究。强化学习是一种基于智能体与环境交互的机器学习方法，其主要目的是通过学习环境的反馈来最大化累计奖励，强化学习的示意图如图 1-8 所示。强化学习最早于 20 世纪 80 年代提出，但在过去几年中，随着深度学习的发展和计算能力的提升，强化学习在许多领域中的应用也取得了突破性进展。

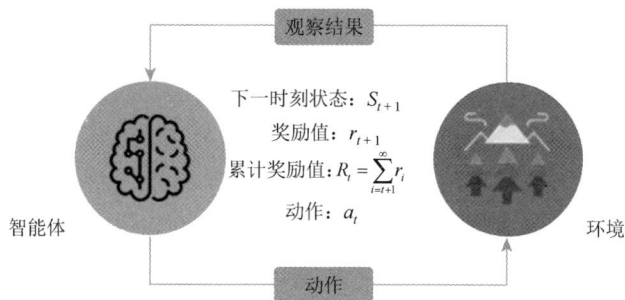

图 1-8　强化学习示意图

强化学习是一种学习状态到动作间映射的算法，目的是使智能体在与环境交互中获得的累计奖励值最大。马尔可夫决策过程通常用来建模强化学习问题。马尔可夫决策过程包含以下 4 个元素[61]：

（1）状态集：S 为环境状态的集合，其中智能体在时刻 t 的状态为 $s_t \in S$。

（2）动作集：A 为智能体动作的集合，其中智能体在时刻 t 的动作为 $a_t \in A$。

（3）状态转移过程：状态转移过程 $T(s_t, a_t, s_{t+1}) \sim P_r(s_{t+1} \mid s_t, a_t)$ 表示智能体在状态 s_t 下执行动作 a_t 后转移至下一时刻状态 s_{t+1} 的概率。

（4）奖励函数：奖励函数 r_t 是指智能体在状态 s_t 下执行动作 a_t 后获得的即时奖励。

在每一个回合，智能体首先观察到环境当前的状态 s_t，并根据状态做出决策 a_t，当动作执行后，环境向智能体反馈一个奖励值 r_t，然后环境转移到下一个状态 s_{t+1}，这就是一个马尔可夫决策过程，其示意图如图 1-9 所示。

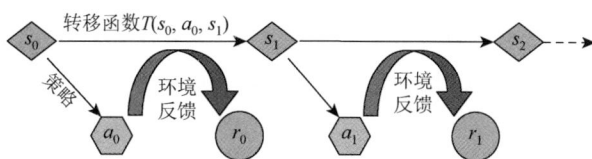

图 1-9　马尔可夫决策过程示意图

智慧电力系统作为未来电力系统的重要发展方向，其具有高度的复杂性和不确定性。强化学习在电气工程迈向智能化的应用前景巨大，主要包括电力系统稳定控制、智能电网电压控制、储能装置调度控制等方面。

1. 电力系统稳定控制

稳定控制与电力系统的安全稳定运行息息相关，一直以来都是电网运维人员的关注重点。然而，随着高比例可再生能源以及大量特性各异的电力电子设备接入，当前的电力系统呈现出高维、时变以及非线性特性。相较于传统的电力系统，其动态特性、行为特征以及稳定机制发生了显著的变化，并存在信息获取不全、机理建模不易或稳定机理不清等问题，使得传统的基于模型线性化技术的稳定控制策略存在失效的风险。为此，相关学者以数据驱动代替物理仿真对系统暂态稳定控制开展研究,并借助深度学习算法和强化学习等新一代人工智能算法获取最佳的控制方案,如图 1-10 所示。

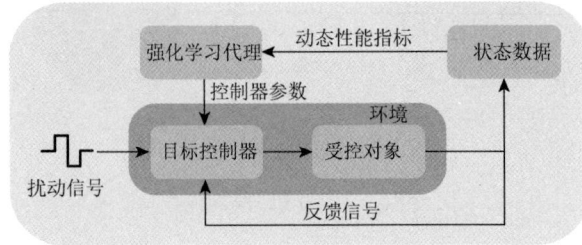

图 1-10　基于人工智能的电力系统稳定控制框架

　　目前,基于人工智能的暂态稳定控制的研究主要可以分成两类。其一是基于先进人工智能算法的新型阻尼控制单元的设计,以此替代传统的阻尼控制器,实现系统暂态稳定性的提升。文献[62]设计了一种新型的电力系统稳定控制器(power system stabilizer,PSS),其采用了两组神经网络,分别充当估计单元与控制单元。其中估计单元用于预测系统的下一步状态,控制单元会根据估计器的预测输出给出相应的控制信号,实现阻尼振荡。文献[63]基于自适应动态规划方法设计了一种直流附加广域阻尼控制器,实现了系统变工况情形下的振荡抑制。文献[64]提出了一种基于 Q 学习算法的离散广域控制单元,解决了系统结构与通信不确定性下的稳定控制难题。其二是基于传统的阻尼控制器结构进行实时调参以实现自适应控制。文献[65]针对超低频振荡,利用多项式模型代替传统 PSS 结构,并附加比例谐振(proportional resonance,PR)单元,形成一种新的 PR-PSS 控制器。将控制器参数的整定问题转化成马尔可夫决策过程,并引入深度强化学习算法训练智能体来学习控制器参数的自调整策略,实现自适应控制。更进一步地,文献[66]计及系统结构的不确定性,引入深度神经网络(deep neural network,DNN)与深度确定性策略梯度(deep deterministic policy gradient,DDPG)算法分别设计两个广域阻尼控制器,从而协同抑制低频振荡。文献[67]为解决传统直流附加阻尼控制器设计过程中的模型依赖难题,引入强化学习算法,结合系统性能指标训练智能体学习控制器参数更新策略,实现了控制器参数的在线自调整。

　　总体来说,基于人工智能的暂态稳定控制能在系统内部参数难以获取的情形下,仅通过监测系统的输入输出实现智能体的训练,从而得到最优的自适应控制方案,有效地弥补了传统线性控制理论的缺陷,具有模型依赖度低、参数鲁棒性强、适应范围广等诸多优点,为电力系统稳定控制提供了一种全新的设计思路。

　　同时,基于人工智能的电力系统稳定控制面临如下挑战:①目前均将其运用到机组数量较少或是系统规模较小的系统中,但是实际电力系统的规模远不止于此,这使得状态与动作维度过高,而一般的人工智能算法很难在如此高维的状态空间或动作空间下获取全局最优解,容易出现维数灾难现象导致算法收敛到局部最优甚至发散;②由于采用神经网络作为函数拟合器,基于深度强化学习的稳定控制收敛性难以证明,而各种多智能体框架的采用更加大了证明难度，使得基于强化学习的稳定控制策略缺乏可解释性，难以说服电力系统运行人员。

2. 智能电网电压控制

电压控制问题的目标是在保证节点电压在安全区间内的同时减少系统整体电压偏移。配电网阻抗比 r/x 较高，有功对电压的影响较为明显，因此配电网的电压易受新能源出力间歇性的影响而产生频繁的波动，加之系统精确物理模型的缺失和三相不平衡潮流，导致配电网电压控制面临巨大的挑战。强化学习是应对以上挑战的重要工具，近年来，有大量基于强化学习的电压控制研究方法提出，依据解决问题的不同，可以分为以下三类：不依赖模型的电压控制[68-70]、分布式电压控制[71-73]和多时间尺度电压控制[74-76]。

传统的电压控制方法通常依赖于系统精确的物理模型，而配电网由于经济原因，配备的量测装置不健全，系统的可观测性差，其线路参数和拓扑结构难以精确辨识。采用不精确的物理模型将影响控制算法的效果，危及系统的安全稳定运行。为此，文献[68]提出一种基于代理模型-深度强化学习智能体的数据驱动型电压控制方法。首先，基于历史数据训练一个潮流计算代理模型，然后通过代理模型和强化学习智能体的交换引导智能体学习电压控制策略，从而摆脱对精确物理模型的依赖。文献[69]、文献[70]同样通过构建配电网模拟器，引导智能体学习控制策略，实现了不依赖于物理模型的电压控制。强化学习通过奖励值的引导学习优化控制策略，可以通过对强化学习算法的适当改进设计，实现不依赖模型的控制，从而有效减少配电网模型误差对控制效果的影响。

新能源出力具有较强的随机性、波动性和间歇性，以光伏发电为例，受云层动态的影响，光伏发电出力在短时间内可能发生较大的变化，造成电压的快速波动。基于集中式框架的控制方法依赖于双向通信，控制效果易受时延和单点通信故障的影响，难以实现电压的实时控制，无法应对由新能源间歇性造成的电压的快速波动。为此，文献[71]提出一种基于多智能体深度强化学习的配电网就地电压控制策略。将每个逆变器建模为一个强化学习智能体，采用中心式训练-分布式执行的多智能体框架，将线上计算负担转移至线下的训练过程，并巧妙利用动作-评价强化学习框架提升智能体分布式执行过程的协同性，实现多逆变器的实时在线优化和电压的实时调节。文献[72]提出一种基于分区-多智能体的电压控制方法，依据地理分区将电网分为不同的区域，将多个区域电压的协调控制问题建模为马尔可夫博弈，然后采用多智能体深度强化学习算法求解，实现了对系统电压的实时调节。文献[73]提出一种基于多智能体深度强化学习的配电网分布式电压控制方法，明确考虑了系统电压的安全约束。通过采用合理的多智能体强化学习框架，可以将通信和计算负担转移至线下，减少协同控制对实时通信的依赖，从而有效地应对由新能源出力快速波动对系统造成的不利影响。

配电网的节点电压受到负荷和新能源出力影响，负荷的变换相对缓慢，而新能源间歇性较强，易造成短时间内电压的频繁波动。配电网中存在两种类型的电压调节设备，第一种是机械式设备，如变压器分接头等，响应速度慢且无法频繁动作，适合于应对负荷变化对系统造成的影响；第二种是电力电子设备，其响应速度快，可以频繁调节，能够快速应对由新能源出力间歇性造成的电压波动。通过将强化学习和不同的方法相结合，可以实现多时间尺度的优化调度，协调两种不同类型的电压调节设备。文献[75]提出一种基于传统优化方法和强化学习的多时间尺度控制方法。将日前优化问题建模为数学优化问题，并采用多智能体深度强化学习实时协调逆变器的无功出力，综合了集中式控制和分布式控制的优点。文献[76]将离散设备的慢时间尺度控制建模为马尔可夫决策过程，采用单智能体深度强化学习求解，将光伏逆变器等电力电子设备的协调建模为马尔可夫博弈，采用多智能体深度强化学习求解，实现了对多种类型设备的协调控制，同时，多智能体可以通过实时调节电力电子设备应对电压的快速波动。

通过以上分析，可以看出强化学习在电压控制方面具有以下优势：①强化学习将线上计算负担转移至线下，可以实现线上部署后的实时决策，可以应对新能源出力快速波动对系统造成的影响；②强化学习方法可以通过适当的改进实现不依赖模型的控制，适合于配电网这种精确模型难以获取的场景；③采用适当的多智能体强化学习框架可以实现电压的分布式实时调节，减少对实时通信的需求和线上的计算负担。

同时，强化学习在应对电压控制问题时面临以下挑战：①强化学习算法给出的决策缺乏可解释性，在实际执行过程中无法保证解的可行性；②配电网是一个复杂的动态系统，其拓扑结构会经常发生变化，现有的研究均是假设系统处于某一固定拓扑下，当出现动态重构等原因导致系统拓扑变换时，强化学习学到的控制策略将会失效。

3. 储能装置调度控制

新能源发电的间歇性和随机性给可再生能源广泛接入配电网的运行带来挑战。储能装置具有吸收和发出有功功率的能力，可以平抑新能源波动对配电网运行的影响[77]。储能装置的充放电功率会影响其荷电状态，因此在调度储能装置时需要考虑未来不确定性的影响。

由于储能装置当前动作对其荷电状态有影响，为实现多个时刻储能装置的最优调度，文献[78]将多个时段的优化调度统一求解，同时，为应对风力发电的随机性，选取 20 个典型场景表征风电的可能运行状态，这使得该方法计算负担较大。文献[79]提出基于模型预测控制方法的储能装置在线控制策略，然而，该方法的控制效果受日内预测精度的影响。文献[80]提出基于近似动态规划的储能装置调度方法，近似动态规划方法将储能装置的序贯控制问题分解为多个子问题，然后通过对子问题分别求解来得到储能的调度方案。虽然近似动态规划方法可以实现对储能装置的实时调度，但是该方法需要建立系统的状态转移过程，这对于复杂的系统来说难以实现。

为此，研究人员提出基于深度强化学习的控制策略。文献[81]提出一种基于强化学习的交直流混合微网混合能量存储系统的在线控制方法。首先构建神经网络在线估计系统的动态过程，然后采用强化学习算法学习混合能量存储系统的最优控制策略。通过软件仿真和硬件实验表明了所提方法可以在未知系统模型参数的情况下实现对混合能量存储系统的高效控制。文献[82]提出一种基于强化学习的能量存储系统随机调度方法。采用蒙特卡罗树搜索方法估计 Q-learning 算法动作价值最大值的期望，并通过嵌入调度规则减少不可行动作的探索，实现了对考虑电池生命周期退化下的多阶段随机优化的高效求解。文献[83]提出一种基于 Double DQN 的储能设备调度策略，首先将考虑储能设备接入的优化问题建模为马尔可夫决策过程，通过贝尔曼方程将多时段优化问题拆分，然后采用 Double DQN

求解,在求解每一个时刻储能装置充放电调度指令时,都考虑了未来不确定性的影响,从而实现对含有储能装置的序贯控制问题的高效求解。文献[84]提出一种基于 DDPG 的电动汽车调度策略,首先将考虑状态转移过程不确定性的电动汽车优化问题建模为马尔可夫决策过程,然后采用 DDPG 算法求解,对比实验表明了基于深度强化学习的方法相较于传统随机优化方法在序贯控制方面的优势。

相比于传统的方法,基于深度强化学习的含储能装置的配电网优化方法在以下两个方面具有优势:①深度强化学习不依赖于随机变量的概率分布且无须建立系统的状态转移过程,减少了在建模随机变量和系统状态转移过程中所作假设和简化的影响;②深度强化学习将线上计算负担转移至线下,通过离线训练将调度知识嵌入神经网络,完成训练后可以实现对含有储能装置的优化问题的实时求解,在应对细粒度优化问题时比传统随机优化方法更具计算优势。

1.3　本 章 小 结

新能源发电、柔性负荷、电力电子设备的大量接入以及低碳技术的广泛应用推动电力系统朝着智能化方向发展。相比于传统电力系统,智慧电力系统具有更加开放和复杂的特性,且时刻都在产生体量大、结构复杂的数据,传统的物理模型驱动的方法无法完全满足其分析和控制需求。人工智能技术是当前最具有颠覆性的技术之一,其强大的感知和决策能力可以推动电气工程相关领域迈向智能化,有效应对由智能化发展和能源革命所带来的各种挑战。随着人工智能和电气工程相关学科的发展,深度学习、强化学习方法有望在状态检测与故障诊断、电力系统优化调度、综合能源系统优化、电网安全控制等方面发挥越来越重要的作用。本章首先介绍了人工智能定义与发展历史,随后分别介绍了深度学习和强化学习在电气工程领域中的应用现状,并详细分析人工智能相关算法在相关应用中的优势与不足。

参 考 文 献

[1] 李开周, 刘源波. 人工智能研究进展综述[J]. 计算机科学, 2018, 45(4): 1-5.

[2] 张荣, 李伟平, 莫同. 深度学习研究综述[J]. 信息与控制, 2018, 47(4): 385-397, 410.

[3] 马骋乾, 谢伟, 孙伟杰. 强化学习研究综述[J]. 指挥控制与仿真, 2018, 40(6): 68-72.

[4] 张文亮, 刘壮志, 王明俊, 等. 智能电网的研究进展及发展趋势[J]. 电网技术, 2009, 33(13): 1-11.

[5] 王明俊. 自愈电网与分布能源[J]. 电网技术, 2007, 31(6): 1-7.

[6] 谢开, 刘永奇, 朱治中, 等. 面向未来的智能电网[J]. 中国电力, 2008, 41(6): 19-22.

[7] 余贻鑫, 栾文鹏. 智能电网[J]. 电网与清洁能源, 2009, 25(1): 7-11.

[8] 陈树勇, 宋书芳, 李兰欣, 等. 智能电网技术综述[J]. 电网技术, 2009, 33(8): 1-7.

[9] 巩冬梅, 马源, 张祎玮. 智能化技术在电力系统电气工程自动化中的应用研究[J]. 科技创新与生产力, 2023, 44(11): 111-114.

[10] 陈玮. 基于智能控制的电气工程系统优化与自动化研究[C]//广东省国科电力科学研究院.第五届电力工程与技术学术交流会议论文集. 江西南方环保机械制造总公司, 2024: 2. DOI: 10.26914/c.cnkihy.2024.000360.

[11] 李楠, 柳玉宾, 王恒涛, 等. 综合能源系统优化调度研究综述[J]. 能源与节能, 2021(10): 58-59.

[12] 刘军强. 人工智能在电气设备故障诊断中的应用[J]. 自动化应用, 2023, 64(7): 1-3, 6.

[13] 胡龙江. 智能电网中的能源监测与优化策略分析[J]. 集成电路应用, 2024, 41(1): 308-309.

[14] 马丽亚, 郭建峰, 王喆, 等. 智能电网调度控制系统中的安全防护技术分析[J]. 集成电路应用, 2023, 40(8): 260-261.

[15] Deng L, Yu D. Deep learning: Methods and applications[J]. Foundations and Trends in Signal Processing, 2013, 7(3/4): 197-387.

[16] Hinton G E, Osindero S, Teh Y W. A fast learning algorithm for deep belief nets[J]. Neural Computation, 2016, 18(7): 1527-1554.

[17] Scarselli F, Gori M, Tsoi A C, et al. Computational capabilities of graph neural networks[J]. IEEE Transactions on Neural Networks, 2009, 20(1): 81-102.

[18] Xia F, Sun K, Yu S, et al. Graph learning: A survey[J]. IEEE Transactions on Artificial Intelligence, 2021, 2(2): 109-127.

[19] 杨延东. 基于机器学习理论的智能电网数据分析及算法研究[D]. 北京: 北京邮电大学, 2020.

[20] Shepero M, var der Meer D, Munkhammar J, et al. Residential probabilistic load forecasting: A method using Gaussian process designed for electric load data[J]. Applied Energy, 2018, 218: 159-172.

[21] Zhang W J, Quan H, Srinivasan D. An improved quantile regression neural network for probabilistic load forecasting[J]. IEEE Transactions on Smart Grid, 2019, 10(4): 4425-4434.

[22] Afrasiabi M, Mohammadi M, Rastegar M, et al. Deep-based conditional probability density function forecasting of residential loads[J]. IEEE Transactions on Smart Grid, 2020, 11(4): 3646-3657.

[23] Sun M Y, Zhang T Q, Wang Y, et al. Using Bayesian deep learning to capture uncertainty for residential net load forecasting[J]. IEEE Transactions on Power Systems, 2020, 35(1): 188-201.

[24] Zhao C F, Wan C, Song Y H, et al. Optimal nonparametric prediction intervals of electricity load[J]. IEEE Transactions on Power Systems, 2020, 35(3): 2467-2470.

[25] Kong W C, Dong Z Y, Jia Y W, et al. Short-term residential load forecasting based on LSTM recurrent neural network[J]. IEEE Transactions on Smart Grid, 2019, 10(1): 841-851.

[26] Chen K J, Chen K L, Wang Q, et al. Short-term load forecasting with deep residual networks[J]. IEEE Transactions on Smart Grid, 2019, 10(4): 3943-3952.

[27] Cao Z J, Wan C, Zhang Z J, et al. Hybrid ensemble deep learning for deterministic and probabilistic low-voltage load forecasting[J]. IEEE Transactions on Power Systems, 2020, 35(3): 1881-1897.

[28] Wang Y, Zhang N, Tan Y S, et al. Combining probabilistic load forecasts[J]. IEEE Transactions on Smart Grid, 2019, 10(4): 3664-3674.

[29] Li T Y, Wang Y, Zhang N. Combining probability density forecasts for power electrical loads[J]. IEEE Transactions on Smart Grid, 2020, 11(2): 1679-1690.

[30] Feng C, Sun M C, Zhang J. Reinforced deterministic and probabilistic load forecasting via Q-learning dynamic model selection[J]. IEEE Transactions on Smart Grid, 2020, 11(2): 1377-1386.

[31] Wu D, Wang B Y, Precup D, et al. Multiple kernel learning-based transfer regression for electric load forecasting[J]. IEEE Transactions on Smart Grid, 2020, 11(2): 1183-1192.

[32] He Y, Luo F J, Ranzi G. Transferrable model-agnostic meta-learning for short-term household load forecasting with limited training data[J]. IEEE Transactions on Power Systems, 2022, 37(4): 3177-3180.

[33] Zhang Z Y, Zhao P F, Wang P, et al. Transfer learning featured short-term combining forecasting model for residential loads with small sample sets[J]. IEEE Transactions on Industry Applications, 2022, 58(4): 4279-4288.

[34] Wu Y X, Wu Q B, Zhu J Q. Data-driven wind speed forecasting using deep feature extraction and LSTM[J]. IET Renewable Power Generation, 2019, 13(12): 2062-2069.

[35] Yu Y X, Han X S, Yang M, et al. Probabilistic prediction of regional wind power based on spatiotemporal quantile regression[C]//2019 IEEE Industry Applications Society Annual Meeting, Baltimore, 2019: 1-16.

[36] Higashiyama K, Fujimoto Y, Hayashi Y. Feature extraction of NWP data for wind power forecasting using 3D-convolutional neural networks[J]. Energy Procedia, 2018, 155: 350-358.

[37] Yu C J, Li Y L, Bao Y L, et al. A novel framework for wind speed prediction based on recurrent neural networks and support vector machine[J]. Energy Conversion and Management, 2018, 178: 137-145.

[38] Liu M D, Ding L, Bai Y L. Application of hybrid model based on empirical mode decomposition, novel recurrent neural networks and the ARIMA to wind speed prediction[J]. Energy Conversion and Management, 2021, 233: 113917.

[39] Vaswani A, Shazeer N, Parmar N, et al. Attention is all you need[J]. Advances in Neural Information Processing Systems, 2017: 30.

[40] 林济锵, 仝新宇, 罗萍萍, 等. 基于等值的电力系统机电暂态仿真并行异步算法[J]. 电力系统自动化, 2009, 33(1): 32-35.

[41] 张宁宇, 高山, 赵欣. 基于 GPU 的机电暂态仿真细粒度并行算法[J]. 电力系统自动化, 2012, 36(9): 54-60.

[42] Gless G E. Direct method of Lyapunov applied to transient power system stability[J]. IEEE Transactions on Power Apparatus and Systems, 1966, 85(2): 159-168.

[43] El-Abiad A H, Nagappan K. Transient stability regions for multimachine power systems[J]. IEEE Transactions on Power Apparatus and Systems, 1966, 85(2): 169-179.

[44] 薛禹胜. DEEAC 的理论证明: 四论暂态能量函数直接法[J]. 电力系统自动化, 1993, 17(7): 7-19.

[45] Xue Y, Wehenkel L, Belhomme R, et al. Extended equal area criterion revisited[J]. IEEE Transactions on Power Systems, 1992, 7(3): 1012-1022.

[46] Hu W, Lu Z X, Wu S, et al. Real-time transient stability assessment in power system based on improved SVM[J]. Journal of Modern Power Systems and Clean Energy, 2019, 7(1): 26-37.

[47] Fan H, Chen Y, Huang S W, et al. Post-fault transient stability assessment based on k-nearest neighbor algorithm with mahalanobis distance[C]//Proceedings of International Conference on Power System Technology(POWERCON), Guangzhou, 2018: 4417-4423.

[48] 张晨宇, 王慧芳, 叶晓君. 基于 XGBoost 算法的电力系统暂态稳定评估[J]. 电力自动化设备, 2019, 39(3): 77-83, 89.

[49] Ashraf S M, Gupta A, Choudhary D K Z, et al. Voltage stability monitoring of power systems using reduced network and artificial neural network[J]. International Journal of Electrical Power & Energy Systems, 2017, 87: 43-51.

[50] Liu X Z, Min Y, Chen L, et al. Data-driven transient stability assessment based on kernel regression and distance metric learning[J]. Journal of Modern Power Systems and Clean Energy, 2021, 9(1): 27-36.

[51] Krishnan V, McCalley J D, Henry S, et al. Efficient database generation for decision tree based power system security assessment[J]. IEEE Transactions on Power Systems, 2011, 26(4): 2319-2327.

[52] 吴双, 胡伟, 张林, 等. 基于 AI 技术的电网关键稳定特征智能选择方法[J]. 中国电机工程学报, 2019, 39(1): 14-21.

[53] 陈超洋, 周勇, 池明, 等. 基于复杂网络理论的大电网脆弱性研究综述[J]. 控制与决策, 2022, 37(4): 782-798.

[54] 赵晋泉, 夏雪, 徐春雷, 等. 新一代人工智能技术在电力系统调度运行中的应用评述[J]. 电力系统自动化, 2020, 44(24): 1-10.

[55] Liu R N, Wang F, Yang B Y, et al. Multiscale kernel based residual convolutional neural network for motor fault diagnosis under nonstationary conditions[J]. IEEE Transactions on Industrial Informatics, 2020, 16(6): 3797-3806.

[56] 彭华, 王文超, 朱永利, 等. 基于 LSTM 神经网络的风电场集电线路单相接地智能测距[J]. 电力系统保护与控制, 2021, 49(16): 60-66.

[57] Zhao X L, Jia M P, Liu Z. Semisupervised deep sparse auto-encoder with local and nonlocal information for intelligent fault diagnosis of rotating machinery[J]. IEEE Transactions on Instrumentation and Measurement, 2020, 70: 1-13.

[58] Chen Z Y, Li W H. Multisensor feature fusion for bearing fault diagnosis using sparse autoencoder and deep belief network[J]. IEEE Transactions on Instrumentation and Measurement, 2017, 66(7): 1-10.

[59] Jumper J, Evans R, Pritzel A, et al. Highly accurate protein structure prediction with AlphaFold[J]. Nature, 2021, 596: 583-589.

[60] Chen K J, Hu J, Zhang Y, et al. Fault location in power distribution systems via deep graph convolutional networks[J]. IEEE Journal on Selected Areas in Communications, 2020, 38(1): 119-131.

[61] Mocanu E, Mocanu D C, Nguyen P H, et al. On-line building energy optimization using deep reinforcement learning[J]. IEEE

Transactions on Smart Grid, 2019, 10(4): 3698-3708.

[62] Chaturvedi D K, Malik O P. Generalized neuron-based adaptive PSS for multimachine environment[J]. IEEE Transactions on Power Systems, 2005, 20(1): 358-366.

[63] Shen Y, Yao W, Wen J Y, et al. Resilient wide-area damping control using GrHDP to tolerate communication failures[J]. IEEE Transactions on Smart Grid, 2019, 10(3): 2547-2557.

[64] Duan J J, Xu H, Liu W X. Q-learning-based damping control of wide-area power systems under cyber uncertainties[J]. IEEE Transactions on Smart Grid, 2018, 9(6): 6408-6418.

[65] Zhang G, Hu W, Di C, et al. Deep reinforcement learning-based approach for proportional resonance power system stabilizer to prevent ultra-low-frequency oscillations[J]. IEEE Transactions on Smart Grid, 2020, 11(6): 5260-5272.

[66] Gupta P, Pal A, Vittal V. Coordinated wide-area damping control using deep neural networks and reinforcement learning[J]. IEEE Transactions on Power Systems, 2022, 37(1): 365-376.

[67] 郭力, 张尧, 胡金磊. 基于强化学习算法的自适应直流附加阻尼控制器[J]. 电力自动化设备, 2007(10): 87-91.

[68] Cao D, Zhao J B, Hu W H, et al. Model-free voltage control of active distribution system with PVs using surrogate model-based deep reinforcement learning[J]. Applied Energy, 2022, 306: 117982.

[69] Xu H C, Domínguez-García A D, Sauer P W. Optimal tap setting of voltage regulation transformers using batch reinforcement learning[J]. IEEE Transactions on Power Systems, 2020, 35(3): 1990-2001.

[70] Gao Y Q, Shi J, Wang W, et al. Dynamic distribution network reconfiguration using reinforcement learning[C]//2019 IEEE International Conference on Communications, Control, and Computing Technologies for Smart Grids(SmartGridComm), Beijing, 2019: 1-7.

[71] Cao D, Hu W H, Zhao J B, et al. A multi-agent deep reinforcement learning based voltage regulation using coordinated PV inverters[J]. IEEE Transactions on Power Systems, 2020, 35(5): 4120-4123.

[72] Wang S Y, Duan J J, Shi D, et al. A data-driven multi-agent autonomous voltage control framework using deep reinforcement learning[J]. IEEE Transactions on Power Systems, 2020, 35(6): 4644-4654.

[73] Liu H T, Wu W C. Online multi-agent reinforcement learning for decentralized inverter-based volt-VAR control[J]. IEEE Transactions on Smart Grid, 2021, 12(4): 2980-2990.

[74] Yang Q L, Wang G, Sadeghi A, et al. Two-timescale voltage control in distribution grids using deep reinforcement learning[J]. IEEE Transactions on Smart Grid, 2020, 11(3): 2313-2323.

[75] Sun X Z, Qiu J. Two-stage volt/var control in active distribution networks with multi-agent deep reinforcement learning method[J]. IEEE Transactions on Smart Grid, 2021, 12(4): 2903-2912.

[76] Cao D, Zhao J B, Hu W H, et al. Deep reinforcement learning enabled physical-model-free two-timescale voltage control method for active distribution systems[J]. IEEE Transactions on Smart Grid, 2022, 13(1): 149-165.

[77] 廖秋萍, 吕林, 刘友波, 等. 考虑重构的含可再生能源配电网电压控制模型与算法[J]. 电力系统自动化, 2017, 41(18): 32-39.

[78] 黄振刚, 刘安灵, 梁昊. 考虑风电随机性和储能参与的配电网经济调度[J]. 电子设计工程, 2018, 26(5): 11-16, 21.

[79] 袁洪涛, 韦钢, 张贺, 等. 基于模型预测控制含充换储一体站的配电网优化运行[J]. 电力系统自动化, 2020, 44(5): 187-197.

[80] Shuai H, Fang J K, Ai X M, et al. Optimal real-time operation strategy for microgrid: An ADP-based stochastic nonlinear optimization approach[J]. IEEE Transactions on Sustainable Energy, 2019, 10(2): 931-942.

[81] Duan J J, Yi Z H, Shi D, et al. Reinforcement-learning-based optimal control of hybrid energy storage systems in hybrid AC-DC microgrids[J]. IEEE Transactions on Industrial Informatics, 2019, 15(9): 5355-5364.

[82] Shang Y W, Wu W C, Guo J B, et al. Stochastic dispatch of energy storage in microgrids: An augmented reinforcement learning approach[J]. Applied Energy, 2020, 261: 114423.

[83] Bui V H, Hussain A, Kim H M. Double deep Q-learning-based distributed operation of battery energy storage system considering uncertainties[J]. IEEE Transactions on Smart Grid, 2020, 11(1): 457-469.

[84] Ding T, Zeng Z Y, Bai J W, et al. Optimal electric vehicle charging strategy with Markov decision process and reinforcement learning technique[J]. IEEE Transactions on Industry Applications, 2020, 56(5): 5811-5823.

第2章 人工智能在故障诊断中的应用

2.1 应 用 背 景

随着科技的不断发展，电机已成为现代工业中最重要的设备之一。为了保证工业生产的稳定进行，电机故障的检测和分类至关重要。故障诊断技术从本质上来说是一个故障模式识别的过程，通俗意义上来讲就是寻找故障分类的方法。故障诊断技术从 20 世纪中期开始得到发展，已形成了集先进传感技术、基于大数据的人工智能算法以及信号处理技术等多个学科领域交叉的综合性技术。故障诊断是利用检测设备得到的数据，经过有关智能算法分析，对机械设备故障状态进行诊断，以找到故障出现的位置，从而修复故障问题，达到排除故障隐患的目的，从而为机械设备的维护奠定基础。

本章将以深度学习在智能故障诊断中的应用为例，分别介绍三种基于深度学习的电机智能故障诊断策略，分别是：①基于胶囊网络的电机故障诊断；②基于高斯过程的电机轴承故障诊断；③基于与模型无关元学习方法的电机故障诊断。

2.2 基于胶囊网络的电机故障诊断

2.2.1 胶囊网络故障诊断模型

基于胶囊网络[1]（Caps-Net）的电机故障诊断策略是一种基于深度学习的变工况下电机多故障智能检测方法。该方法包括两个步骤：第一，搭建一个二维卷积神经网络，用于从原始电机故障数据中提取特征；第二，采用基于动态路由算法的胶囊网络对故障数据特征进一步处理并分类，实现电机故障的智能检测，提高模型的泛化性能。该方法直接使用电机的原始运行数据，提高了故障检测的整体效率。此外，该方法具有较强的泛化能力。

卷积计算模型已经被广泛应用于大数据的特征学习，并且现在卷积神经网络（CNN）也被广泛应用于各种领域，如视频图像处理和语音识别等。传统的卷积神经网络的结构如图 2-1 所示，主要由三部分构成：卷积层（convolution layer）、池化层（pooling layer）和全连接层（full connection layer）。通过对输入数据进行卷积和池化运算得到特征图谱，全连接层可以得到特征图以供进一步处理。

由于传统的 CNN 池化层的存在，最大池化（max-pooling）操作仅保留下层数据特征中最活跃的信息，这可能会导致神经网络在特征转换中丢失重要信息。Caps-Net 用矢量输

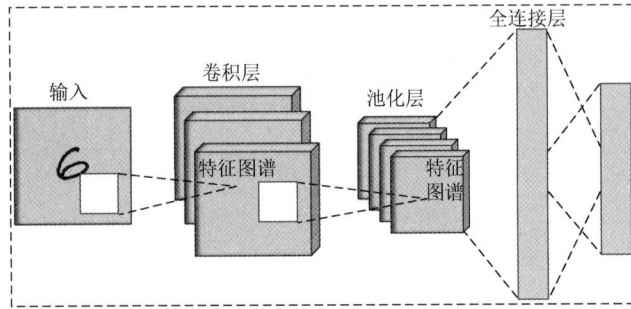

图 2-1 卷积神经网络结构图

出代替了传统 CNN 的标量输出，有利于克服传统 CNN 池化层的不足，Caps-Net 的架构如图 2-2 所示。

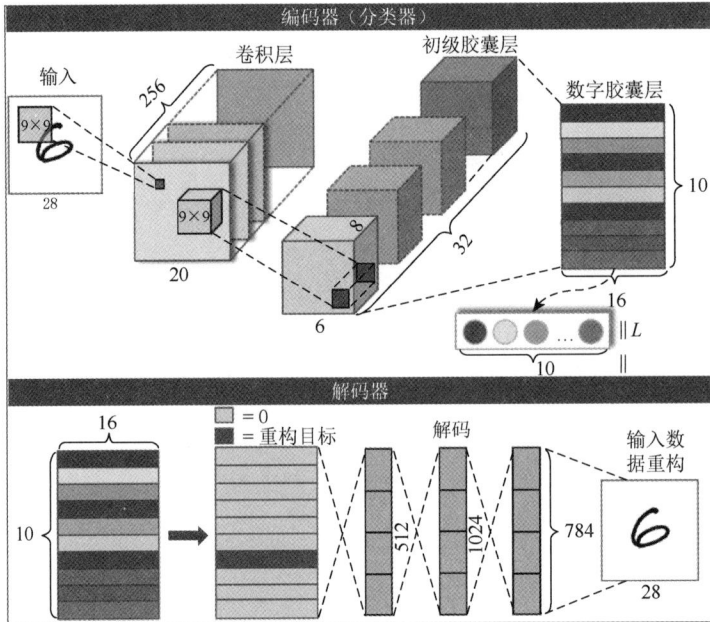

图 2-2 Caps-Net 架构图

原始 Caps-Net 由两部分组成：编码器（分类器）和解码器。胶囊分类器的结构有三个部分：卷积层、初级胶囊层和数字胶囊层。与传统智能分类器不同，Caps-Net 使用数字胶囊层中向量的长度来表示实体存在的概率，并使用向量的方向来表示实体的属性。此外，在胶囊网络中，解码器的作用是重建输入数据。基于胶囊网络，本节提出一种基于胶囊网络的故障诊断方法，以提高故障诊断的准确率和泛化性为目标；考虑在少样本和变负载情况下，采用胶囊网络解决过拟合与泛化性问题；引入边际损失函数来进行模型优化，提升故障诊断准确率。图 2-3 为基于胶囊网络的电机多故障诊断模型。

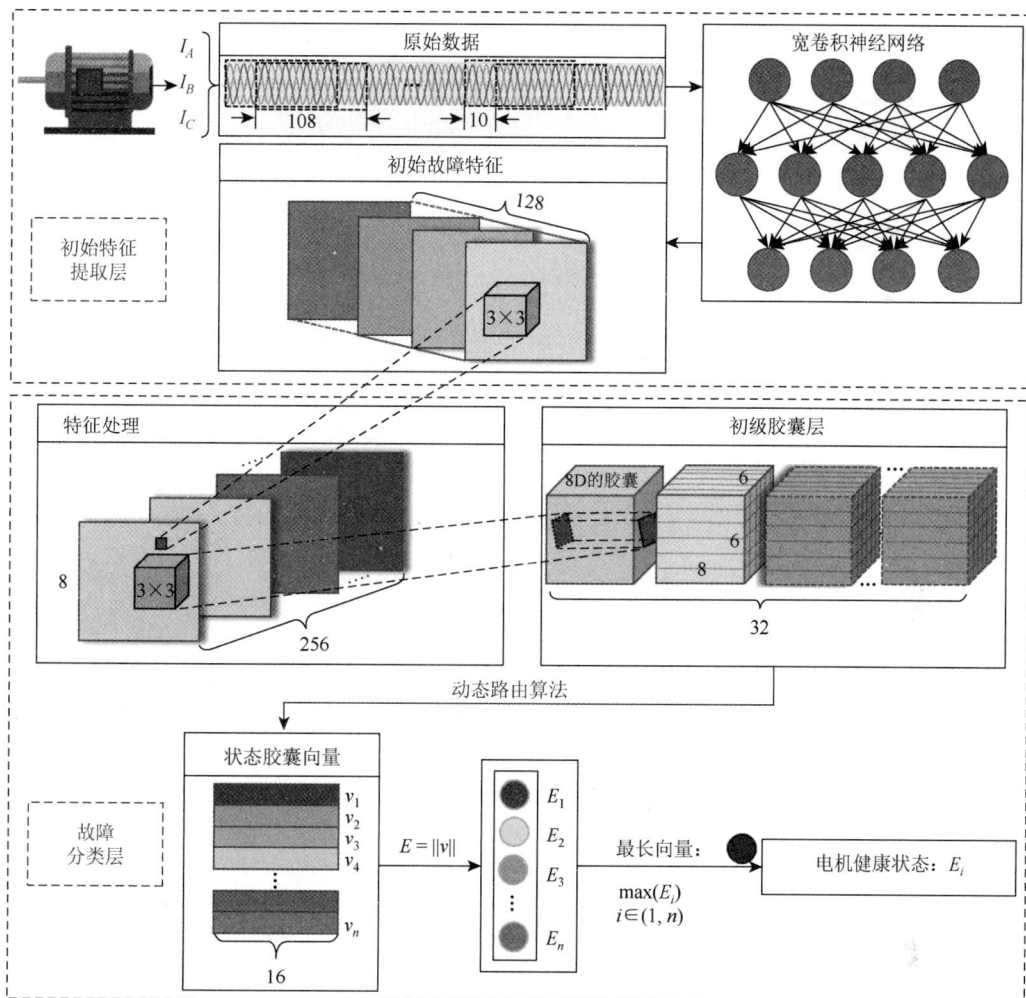

图 2-3　基于胶囊网络的电机多故障诊断模型

如图 2-3 所示，在使用特征学习模型将电机故障数据特征映射到更高维度后，采用了两个二维卷积神经网络（两个 3×3 卷积核，步长为 1）。通过两个卷积核卷积后，原始数据特征被分类为 6×6×32 = 1152 个初级胶囊，每个胶囊都是 8 维向量。此外，网格中的每个胶囊都是权重共享的。8 维向量 e_i 的计算可以表示如下：

$$g_1 = \tanh(W_{g1}f_c + b_{g1}) \tag{2-1}$$

$$u_i = \tanh(W_{ei}g_1 + b_{ei}) \tag{2-2}$$

式中，tanh 为激活函数；W 为权重矩阵；b 为偏置向量。

初级胶囊层的具体运算过程如图 2-4 所示，初级胶囊层通过挤压方式和动态路由（dynamic routing）运算在数字胶囊层生成一系列 16 维特征向量。这些向量的长度表示相应工作状态存在的概率。非线性挤压函数确保数字胶囊层的这些向量的长度被压缩为介于 0～1 的值。此外，挤压函数 $\mathrm{squash}(v_j)$ 的描述如下：

$$v_j = \left(\|l_j\|^2 / (1 + \|l_j\|^2)\right)l_j / \|l_j\| \tag{2-3}$$

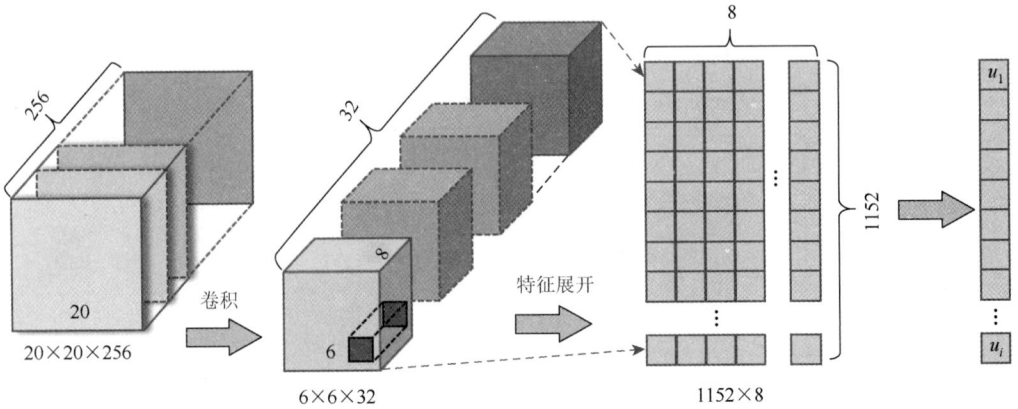

图 2-4　初级胶囊层具体运算过程

其中，v_j 是胶囊 $j(j \in (1, n))$ 的输出向量，n 是电机待诊断健康状态的数量；l_j 是总输入向量。从初级到数字胶囊层，总输入 l_j 是所有预测向量 $\hat{u}_{j|i}$ 的加权和，并且通过将初级胶囊层中胶囊输出的 8 维向量 u_i 乘以权重矩阵 W_{ij} 来计算预测向量。l_j 和 $\hat{u}_{j|i}$ 的计算如式（2-4）与式（2-5）所示：

$$l_j = \sum_i c_{ij} \hat{u}_{j|i} \tag{2-4}$$

$$\hat{u}_{j|i} = W_{ij} u_i \tag{2-5}$$

其中，c_{ij} 是由 $\mathrm{softmax}(b_{ij})$ 函数确定的耦合系数：

$$c_{ij} = \mathrm{softmax}(b_{ij}) = \exp(b_{ij}) / \sum_k \exp(b_{ik}) \tag{2-6}$$

其中，b_{ij} 是初始值为零的中间变量，其参数更新方式如下：

$$b_{ij}^r = b_{ij}^{r-1} + \hat{u}_{j|i} \cdot v_j^r \tag{2-7}$$

其中，r 是动态路由算法的迭代次数。经过初级胶囊层和数字胶囊层之间的动态路由算法运算，最终得到模型输出向量 v_j，其长度（模长）表示不同电机健康状态存在的概率，向量长度最大值对应的状态为模型判断出的电机健康状态。以 3 次迭代为例，图 2-5 为动态路由算法示意图，其具体流程和参数更新过程如表 2-1 所示。在故障诊断中，通常不需要对输入数据进行重构，因此，不再对胶囊网络的重构单元进行赘述。

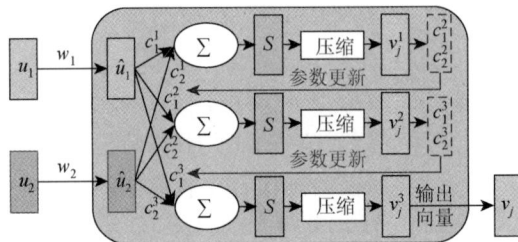

图 2-5　动态路由算法具体运算过程

表 2-1　动态路由算法过程

算法：动态路由算法
输入：迭代次数 T，低层胶囊向量 e_i
输出：高层胶囊向量 v_j
1. 初始化相似度：$b_{ij} = 0$
2. **for** $j = 1$ to n do
3.　　根据式（2-6）计算相似度权重
4.　　根据式（2-4）获取高层胶囊输出
5.　　根据式（2-4）对高层胶囊输出 l_j 进行归一化
6.　　根据式（2-7）对相似度参数进行更新
7. **end for**

本章为了增加所提出模型的类间距离（不同电机健康状态对应的向量长度）并同时减少类内（减小误差）变化，引入了边际损失函数来优化所提出的模型，通过最小化边际损失函数来训练模型：

$$L_k = Y_n \max(0, m^+ - \| v_n \|)^2 + \lambda(1 - Y_n)\max(0, \| v_n \| - m^-)^2 \tag{2-8}$$

其中，Y_n 是数据样本标签的索引值指示函数，即如果第 n 类故障存在，则为 1，反之则为 0，不同的值表示电机的不同健康状态。m^+、m^-、v_n 是设定的超参数，本例中分别为 0.9、0.1、0.25。后面内容将详细介绍模型的搭建与测试。

2.2.2　数据获取与预处理

本节实验使用 ANSYS 仿真软件建模仿真[2]，分别对正常工况、匝间短路、断条故障、负载丢失、缺相、转子动态和静态偏心七种电机工作状态进行仿真，并采集电机运行时的电流信号作为故障诊断模型的训练数据，将数据以 csv 格式进行存储。

本章首先以一台 11kW 的三相异步电机为例，在 ANSYS Maxwell 仿真软件上搭建电机故障仿真模型，图 2-6 为基于该仿真软件搭建的三相异步电机有限元仿真模型。

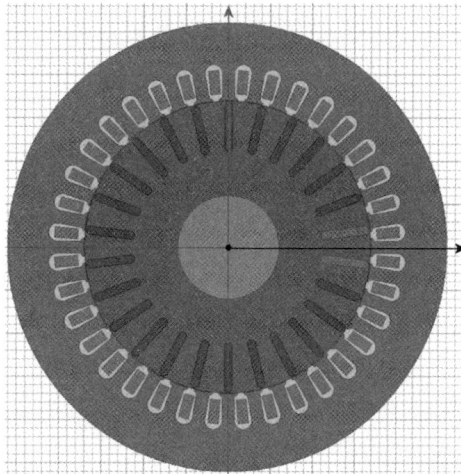

图 2-6　基于 ANSYS 的三相异步电机有限元仿真模型

该电机仿真模型的具体参数如表 2-2 所示，该仿真模型产生的数据将用于本章所提出的故障诊断方法的性能验证。

表 2-2　故障仿真电机具体参数

电机参数	设定值
额定功率/kW	11
额定转速/(r·min^{-1})	1458
额定转矩/(N·m)	72
额定电压/V	380
额定频率/Hz	50
效率	0.85
功率因数	0.86

二维卷积神经网络能够提取时间序列数据的局部特征和空间关联性特征，电机仿真模型产生的三相电流数据是一系列连续变化的时间序列数据，但是其空间特性不明显，此外，电机故障诊断对数据的时间尺度是有一定要求的，为了满足电机故障诊断的实际应用场景，需要对数据进行切片，使得数据结构满足二维卷积神经网络模型的需求，并且数据切片后的时间尺度应适用于实际电机故障诊断场景。采用一个采样窗口对原始电流数据进行切片得到一系列用于模型训练和测试的子样本数据集，数据切片的具体示意图如图 2-7 所示。图中的每一个小框表示一个采样窗口，步幅表示采样窗口每次采样后向后移动的采样点数，本节实验中设定的数据切片采样窗口的步幅数为 10，通过不断地循环采样，最终得到适用于本章提出模型的数据集。

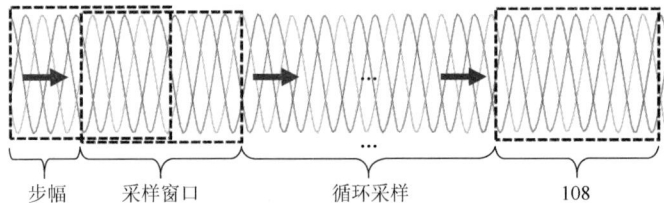

图 2-7　电机数据切片具体示意图

数据处理实现代码如下：

```
(1) def slice_time_series(data, seq_length=1000, step_size=10):
(2)     """
(3)     将一个时间序列数据切分成多个长度为 seq_length 的子样本，每次移动
        步幅为 step_size
(4)     :param data: 时间序列数据
```

```
(5)        :param seq_length: 子样本长度
(6)        :param step_size: 移动步幅
(7)        :return: 子样本列表
(8)        """
(9)     sub_samples = []
(10)       start = 0
(11)       while start+seq_length <= len(data):
(12)           end = start+seq_length
(13)           sub_sample = data[start:end]
(14)           sub_samples.append(sub_sample)
(15)           start += step_size
(16)       return sub_samples
```

接下来是将处理的数据集进行划分,分别用于故障诊断模型的训练与测试,数据集的划分实现代码如下:

```
(1) from sklearn.model_selection import train_test_split
(2)
(3) def split_dataset(data, labels, test_size=0.2):
(4)        """
(5)        将数据集划分为训练集和测试集
(6)
(7)        参数:
(8)        data: 特征数据, numpy 数组或者 pandas 的 DataFrame/Series
(9)        labels: 目标值, numpy 数组或者 pandas 的 DataFrame/Series
(10)       test_size: 测试集的比例, 默认为 0.2
(11)
(12)       返回:
(13)       train_data: 训练集的特征数据
(14)       train_labels: 训练集的目标值
(15)       test_data: 测试集的特征数据
(16)       test_labels: 测试集的目标值
(17)       """
(18)       # 划分数据集
(19)       train_data, test_data, train_labels, test_labels =
           train_test_split(data, labels, test_size=test_size,
           random_state=42)
(20)       return train_data, train_labels, test_data, test_labels
```

处理好的数据添加上相应的标签就可以用于故障诊断模型的训练与测试，2.2.3 小节将介绍如何搭建一个胶囊神经网络并用于故障诊断。

2.2.3 模型搭建与训练

（1）本小节将搭建一个胶囊网络，其网络结构如图 2-3 所示，分别包括卷积层、初级胶囊层和数字胶囊层。首先是卷积层的搭建，卷积层由两层卷积神经网络组成，其作用是进行特征提取和对特征进行进一步处理。

（2）初级胶囊层的搭建，初级胶囊层的作用是初始化胶囊输入，将卷积层得到的数据特征转换为不同的数字胶囊块。

（3）故障数据特征经过初级胶囊层进一步的处理，将其输入到数字胶囊层进行压缩以及动态路由处理，得到最终的特征向量用于编码最终故障特征相关信息并进行最终故障分类。

（4）在搭建好胶囊网络的基本网络框架以后，定义模型损失函数，本实验选择 Margin Loss 作为模型的损失函数。

（5）胶囊网络的基本框架搭建完成以后，要进行的就是模型的训练，模型训练的具体流程如表 2-3 所示。

表 2-3 基于胶囊网络的电机故障诊断模型训练过程

算法：基于胶囊网络的电机故障诊断模型训练过程
输入：采集的电机运行数据 X_{EM}，迭代周期数 N
输出：电机健康状态
1. 初始化神经网络的权重与偏置
2. **for** $k = 1, 2, \cdots, N$ **do**：
3.   根据式（2-1）提取电机数据初始特征
4.   根据式（2-2）对初始数据特征进行处理
5.   数据特征用图 2-5 的方式按对应位置组合得到一系列 8 维状态向量 u_i
6.   基于动态路由算法计算得到数字胶囊向量 v_j
7.   计算各数字胶囊向量模长 $\| v_j \|$ 并返回最长向量对应的标签索引值
8.   基于式（2-8）评估模型性能并对模型参数进行更新
9. **end for**

（6）进行模型最终性能评估，恒定功率条件下以 72N·m 负载的电机运行数据为例，将所提出的方法与深度残差网络（ResNet）模型进行了比较[3]。为了充分验证本节所提方法的性能，对本节提出的方法与基于 ResNet 方法进行了五折交叉验证（5-fold cross-validation）实验，五折交叉验证的具体操作是首先将数据集随机打乱，再将数据集分成五个相等大小的子集，五个子数据集的数据分别做一次验证集，其余的四个子集中的数据作为训练集，重复五次实验以获得更准确和更可靠的模型性能估计。

两种模型的故障诊断准确率如图 2-8 所示，实验 1 到实验 5 表示两个模型进行五次交叉验证下的故障诊断准确率。网络经过多次迭代以后，可以看到本节所提出的基于胶囊网络的方法在五次实验的准确率均高于基于 ResNet 方法且准确率都达到 98%以上，充分证明了本节所提出的方法在电机故障诊断任务上的有效性。

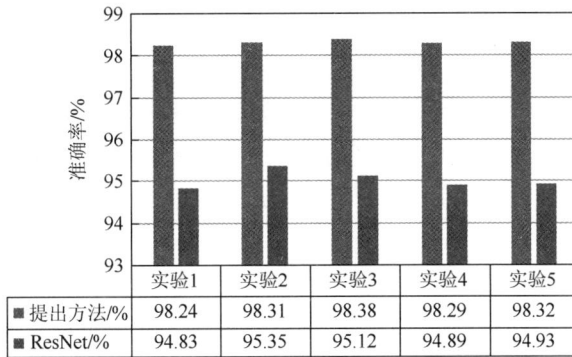

	实验1	实验2	实验3	实验4	实验5
■ 提出方法/%	98.24	98.31	98.38	98.29	98.32
■ ResNet/%	94.83	95.35	95.12	94.89	94.93

图 2-8 基于胶囊网络的故障诊断模型与残差网络模型的诊断准确率（彩图扫二维码）

图 2-9 为本节基于胶囊网络的故障诊断模型诊断结果的混淆矩阵，其中 CP、CT、LT 分别表示恒定功率、恒定转矩、线性转矩三种不同负载的情况；CP→CT 表示诊断模

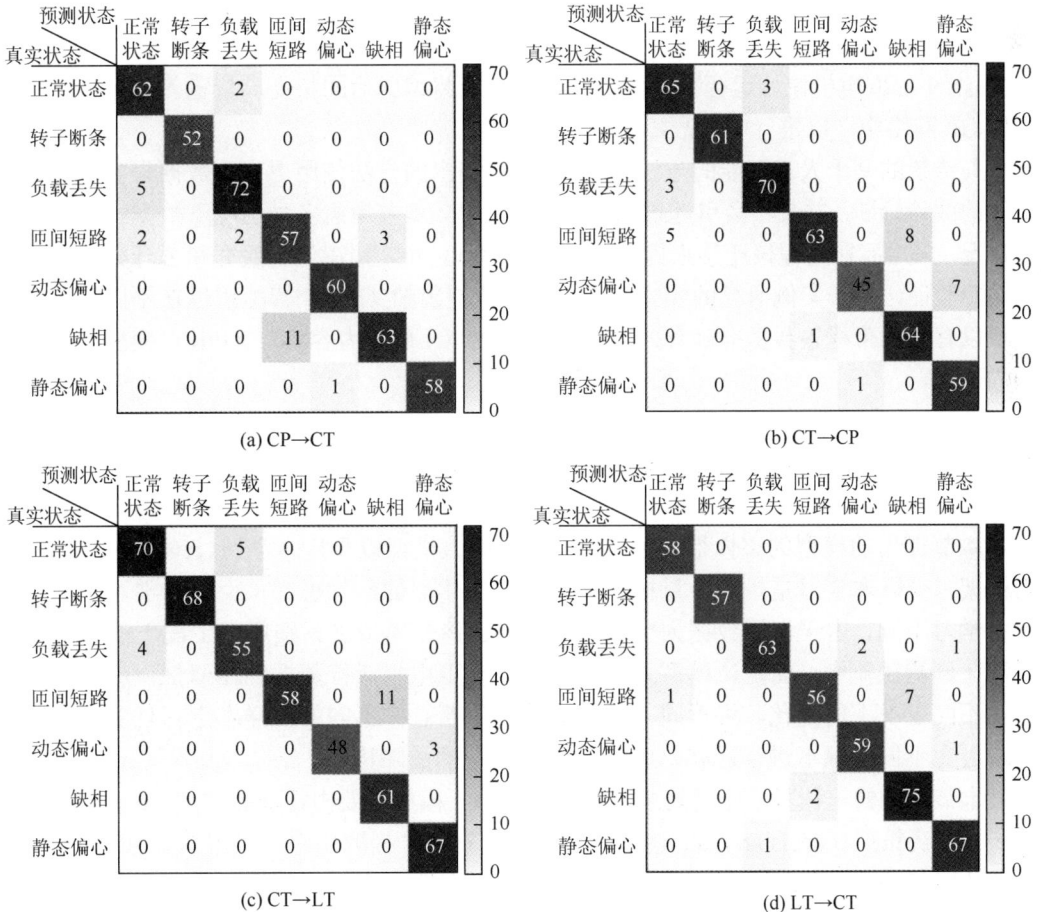

图 2-9 基于胶囊网络的电机多故障诊断模型

矩阵的纵轴表示实际的电机健康状态，即期望模型检测出的健康状态；横轴表示故障诊断模型预测出的电机健康状态；条带图例代表测试结果中故障诊断的具体情况；数值的单位是对应横、纵坐标诊断出来的样本数量

型是在使用 CP 负载情况下对电机运行数据进行训练，并在 CT 负载情况下进行测试，CT→CP、CT→LT、LT→CT 同理。可以看出本节提出的模型在误差允许的范围内可以很好地在跨工况情况下进行故障诊断，这是因为胶囊的输出通常为某个特征的概率和特性，这个概率和特性通常被称为实例化参数，而实例化参数代表着网络的等变性，它使得网络能够有效地识别不同工况下的电机故障，并且对工况的变化具有更强的泛化性。

2.3　基于高斯过程的电机轴承故障诊断

传统的基于人工智能的故障检测方法需要大量数据用于模型学习。然而，在现实世界中，获取大量带有标签的故障数据是非常困难且成本昂贵的。此外，由于电机的工况通常是可变的，常规的泛化能力较弱的故障诊断模型只能用于恒定工况下的故障检测。当电机工况改变时，传统基于人工智能的方法的性能会降低。为此，本节将采用一种基于深度高斯过程（Gaussian process，GP）[4]核迁移的少样本学习方法（Gaussian process kernel transfer based few-shot learning method，GPKT），用于数据有限情况下的电机故障检测。首先，使用 ResNet 提取电机原始运行数据的特征；其次，将编码后的特征向量输入具有核迁移能力的 GP 网络中，以进行电机故障检测和分类。

与传统的基于人工智能的方法相比，本节所提出的方法使用更少的数据来实现可变工况下的故障诊断，并且不会引起过拟合问题。此外，本节考虑多种工况下数据特征有差异的情况，采用高斯过程核迁移来提升模型的泛化性，并分别在仿真数据和公开数据集上进行实验验证，两个案例研究的实验结果表明，所提出的 GPKT 模型可以在不同的工作条件下以有限的带标签数据准确有效地检测电机故障，后面内容将对 GPKT 模型进行详细的描述。

2.3.1　基于高斯过程的故障诊断模型

本节提出的模型的整体框架如图 2-10 所示，该框架以少样本学习（few-shot learning）为框架，少样本学习是指从少量标注样本中进行学习的一种思想，少样本学习与标准的监督学习不同，由于训练数据太少，所以不能让诊断模型去识别所有工况下的电机故障再泛化到测试集中，而是让模型来区分不同工况下电机运行数据的相似性，从而实现模型在不同工况下的泛化。将不同工况下的故障诊断看作不同的少样本学习任务。模型参数通过在不同工况下进行迁移，实现不同工况下的故障诊断。

本节提出的一种基于深度高斯过程的故障诊断模型主要由特征提取层（representation layer）和决策层（decision making layer）组成。在特征提取层中，采用基于 ResNet 的 10 个叠加残差块（ResNet-10）对电机信号进行初步处理，之所以采用残差网络是因为残差网络的特点是容易优化，并且能够通过增加相当的深度来提高准确率，其内部的残差块使用了跳跃连接，缓解了在深度神经网络中增加深度带来的梯度消失问题，传统神经网络与残差块之间的区别如图 2-11 所示。

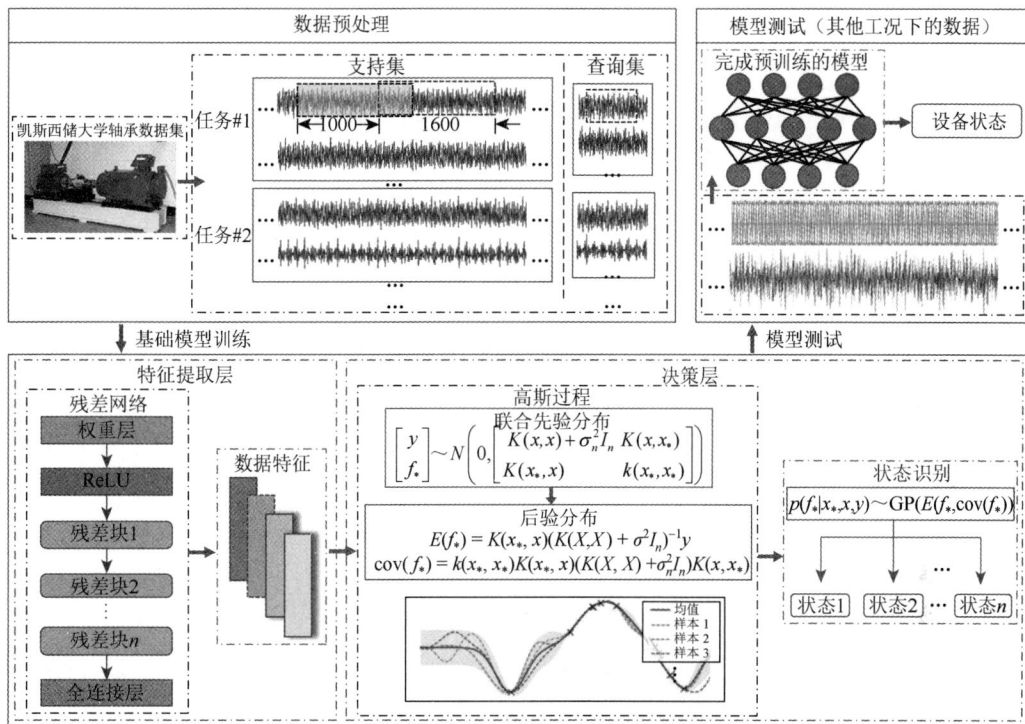

图 2-10　基于高斯过程的电机故障诊断模型

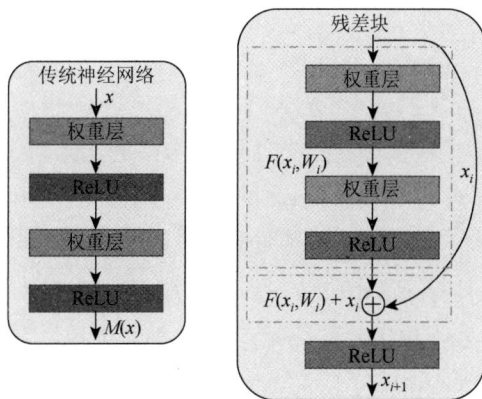

图 2-11　传统神经网络与残差块的区别

图 2-11 中残差网络的输出由式（2-9）计算可得

$$x_{i+1} = f(F(x_i, W_i) + x_i) \tag{2-9}$$

与传统的 CNN 直接拟合底层映射相比，ResNet 拟合两个相邻信号之间的残差，简化了模型的训练过程，结果表明，应用 ResNet 的模型易于训练，具有更好的性能。假设基本特征的非线性映射为

$$H(x) = F(x_i, W_i) + x_i \tag{2-10}$$

ResNet 需要拟合的函数映射为

$$F(x_i, W_i) = H(x) - x_i \qquad (2\text{-}11)$$

本节提出模型框架的决策层是一个基于 GP 的电机健康状态分类器，如图 2-10 所示，决策层的输入是残差网络非线性映射以后的特征图谱。一个 GP 可以由一个均值函数 $\mu(x)$ 和一个协方差函数（核函数）$k(x, x')$ 唯一确定，根据 GP 的定义，其分布函数 f 可以表示为

$$f(x) \sim \mathrm{GP}(\mu(x), k(x, x')) \qquad (2\text{-}12)$$

其中，$\mu(x)$ 和 $k(x, x')$ 可以由式（2-13）与式（2-14）计算所得：

$$\mu(x) = E(f(x)) \qquad (2\text{-}13)$$

$$k(x, x') = E\big((f(x) - m(x))(f(x') - m(x'))\big) \qquad (2\text{-}14)$$

在实际应用中，高斯噪声也需要被考虑在内：

$$\varepsilon \sim N(0, \sigma_n^2) \qquad (2\text{-}15)$$

其中，ε 是带方差的高斯噪声，对于 $f(x)$ 完全独立。基于贝叶斯概率论，通过在给定的训练数据集 $D = \{(x_n, y_n)\}_{n=1}^{N}$ 上建立一个先验分布函数，可以得到具有高斯噪声的输出分布 y 如下：

$$y_n = f(x_n) + \varepsilon \sim N(0, K(X, X) + \sigma_n^2 I_n) \qquad (2\text{-}16)$$

其中，I_n 是 $N \times N$ 单位矩阵；$K(X, X)$ 是格拉姆矩阵：

$$K(X, X) = (K_{ij})_{n \times n} = k(x_i, x_j), \quad i, j = 1, 2, \cdots, n \qquad (2\text{-}17)$$

观测值和预测值的联合先验分布可以得到如下结果：

$$\begin{bmatrix} y \\ f_* \end{bmatrix} \sim N\left(0, \begin{bmatrix} K(x, x) + \sigma_n^2 I_n & K(x, x_*) \\ K(x_*, x) & k(x_*, x_*) \end{bmatrix}\right) \qquad (2\text{-}18)$$

其中，f_* 是预测值；x_* 是一个测试点，与训练集 D 中的输入点 x 具有相同的高斯分布；$K(x, x_*) = K(x_*, x)^{\mathrm{T}}$ 是测试点 x_* 和输入点 x 之间的 $n \times 1$ 协方差矩阵；$k(x_*, x_*)$ 是点 x_* 的协方差。根据之前的联合先验分布，通过贝叶斯准则可以得到 f_* 的后验分布概率如下：

$$p(f_* \mid x_*, x, y) \sim \mathrm{GP}(E(f_*), \mathrm{cov}(f_*)) \qquad (2\text{-}19)$$

其中，预测点 f_* 的均值 $E(f_*)$ 和协方差 $\mathrm{cov}(f_*)$ 可以表示如下：

$$E(f_*) = K(x_*, x)\big(K(X, X) + \sigma_n^2 I_n\big)^{-1} y \qquad (2\text{-}20)$$

$$\mathrm{cov}(f_*) = k(x_*, x_*) - K(x_*, x)\big(K(X, X) + \sigma_n^2 I_n\big) K(x, x_*) \qquad (2\text{-}21)$$

均值 $E(f_*)$ 可以看作预测点 f_* 的估计值，而 $\mathrm{cov}(f_*)$ 可以反映该值的可靠性。本节采用极大似然估计方法确定该模型的 GP 超参数。边际似然函数 $L(\theta, \phi)$ 可以描述为

$$L(\theta, \phi) = \log P(y_t^* \mid D_x, \theta, \phi) = \frac{1}{2}(y_t^*)^{\mathrm{T}} C^{-1} y_t^* + \frac{1}{2}\log|C| + \alpha \qquad (2\text{-}22)$$

其中，α 是一个常数；C 是所有任务输入之间的核，这与超参数 θ 和神经网络权重 ϕ 的估计有关。通过最大化边际似然函数，实现对该模型参数的优化。后面内容将详细介绍模型的搭建与测试。

2.3.2　数据获取与预处理

本小节实验将使用两个数据集分别对本节提出的模型进行性能验证，首先使用的数据集与 2.2 节相同，为 ANSYS 仿真软件进行建模仿真得到的仿真数据集，其具体细节不再赘述。本小节使用的第二个数据集将以美国凯斯西储大学（Case Western Reserve University）公开的轴承数据集[5]为例（https://engineering.case.edu/ bearingdatacenter/download-data-file），该数据集由三种故障状态数据（内圈故障、外圈故障、滚珠故障）和正常状态数据组成，该数据集包含了 48kHz 和 12kHz 两种采样频率下的运行数据，故障轴承的损伤直径分别为 0.007in（1in = 2.54cm）、0.014in、0.021in 和 0.028in，由于 0.028in 故障等级下不包含轴承外圈故障，未在本章中使用。本章以采样频率为 12kHz 的电机运行数据为例，图 2-12 为轴承在内圈故障状态下电机驱动端振动数据。

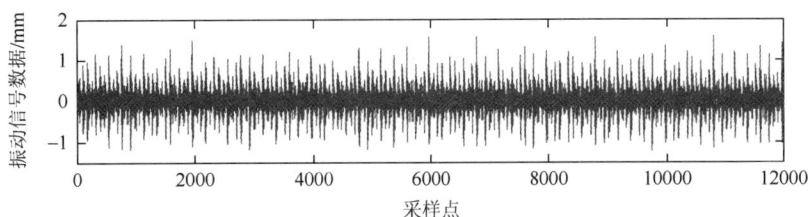

图 2-12　电机驱动端振动信号

与 2.2 节的不同之处在于，在本小节实验中，把不同工况下的故障诊断看作相互独立但性质相同的故障诊断任务，模型的训练不再是在单一工况下的数据集上进行的，而是通过在多个故障诊断任务间的不断学习、探索不同任务间的相互关系，从而实现多工况下的故障诊断，且每一个故障诊断任务中都包含了训练集和测试集。生成故障诊断模型训练数据集的采样方法如图 2-13 所示，通过设置一个定值的数据采样窗口对数据进行采样，并对窗口按照指定步幅进行移动，进行下一次采样，具体的数据处理方式如图 2-13 所示。

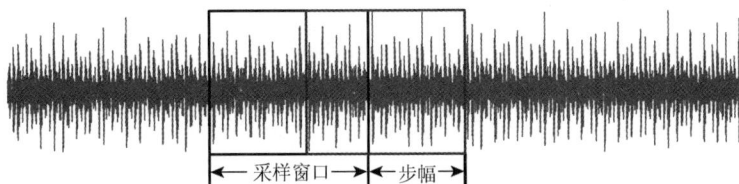

图 2-13　训练数据集生成方法

（1）首先定义数据读取函数，读取不同工况下的电机运行数据，凯斯西储大学公开的轴承数据集的存储格式为 .mat，其数据读取具体实现代码如下：

```
(1) def open_data(data_path,key_num):
(2)     path=data_path+str(key_num)+".mat"
```

```
(3)    str1="X"+"%03d"%key_num+"_DE_time"
(4)    data=scio.loadmat(path)
(5)    data=data[str1]
(6)    return data
```

（2）读取不同工况下的电机运行数据以进行数据处理，与 2.2 节相似，其处理方式为使用指定大小的数据采样窗口按一定步长进行移动采样从而实现对数据的降采样，通过对数据的降采样得到模型的训练数据，其数据处理具体实现代码如 2.2 节所示，不再赘述。

（3）将处理的数据集进行划分，每一个故障诊断任务都包含训练集、验证集与测试集，数据集的划分具体实现代码与 2.2 节相同，不再赘述。

在各种工况下，分别将处理好的数据添加上相应的标签就可以用于故障诊断模型的训练与测试，2.3.3 小节将介绍如何搭建一个基于残差网络和高斯过程的神经网络模型并用于故障诊断。

2.3.3　模型搭建与训练

（1）模型的第一步为残差网络的搭建，首先进行的是基础残差块的搭建，其网络结构如图 2-11 右侧所示，其具体实现代码如下：

```
(1) #残差块
(2) import torch
(3) from torch import nn
(4) class ResidualBlock(nn.Module):
(5)     def __init__(self, in_channels, out_channels, stride=1):
(6)         super(ResidualBlock, self).__init__()
(7)         self.conv1=nn.Conv2d(in_channels, out_channels,
                kernel_size=3, stride=stride, padding=1, bias=False)
(8)         self.bn1=nn.BatchNorm2d(out_channels)
(9)         self.relu=nn.ReLU(inplace=True)
(10)        self.conv2=nn.Conv2d(out_channels, out_channels,
                kernel_size=3, stride=1, padding=1, bias=False)
(11)        self.bn2=nn.BatchNorm2d(out_channels)
(12)
(13)        self.shortcut=nn.Sequential()
(14)        if stride != 1 or in_channels != out_channels:
(15)            self.shortcut=nn.Sequential(
(16)                nn.Conv2d(in_channels, out_channels, kernel_
```

```
                      size=1, stride=stride, bias=False),
(17)             nn.BatchNorm2d(out_channels)
(18)         )
(19)
(20)     def forward(self, x):
(21)         out=self.relu(self.bn1(self.conv1(x)))
(22)         out=self.bn2(self.conv2(out))
(23)         out += self.shortcut(x)
(24)         out=self.relu(out)
(25)         return out
```

（2）在搭建完基本残差块以后，接下来就是整个残差网络整体框架的搭建，残差网络是基于残差块进行堆叠的，其作用是完成对电机运行数据的特征提取。

（3）电机运行数据在经过残差网络处理以后，得到了一系列的特征图谱，将得到的特征图谱输入高斯过程决策层中，进行当前故障诊断任务的判断，根据当前任务的数据特征实现当前任务下的故障分类。

（4）在搭建好残差网络与高斯过程网络以后，进行的是模型的训练与模型最终的性能评估。

算例分析一: 首先在仿真数据集上使用少量数据样本对本节提出的故障诊断策略进行验证，并与其他多种方法[6-9]进行比较，其结果如表 2-4 所示，结果表明，与其他方法相比，本节提出的 GPKT 模型在仿真数据集上具有最好的故障检测性能。使用 RBF 内核函数的 GPKT 在 5-shot 和 1-shot 场景中检测精度最高。与使用 BNCosSim 和 CosSim 内核函数的 GPKT 相比，GPKT-RBF 优于这两种模型，在 5-shot 场景中的准确率至少提高 5 个百分点，在 1-shot 中的准确率至少提高 2 个百分点。与三种基于少样本学习的方法相比，除 GPKT-CosSim 模型外，GPKT 模型可以更准确地检测电机的健康状态，这是因为 CosSim 核函数降低了模型的性能。因此，一个适当的 GP 核可以使所提出的模型更有效。此外，与胶囊网络相比，GPKT-RBF 的检测准确率在少样本情况下提高了约 12 个百分点。造成这一结果主要有两个原因：一是模型训练数据有限，导致传统方法产生了过拟合；二是当模型测试过程中工作条件发生变化时，传统深度学习方法的泛化能力较弱，如果不对模型参数进行微调，该模型的检测精度会降低。

表 2-4　不同方法在少样本情况下的准确率

方法	诊断准确率/%	
	5-shot	1-shot
MAML	89.88 ± 0.41	88.84 ± 1.43
ProtoNet	90.51 ± 1.24	90.28 ± 0.70
Baseline	89.60 ± 0.67	89.19 ± 1.45
GPKT-BNCosSim	90.68 ± 0.70	90.42 ± 0.68

续表

方法	诊断准确率/%	
	5-shot	1-shot
GPKT-CosSim	90.35 ± 0.77	90.17 ± 0.74
GPKT-RBF	96.10 ± 0.29	93.28 ± 0.68
传统方法	诊断准确率/%	
WDCNN	80.23 ± 0.82	
Capsule-Net	84.20 ± 1.76	

算例分析二： 在美国凯斯西储大学开源数据集上进行实验验证，用于电机故障诊断实验数据的故障类型和故障等级的详细描述，如表 2-5 所示，该数据集中的电机轴承故障有三种不同的类型，包括内滚道、滚动元件和外滚道，每种类型的故障都有三种不同的尺寸，分别为 0.007in、0.014in 和 0.021in。因此，每种工况下共有 10 种电机轴承健康状态，包括 9 种故障状态和 1 种正常状态。

表 2-5　电机轴承故障描述

电机负载/hp	故障等级/in	故障类型		
1	0.007	内滚道故障	滚动元件故障	外滚道故障
	0.014			
	0.021			
2	0.007			
	0.014			
	0.021			
3	0.007			
	0.014			
	0.021			

注：1hp = 0.735kW。

为了构建一个小规模的数据集，将一个包含 1600 个数据点的子采样窗口对数据进行下采样，得到一个小样本数据集用于模型训练、验证和测试。400 个训练周期的损失函数曲线如图 2-14 所示。结果表明，随着模型的不断优化，损失函数的值不断减小，说明本节提出的模型可以应用于实际数据。

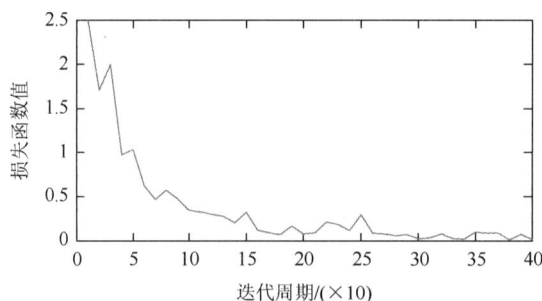

图 2-14　损失函数曲线

不同方法的电机轴承健康状态检测性能如图 2-15 所示。从图中可以看出，与其他方法相比，本节所提出的 GPKT-RBF 模型在凯斯西储大学轴承数据集上具有最好的故障检测性能。带有 RBF 内核的 GPKT 在 5-shot 和 1-shot 场景下的故障诊断准确率最高。此外，本节提出的方法方差较小，说明其具有更稳定的故障诊断性能。

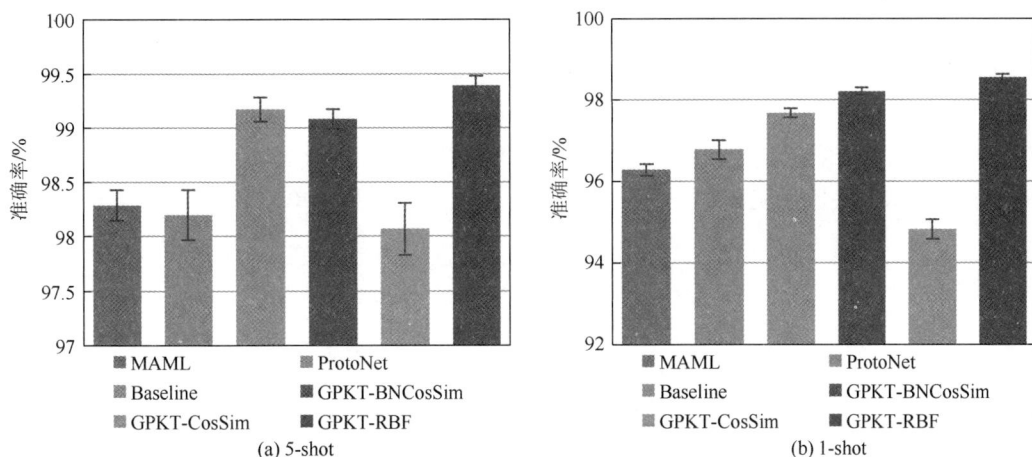

(a) 5-shot

(b) 1-shot

图 2-15　不同方法的电机轴承健康状态检测性能（彩图扫二维码）

2.4　基于与模型无关元学习方法的电机故障诊断

在有限的数据量下有效检测滚动轴承的故障对电机的安全运行至关重要。本节提出一种新的基于与模型无关元学习的故障诊断策略，用于不同工况下电机滚动轴承的故障检测。将各种工作条件下的故障诊断转化为少样本分类问题，并采用基于与模型无关的元学习模型进行解决。具体来说，元学习器首先在各种工作条件下使用一系列相关的故障诊断任务进行训练，在这一阶段，利用梯度下降法进行参数优化，以实现这些任务的有效表示。然后，在一个新的任务上，对元学习器的参数进行细化。该技术可以通过少量样本实现快速适应新任务。该方法在有限的数据量下，在各种工作条件下可获得较高的故障检测精度。在凯斯西储大学轴承数据集和帕德博恩大学滚动轴承数据集[10]上进行各种方法的比较测试。结果表明，该模型在各种工作条件下的性能均优于其他现有方法；此外，该方法具有较强的泛化能力和较快的自适应能力。下面，将对该方法进行详细的描述。

2.4.1　基于与模型无关元学习的故障诊断模型

深度学习在故障诊断中的应用主要是以有监督学习为基础，与模型无关元学习方法在有监督学习领域的应用与前面内容相似，可以将其看作少样本学习。具体来说，本节将各种工况下的电机轴承故障诊断转化为一系列少样本分类问题，并使用基于与模型无关元学习框架进行求解。首先将各种工况下的轴承故障诊断看作一系列相互关联的任务，随后采用基学习器在各个故障诊断任务上进行训练，学习不同工况下的故障诊断任务特性，并找到其相应的规律，每一个基学习器就是一个分类器，可以实现故障类型的判断。在完成相关任务的训练后，基学习器会将训练得到的模型和参数反馈给元学习器。元学习器的作用是对所有故障诊断任务上的训练经验进行归纳总结，也就是说每次训练基学习器后，元学习器会结合基学习器学到的知识综合新的故障诊断经验，更新元学习器中的参数。元学习器的目标是在新的故障诊断任务上实现快速且准确的故障推理，并将推理结果输送给基学习器，作为其应对新的故障诊断任务时的初始模型和初始参数值，或者其他可以加速基学习器训练的参数。通过所提出基学习器和元学习器的协同工作使得本节所提出的策略能够在有限的样本上快速适应新的任务。与模型无关元学习模型简单示意图如图 2-16 所示。

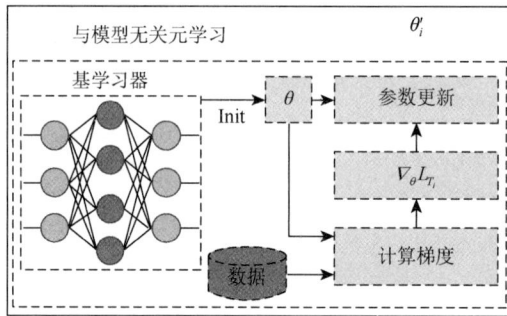

图 2-16 与模型无关元学习模型示意图

该模型在元训练阶段使用基于梯度下降的规则对各种任务的模型参数进行初始化，并且通过在元测试阶段对模型参数进行微调，从而可以获得良好的结果。与模型无关元学习的关键是获取新任务下的初始参数，即元训练，该参数化的获取分两个步骤完成：基学习器学习阶段和元学习器学习阶段。基学习器主要是学习特定故障诊断任务的属性，在本节研究的每个故障诊断任务中，每个基学习器都是一个多类分类器，在基学习器学习阶段，假设所有数据集中包含 Q 个任务。当模型适应一个新任务 T_i $(1 \leqslant i \leqslant Q)$ 时，模型在当前任务下的参数使用梯度下降方法进行更新：

$$\theta_i' = \theta - \alpha \nabla_\theta L_{T_{i_{\text{support}}}} f(\theta) \tag{2-23}$$

其中，α 是基学习器的学习率；$\nabla_\theta L_{T_{i_{\text{support}}}} f(\theta)$ 是任务 T_i 的支持集的损失梯度。在得到参数 θ_i' $(1 \leqslant i \leqslant Q)$ 后，查询集的损失值可以由式（2-24）计算得到：

$$f_{\text{loss}\_T_{i_{\text{query}}}} = L_{T_{i_{\text{query}}}} f(\theta_i') \tag{2-24}$$

在本节中，基学习器的损失函数是交叉熵，这在分类任务中很常见，在前面内容也有相应的介绍，此处不便一一赘述。通过优化每批分类任务在每个训练阶段的性能，实现对每个基学习器的参数进行训练，其计算方法如下：

$$f_{\text{loss}} = \min_{\theta} \sum_{i=1}^{Q} L_{T_{i_{\text{query}}}} f(\theta_i') \tag{2-25}$$

元学习器主要学习不同任务之间的共性，这为基学习器提供了初始模型参数 θ。初始模型参数 θ 可以根据基学习器参数计算得到，其具体计算方式可以描述为

$$\theta = g(\theta_1', \theta_2', \cdots, \theta_i') \tag{2-26}$$

其中，$g(\cdot)$ 是参数的映射函数。参数 θ 的更新方式如下：

$$\theta = \theta - \beta \nabla_{\theta} \sum_{i=1}^{Q} L_{T_{i_{\text{query}}}} f(\theta_i') \tag{2-27}$$

其中，β 是元学习器的学习率。综上所述，基学习器与元学习器联合学习以及参数优化过程如表 2-6 所示。

表 2-6　基学习器与元学习器联合学习以及参数优化过程

算法：基学习器与元学习器联合学习以及参数优化过程

输入： 任务集：$P(T_i)$；基学习器与元学习器学习率：α，β

输出： 元学习器优化后的参数 θ（即基学习器初始参数）

1. 随机初始化 θ

2. **while** not done **do：**

3. 　　从任务集中采集训练任务：$T_i \sim P(T_i)$

4. 　　**for** all T_i **do**

5. 　　　计算任务 T_i 支持集上的梯度：$\nabla_{\theta} L_{T_{i_{\text{support}}}} f(\theta)$

6. 　　　计算基学习器在任务 T_i 支持集上的自适应参数：$\theta_i' = \theta - \alpha \nabla_{\theta} L_{T_{i_{\text{support}}}} f(\theta)$

7. 　　　计算基学习器在任务 T_i 查询集上的损失函数值：$f_{\text{loss}\_T_{i_{\text{query}}}}$

8. 　　**end for**

9. 　　更新元学习器参数：$\theta = \theta - \beta \nabla_{\theta} \sum_{i=1}^{Q} L_{T_{i_{\text{query}}}} f(\theta_i')$

10. **end while**

受上述与模型无关元学习训练框架的启发，理论上，任何工况下的故障诊断任务都可被视为独立但互相关联的小样本分类任务。通过使用各种工况下的电机数据对模型进行训练，训练好的模型具有较好的初始参数，当出现之前未见过的新工况下的故障诊断任务时，模型只需使用有限的数据量，并利用基于梯度下降的学习规则进行一次或少量次数的参数微调，模型便能达到最优性能。图 2-17 为本节所提出的基于与模型无关元学习方法的电机轴承故障诊断整体框架，该框架主要分为模型训练阶段和模型测试阶段。训练阶段主要是对各种工况下的故障诊断任务的知识进行归纳和总结，测试阶段主要是对训练阶段所学到的知识进行最终的测试。将该模型的基学习器应用于各种工作条件下的数据特征提取和健康状态分类。将元学习器应用于模型参数更新，以便在工作条件发生变化时进行快速自适应。后面内容将详细介绍模型的搭建与测试。

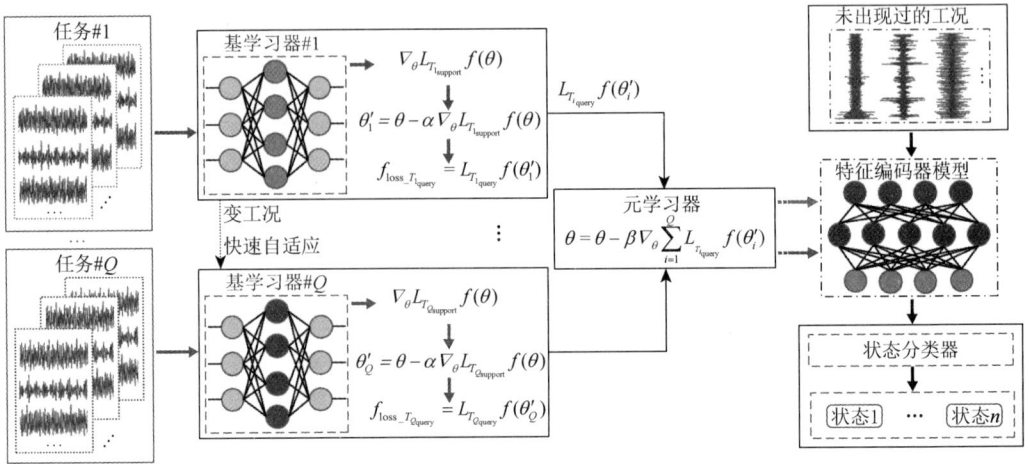

图 2-17　与模型无关元学习的故障诊断模型整体框架

在图 2-17 中，基学习器的主体结构是由一个 4 层的卷积神经网络组成的，其主要作用是对电机运行数据进行特征提取和健康状态分类。元学习器的作用是总结学习经验并提供优化的初始参数以供模型快速适应新工况。

（1）基学习器特征提取与分类：采用 4 层卷积神经网络对电机振动信号进行特征提取，数据的处理与具体描述将在 2.4.2 小节进行详细介绍，本节使用卷积神经网络的原因在于简单的卷积结构能够使模型的训练更加高效。如图 2-18 所示，在每个故障检测任务中，电机在不同健康状态下的振动数据都被输入基于卷积神经网络的基学习器中进行特征提取与分类。

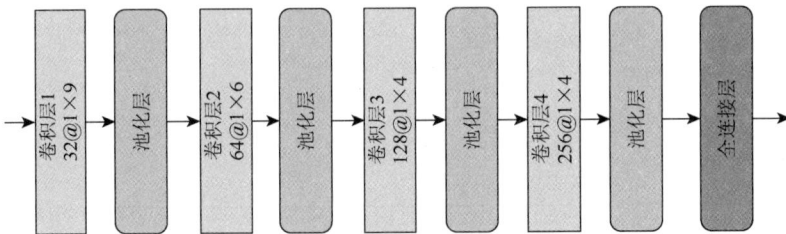

图 2-18　基学习器基本结构

（2）工况快速适应：在图 2-17 中，可以看到基学习器的训练是在任务集中的不同任务下完成的，不同诊断任务的初始参数通过元学习器得到，元学习器得到的初始参数便可以在新的不同任务下快速适应，以此进行不断的优化得到最终的模型参数。当新一批故障诊断任务被采样并馈入神经网络模型时，模型参数需要具有快速适应的能力，即模型参数只需要少量微调更新便能在新一批任务上达到最优性能。除第一批任务外，当前训练阶段的初始模型参数均是从上一批任务的训练中获得的，即当前模型的经验都是对以往批次的诊断任务的一个归纳总结。如何计算模型的初始参数的数学描述如式（2-26）所示，每批任务包含 Q 个子任务，参数在每个子任务上的快速适应过程如式（2-23）所示。模型的测试阶段也是一个工况快速适应的过程，测试任务从未在模型的训练阶段出现过，元学习器在训练阶段通过对大量训练任务的归纳总结，能将学习到的知识快速应用到测试阶段。

2.4.2 模型搭建与训练

本小节实验将以与 2.3 节相同的美国凯斯西储大学公开的轴承数据集为例，用以模型的训练与测试，前面已有详细地描述数据集的获取与处理，将不再过多赘述。

（1）本小节将搭建一个基于与模型无关元学习的故障诊断网络模型，其网络结构如图 2-17 所示，其结构框架主要由基学习器和元学习器组成。首先是基学习器的搭建，为了便于模型的训练，基学习器的基本框架是由一个 4 层的 CNN 组成的，多个基学习器可以同时完成不同工况下的故障诊断任务。

（2）有了模型基础框架以后，接下来就是与模型无关元学习的整体框架的搭建，随后就是初级胶囊层的搭建，初级胶囊层的作用是初始化胶囊输入，将卷积层得到的数据特征转换为不同的数字胶囊块，其具体实现方法如表 2-7 所示。

表 2-7 基于与模型无关元学习方法的电机轴承故障诊断算法流程

算法：基于与模型无关元学习方法的电机轴承故障诊断

元训练阶段

输入：训练任务集 $P(T_i)$；小样本学习参数 k、n（k-way，n-shot）；基学习器与元学习器学习率：α、β

输出：模型参数 θ

1. 随机初始化 θ

2. **while** not done do：

3. 从任务集中采集 Q 个训练任务：$T_i \sim P(T_i)$

4. **for** all T_i **do**

5.   基于图 2-16 的卷积结果提取任务 T_i 支持集上的数据特征；

6.   基于 T_i 支持集上数据特征分类的结果计算任务 T_i 的梯度：$\nabla_\theta L_{T_{i_{support}}} f(\theta)$

7.   计算基学习器在任务 T_i 支持集上的自适应参数：$\theta_i' = \theta - \alpha \nabla_\theta L_{T_{i_{support}}} f(\theta)$

8.   输出每个任务 T_i 查询集上的电机轴承健康状态诊断结果及准确率

9.   计算基学习器在任务 T_i 查询集上的损失函数值：$f_{loss\_T_{i_{query}}}$

10.   记录 Q 个任务损失函数的和：$f_{loss} = \min\limits_{\theta} \sum\limits_{i=1}^{Q} L_{T_{i_{query}}} f(\theta_i')$

11. **end for**

12. 更新元学习器参数：$\theta = \theta - \beta \nabla_\theta \sum\limits_{i=1}^{Q} L_{T_{i_{query}}} f(\theta_i')$

13. **end while**

元测试阶段

输入：训练后的模型参数 θ；测试任务集 $P(T_*)$

输出：电机轴承健康状态

1. 从测试任务集中随机采样测试任务：$T_* \sim P(T_*)$

2. 计算任务支持集上的梯度：$\nabla_\theta L_{T_*} f(\theta)$

3. 基于元训练阶段学习的参数 θ 在任务 T_* 支持集上进行参数微调：$\theta_{T_*}' = \theta - \alpha \nabla_\theta L_{T_*} f(\theta)$

4. 输出任务 T_* 查询集的结果，计算故障诊断准确率，绘制诊断结果混淆矩阵

（3）在与模型无关元学习网络的基本框架搭建完成以后，进行的是模型的训练。

（4）模型最终性能评估：以美国凯斯西储大学轴承数据集为例，将负载为 0hp、1hp、3hp 的数据用以模型的训练，使用负载为 2hp 的数据进行模型的最终测试。在 5-way 的 1-shot 和 5-shot 场景下模型训练过程中的故障检测精度曲线如图 2-19 所示。从图中可以看出，在 400 个周期的迭代中，本节提出的策略在 1-shot 和 5-shot 迭代的情况下都能取得良好的性能。训练过程的结果表明，所提出的基于与模型无关的电机故障诊断策略是有效的。此外，与传统的单工况场景下的故障诊断模型相比，该模型的精度曲线在训练过程中会产生振荡，这是因为所提策略的每个阶段都是在不同的任务下进行训练的，不同工况下的故障诊断效果之间会存在一定的差距。

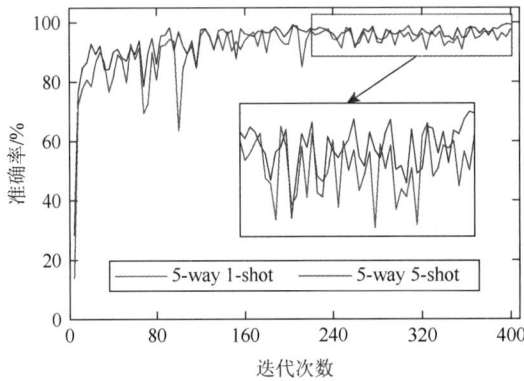

图 2-19　模型训练过程中的故障检测精度曲线（彩图扫二维码）

本节方法和其他方法[6-9]在不同场景下的性能见表 2-8。在 1-shot、5-shot 和 10-shot 场景下，该策略分别达到 98.68%、99.13%和 99.78%的精度。在 1-shot 场景下，本节提出的方法的精度略低于 WDCNN-few-shot，在其他场景下都能达到最优性能。此外，还可以观察到，三种基于深度学习的传统方法的故障检测精度明显低于基于元学习的方法。这是因为传统的深度学习方法的训练需要大量的数据，而使用有限的数据量会导致模型过拟合。此外，这些模型的训练和测试是在不同负载的数据集下进行的，由于这些传统深度学习模型的泛化能力较弱，工作条件的变化也会影响它们的性能。

表 2-8　不同方法在不同场景下的故障诊断性能

方法	准确率/%		
Meta-learning-based	10-shot	5-shot	1-shot
本节提出方法	99.78 ± 0.08	99.13 ± 0.11	98.68 ± 0.12
PN	99.11 ± 0.25	98.96 ± 0.21	96.78 ± 0.19
WDCNN-few-shot	99.25 ± 0.18	98.88 ± 0.13	98.71 ± 0.22
传统深度学习方法	准确率/%		
Cap-Net	96.97 ± 0.71		
Pre-trained	97.82 ± 0.47		
WDCNN	96.75 ± 0.56		

表 2-9 列出了没有进行参数微调的各种方法在不同噪声等级下的性能,在 6dB 高斯白噪声情况下,本节提出的模型的精度可以达到 98.82%,仍然具有最高的故障诊断准确率。

表 2-9　不同方法在不同噪声水平下的性能

方法	准确率/%						
	SNR = −6dB	SNR = −4dB	SNR = −2dB	SNR = 0dB	SNR = 2dB	SNR = 4dB	SNR = 6dB
本节提出方法	31.86	40.93	56.51	73.42	87.16	94.73	98.82
PN	29.53	37.28	58.72	71.76	85.17	89.22	97.63
WDCNN-few-shot	28.19	38.64	53.95	72.38	83.93	92.72	97.52
Cap-Net	29.93	39.95	52.37	71.09	84.57	92.04	97.66
Pre-trained	31.02	37.87	55.74	70.44	86.64	88.91	95.47
WDCNN	30.28	38.79	57.08	69.23	84.94	90.79	96.89

图 2-20 显示了三种基于元学习方法在不同的噪声环境下达到最优性能时所需的参数自适应步数。从图中可以看出,随着信噪比的增加,各种模型所需的参数微调步骤的数量减少。此外,本节提出的策略可以在较少的参数自适应步骤下获得更好的性能,说明当模型需要适应新环境时,本节提出的方法可以更快地适应新环境下的故障诊断任务,证明了该方法可以降低计算成本。

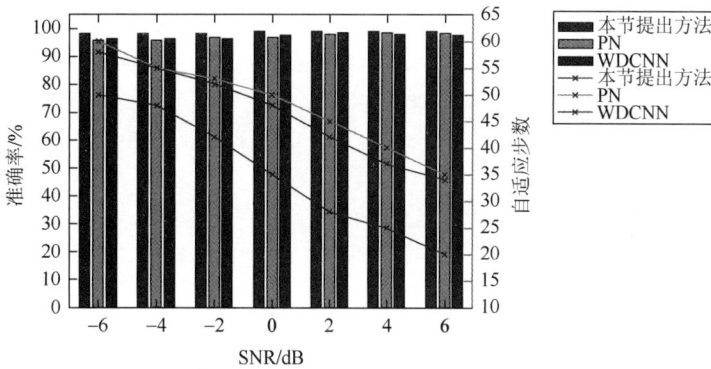

图 2-20　不同方法在不同的噪声环境下的性能比较（彩图扫二维码）

2.5　本章小结

本章以深度学习在智能故障诊断中的应用为例,分别介绍了三种基于深度学习的电机智能故障诊断策略,它们分别是:①基于胶囊网络的电机故障诊断;②基于高斯过程的电机轴承故障诊断;③基于与模型无关元学习方法的电机故障诊断。基于自动提取故障特征的人工智能故障诊断方法,不仅解决了传统方法需要人工提取故障特征的局限性,还证明了人工智能方法在实际应用中的可行性。此外，本章所提及的方法还能适应变工况和数据有限等问题，充分证明了强泛化性模型的重要性。

参 考 文 献

[1] Sabour S, Frosst N, Hinton G E. Dynamic routing between capsules[EB/OL]. (2017-11-07)[2024-09-10]. http://www.arxiv.org/pdf/1710.09829.

[2] Abdulbaqi I M, Humod A T, Alazzawi O K. Application of FEM to provide the required database for MCSA based on-line fault detection system on 3-phase induction motor using ANSYS Maxwell2D[J]. Advances in Natural & Applied Sciences, 2016, 10(16): 43-54.

[3] He K, Zhang X, Ren S, et al. Deep residual learning for image recognition[C]//2016 IEEE Conference on Computer Vision and Pattern Recognition(CVPR), Las Vegas, 2016: 770-778.

[4] Patacchiola M, Turner J, Crowley E J, et al. Deep kernel transfer in gaussian processes for few-shot learning[EB/OL]. (2020-10-13)[2024-09-10]. http: //www.arxiv.org/pdf/1910.05199.

[5] Smith W A, Randall R B. Rolling element bearing diagnostics using the Case Western Reserve University data: A benchmark study[J]. Mechanical Systems and Signal Processing, 2015, 64: 100-131.

[6] Finn C, Abbeel P, Levine S. Model-agnostic meta-learning for fast adaptation of deep networks[EB/OL]. (2017-07-18)[2024-09-10]. https://arxiv.org/pdf/1703.03400.

[7] Snell J, Swersky K, Zemel R S. Prototypical networks for few-shot learning[EB/OL]. (2017-06-19)[2024-09-10]. https://arxiv.org/pdf/1703.05175.

[8] Chen W Y, Liu Y C, Kira Z, et al. A closer look at few-shot classification[C]//International Conference on Learnig Representations, New orleans, 2019.

[9] Zhang W, Peng G L, Li C H, et al. A new deep learning model for fault diagnosis with good anti-noise and domain adaptation ability on raw vibration signals[J]. Sensors, 2017, 17(2): 425.

[10] Lessmeier C, Kimotho J K, Zimmer D, et al. Condition monitoring of bearing damage in electromechanical drive systems by using motor current signals of electric motors: A benchmark data set for data-driven classification[C]//European Conference of the Prognostics and Health Management Society, Bilbao, 2016.

第3章　人工智能在混合能源系统能量管理中的应用

能源短缺和环境问题是当今全球所面临的重要挑战,而清洁能源的开发和利用已成为解决这些问题的重要途径。混合能源系统作为一种高效、可靠和可持续的能源解决方案,已经受到越来越多的关注和研究[1, 2]。混合能源系统包括多种不同的能源类型和技术,如太阳能、风能、生物质能和地热能等,可以最大限度地利用各种能源类型的优点,同时降低能源成本和碳排放。然而,混合能源系统的能量管理面临着许多挑战。混合能源系统具有多变、复杂的特性,如天气条件、负荷需求和能源生产等因素的变化,使得能量管理变得非常困难。传统的能量管理方法往往无法满足复杂的能量管理需求,如最优能量调度和故障诊断等。因此,新的技术和方法,特别是人工智能技术的应用成为解决这些问题的重要途径[3]。

人工智能技术的快速发展已经为混合能源系统的能量管理提供了新的解决方案。人工智能技术可以通过学习历史数据分析和预测未来的能量需求和生产,并实现最优能量调度。此外,人工智能技术还可以处理能量管理中的不确定性和模糊性问题,从而改善能量管理的性能[4]。

本章的研究案例分析将以基于强化学习的混合能源系统为例,探讨人工智能技术在混合能源系统中的应用。基于强化学习的混合能源系统运行成本优化将是本章的一个重点研究案例。强化学习是一种基于试错和学习的方法,可以根据环境的反馈来优化系统的决策策略。该案例将研究如何使用强化学习技术来优化混合能源系统的运行成本,以提高能量利用效率和降低运营成本。基于强化学习的电-气混合能源系统负荷转移策略是本章的另一个研究案例。电-气混合能源系统是一种将电能和氢气等其他形式的能源相结合的混合能源系统。该案例将研究如何使用强化学习技术来优化电-气混合能源系统的负荷转移策略,以确保系统的稳定性和可靠性。基于强化学习的电-气-热混合能源系统的多目标优化将是本章的第三个研究案例。电-气-热混合能源系统是一种同时利用电、气、热能的能源系统,具有复杂的多目标优化问题。该案例将研究如何使用强化学习技术来实现电-气-热混合能源系统的多目标优化,以提高系统的能源利用效率和经济效益。综合能源系统建模与优化分析是本章的另一个重点章节。本章将介绍综合能源系统的建模方法,包括模型的构建、模型的参数设置和模型的验证等。另外,还将介绍如何使用强化学习技术来实现综合能源系统的优化,包括模型的训练和测试等。

总之,人工智能技术在混合能源系统能量管理中的应用是未来发展的重要方向,本章将以强化学习为基础,探讨人工智能技术在混合能源系统能量管理中的应用。本章的研究成果将为未来混合能源系统的设计和运营提供重要参考。

3.1　混合能源系统建模

人工智能技术服务于混合能源系统以提升能量管理效率,因此对混合能源系统的建模分析尤为重要。本节将分别介绍电-热混合能源系统运行成本优化模型、电-气混合能源系统负荷转移模型、电-气-热混合能源系统多目标优化模型。

3.1.1　电-热混合能源系统运行成本优化模型

可再生能源的间歇性,以及生产与消费之间的平衡比较复杂,均阻碍了可再生能源的发展。将电力和供热子网结合成一个电-热混合能源系统(integrated electricity and heating energy system,IEHES),可能是解决电力平衡问题的一种方法。然而,在可再生能源中,优化可再生能源与其他能源的转换以使其运行成本最小化的研究往往被忽视。由于供需双方的随机性,可再生能源的转换调度是一个具有挑战性的问题。供给侧的随机性是由可再生能源的间歇性决定的,需求侧的随机性是由能源负荷的不确定性决定的。为了解决上述随机性的问题,引入基于人工智能算法的可再生能源调度策略[5]。

本章以风电为研究对象,在图 3-1 中,系统运营商根据用户(customer,CU)的热、电需求曲线和每个时隙的上层电网电价制定动态能量转换策略。具体来说,系统运营商(智能体)决定风电转换率(动作),动作值在每个时间步长传递给混合能源系统(环境)。然后,系统运营商计算系统的运行成本作为回报,状态用风力发电、用户的能源需求和电网的电价表示。本章使用深度强化学习方法来分析系统运营商如何通过与混合能源系统的持续互动来学习并最终获得动态风力发电转换策略,以最小化系统的运行成本。

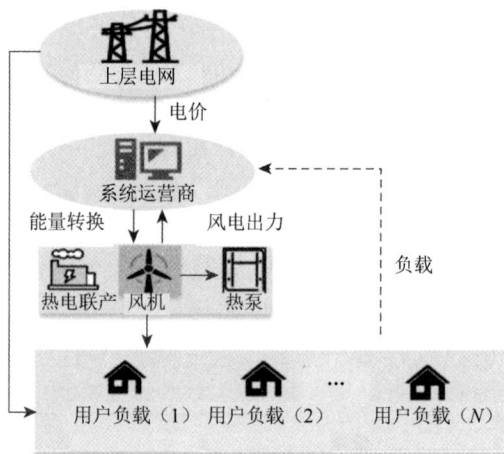

图 3-1　电-热综合能源系统调度流程

电-热综合能源系统的结构如图 3-2 所示。它由五部分组成:风机(wind turbine,WT)、热泵(heat pump,HP)、热电联产(combined heat and power,CHP)、用户端和上级电网。

这五个部分由两个网络连接:电力子网和热力子网。在混合能源系统运行模式下,系统运营商可以根据电价向上层电网购电或售电。电力子网用于满足用户的用电需求,而热力子网用于满足用户的热需求。热电联产可以同时产生热能和电能,可同时作为热网和电网的能量来源。风机"直接"连接到电力系统,并通过热泵"间接"连接到热力系统。因此,通过将多余的风能转换成热能,部分供热需求也可以由热泵提供。最后,热源,即热电联产和热泵,连接到分布式热网,用于将产生的热量从热源传输到用户。

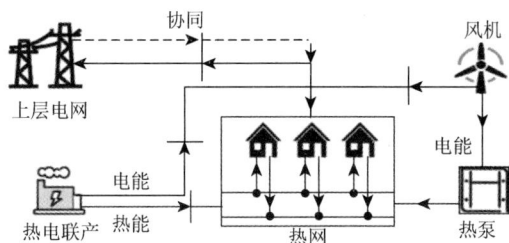

图 3-2　电-热综合能源系统的结构

从上述能量转换过程可以看出,在这种情况下,可以提高风电消纳。此外,如果热需求由风电提供,热电联产的运行时间将缩短,从而降低燃料消耗和二氧化碳排放。然而,确定能降低运行成本的最佳能量转换量是一个重大挑战。如果把太多的风电转换成热能,就会导致电力短缺,这就需要从上层电网购入电力,从而增加运营成本。相反,当没有足够的能量转换成热量时,会增加热电联产的运行成本,因为热电联产必须满足更多的热量需求[6]。因此,本章将通过深度强化学习算法,研究最优风电转换策略,以降低运营成本。

1. 热泵和热电联产输出

Petrovic 和 Karlsson 提供了一种通用而简单的热泵输出建模方法:

$$\phi_{th}(t) = COP_{ave}\Delta P_{HP}(t) \tag{3-1}$$

其中,$\phi_{th}(t)$ 表示产生的热功率;$\Delta P_{HP}(t)$ 表示时间 t 时热泵产热所需的功率输入;COP_{ave} 表示输入功率和输出热量之间的转换率。至于热电联产,它同时产生热能和电能(根据热量定价的原则,它被用作热源,电能可被视为副产品)。热功率比可以表示为

$$\alpha = \frac{Q_{CHP}}{P_{CHP}} \tag{3-2}$$

其中,Q_{CHP} 和 P_{CHP} 分别表示热电联产的输出热量和电量。

2. 分布式供热系统

区域供热在热网中扮演着越来越重要的角色,如图 3-3 所示。它把热源和热负荷连接起来。供热机组、保温管网、热负荷构成区域供热管网[7, 8]。选择水作为传热介质是因为它具有较大的比热容,在相同的温度下可以储存更多的热量。水由供热机组加热,然后通

过管网输送到热负荷。换热器将热水中的热量抽到建筑物的管网中，以满足热需求。最后，回水管网将冷水带回加热装置，然后重复上述过程。

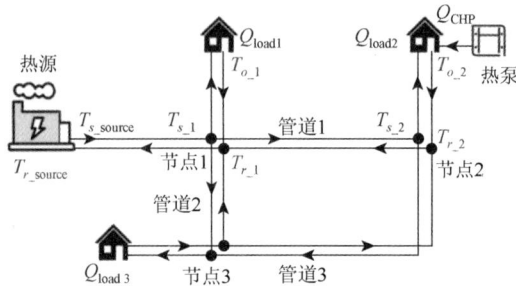

图 3-3　区域热网

在区域供热系统中，必要的变量是集中供热系统所需的热功率 Q_{load}、供热管网中节点 i 的供热温度 T_{s_i} 和供热管网中节点的回水温度 T_{r_i}。在本章中，假设以下三个变量是特定的，即热负荷需求、热发电机组的供应温度 T_{r_source} 和水在进入回热网前从建筑物流出时的返回温度 T_{o_i}。所需的剩余节点温度（节点 i 的 T_{s_i} 和 T_{r_i}）可根据管道系统的水力原理和其他一些参数计算，如管道的拓扑结构和特性以及流经每条管道的水的质量和压力。

区域供热建模过程可分为水力建模和热力建模两个步骤。水力建模，即水力子模型计算网络中节点和管道质量流的信息。热力建模是将从水力模型中得到的流量参数代入热力模型中，以估算水的温度（节点 i 的 T_{s_i} 和 T_{r_i}）和热电联产产生的热量（Q_{CHP}）。

3. 水力模型

水力和电力网络变量之间的关系具有一定的相似性，如表 3-1 所示。

表 3-1　水力网络数学模型

电力网络	水力网络	水力方程
基尔霍夫电流定律	水流的连续性	$A \times \dot{m}_k = \dot{m}_q$
基尔霍夫电压定律	回路压力方程	$\sum \dot{P}_f = 0 B \times \dot{P}_f = 0$
欧姆定律	水头损失方程	$\dot{P}_f = R \times \dot{m}_j \times \lvert \dot{m}_j \rvert$

表 3-1 中，$\dot{m}_j$ 表示管道 j 中的质量流量；$\dot{m}_q$ 表示直接连接到负载的管道中的质量流量；$\dot{m}_k$ 表示管道流量；$\dot{P}_f$ 表示管道水压；B 表示管道回路拓扑；R 表示管道阻抗。矩阵 A 的结构和内值与网络的拓扑结构有关。它的行数等于节点数，列数等于整个网络中的管道数。因此，在这种情况下，A 是一个 3×3 的矩阵。如果管道中的水流到达节点，则每个元素可以是"+1"；如果水流离开节点，则为"–1"；如果管道和节点之间没有连接，则为"0"。因此，矩阵 A 被定义为

$$A = \begin{bmatrix} -1 & -1 & 0 \\ 1 & 0 & -1 \\ 0 & 1 & 1 \end{bmatrix} \tag{3-3}$$

以上可以组合起来得到一个附加公式，它表示为

$$\sum_{j}^{n\_\mathrm{pipe}} B_{ij} R_j \times \dot{m}_j \times |\dot{m}_j| = 0 \tag{3-4}$$

矩阵 B 也与网络的拓扑结构有关，其行数是由管道组成的网络的回路数，其列数是相应回路中的管道数。此外，当回路中一个管中液体的流动方向为逆时针方向时，矩阵 B 中相应位置的值为 "1"，相反位置的值设置为 "−1"。"0" 表示管道内没有液体流动。符号 R_j 代表每根管道的阻力系数。

4. 热力模型

热力模型的目的是利用前面内容的水力模型计算出的每根管道中的液体质量来估计每个节点的温度。如图 3-3 所示的模型中，节点 1 和节点 2 是非混合节点，其温度仅由一根管道的水温决定。因此，供热网络中节点 1 和节点 2（T_{s_1} 和 T_{s_2}）的温度分别由式（3-5）和式（3-6）得到，因为已经指定了热源供热温度（T_{s_source}）。ϕ_i 表示流经管道 i 的液体的温度降低系数，T_{s_i} 表示管道 i 的环境温度。节点 3（T_{s_3}）是一个混合节点，其温度可通过式（3-8）计算。

$$T_{s\_2} = \phi_i \times T_{s\_i} \tag{3-5}$$

$$T_{s\_1} = T_{s\_\mathrm{source}} \tag{3-6}$$

$$\phi_i = e^{-\frac{\gamma \cdot L_i}{C_p \cdot m_i}} \tag{3-7}$$

$$T_{s\_3} \cdot (m_1 + m_2) = m_2 \cdot \phi_2 \cdot T_{s\_2} + m_1 \cdot \phi_1 \cdot T_{s\_1} \tag{3-8}$$

在上述方程式中，C_p 和 γ 分别表示水的比热容（J/(kg·K)）和导热系数（W/(m·K)）；L_i 表示管道长度；ϕ_i 表示管道的热传导系数。相反，在回热网中，节点 3 是非混合节点。在式（3-9）中，节点 3（T_{r_3}）的返回温度等于规定的出口温度（T_{o_3}）。另外，节点 1 和节点 2 是混合节点。因此，它们的返回温度（T_{r_2} 和 T_{r_3}）取决于到达节点的水的质量和温度，如式（3-10）和式（3-11）所示。最后，式（3-12）用于估算热电联产产生的热量（Q_CHP）。

$$T_{r\_3} = T_{o\_3} \tag{3-9}$$

$$T_{r\_2} \cdot m_2 = m_{q2} \cdot T_{o\_2} + m_3 \cdot \phi_3 \cdot T_{r\_3} \tag{3-10}$$

$$T_{r\_\mathrm{source}} \cdot m_q = m_{q1} \cdot T_{o\_1} + m_2 \cdot \phi_2 \cdot T_{r\_2} + m_3 \cdot \phi_3 \cdot T_{r\_3} \tag{3-11}$$

$$Q_\mathrm{CHP} = C_p \cdot \dot{m}_q \cdot (T_{s\_\mathrm{source}} - T_{r\_\mathrm{source}}) \tag{3-12}$$

5. 电力模型

在推导出热电联产的供热量后，利用热电比计算出热电联产的发电量。因此，可以使用牛顿-拉弗森（Newton-Raphson，NR）法获得系统中的电流、电压和损耗。综上所述，区域

供热系统实际上可以分为两个子模型。首先利用水力模型计算出流量的质量和压力，然后将水力模型得到的流量参数代入热力模型，估算出水温和 Q_{CHP}。最后，将热电联产功率 P_{CHP} 和剩余的风电替代到电网中，以满足用户的用电需求。采用潮流法（如 NR 法）求解子电网[9,10]。因此，电-热混合能源系统建模过程可以分为三个顺序步骤：水力→热力→电气。

6. 优化模型

优化策略的目标是在最小化总运行成本（电力和热力系统的运行成本）的情况下，通过热泵找出多少风电应转换为热量。在式（3-13）～式（3-15）中给出了与所有运行部件相关的成本函数。对于热电联产，成本函数可以用功率和热量的二次函数表示：

$$C_{CHP}(t) = a + b \cdot P_{CHP}(t) + c \cdot P_{CHP}(t)^2 + d \cdot H_{CHP}(t) + e \cdot H_{CHP}(t)^2 \\ + f \cdot P_{CHP}(t) \cdot H_{CHP}(t) \tag{3-13}$$

其中，$C_{CHP}(t)$ 表示时隙 t 处的热电联产单元的小时成本函数；$P_{CHP}(t)$ 和 $H_{CHP}(t)$ 分别表示热电联产产生的功率和热量；字母 a 到 f 是常数系数。

风电生产的运营成本由式（3-14）给出：

$$C_{WT}(t) = g \cdot P_{WT}(t) + h \tag{3-14}$$

其中，$P_{WT}(t)$ 表示 t 时刻处风力涡轮机的发电量；g 和 h 表示常数。

对于热泵使用的成本，不考虑其成本函数。这背后的主要原因是，当电力过剩时，一些过剩的能量会转换为热量。相反，当电力需求高于生产时，额外所需的电力将以特定的成本（现货价格）从外部电网购买，一些购买的电力可以供给热泵提供热量。不过，在这两种情况下，热泵的效率都被考虑在内。

电-热混合能源系统的运行成本优化问题目标函数的数学表达式是

$$C = C^e + C^{th} = \sum_{t=1}^{24} C_{CHP}(t) + C_{WT}(t) + C_{grid}(t) \tag{3-15}$$

其中，C 表示运营成本（上角 e 和 th 分别表示电气和热力子网）；t 表示一天中每小时的运营成本；$C_{grid}(t)$ 表示电网为满足电力需求而购买电能的成本（该成本可能为负值，表示系统运营商需要从外部电网购买电力）。

7. 约束条件

电-热混合能源系统的运行成本优化问题的约束条件（按小时）如下所示：

$$0 \leqslant P_{CHP}(t) \leqslant P_{CHP}^{max}(t) \tag{3-16}$$

$$0 \leqslant P_{HP}(t) \leqslant P_{HP}^{max}(t) \tag{3-17}$$

$$0.95 \leqslant V_i(t) \leqslant 1.05 \tag{3-18}$$

式（3-16）表示热电联产的功率输出范围。对于选定的热电联产，最大功率为 30MW，最大热输出为 45MW。类似地，在式（3-17）中，热泵的工作范围从 0MW 到最大输入（$P_{HP}^{max}(t)$）。本章以 8MW 为上限（最大风力发电功率为 8MW，因此有可能将所有风力发电转换为热能）。共选择 153 台热泵机组（Vitocal350-GPro）实现该值。最后，式（3-18）指出，任何母线上的电压必须保持 0.95～1.05p.u.。

3.1.2　电-气混合能源系统负荷转移模型

电-气混合能源系统（integrated electricity and natural-gas system，IENGS）有望解决可再生能源渗透的矛盾，并发展成为未来能源利用发展的新模式。天然气网络作为重要的一次能源，与电网的联系最为密切。因此，IEGNS 已经成为能源互联网（energy internet，EI）的基础。但是，在电-气混合能源系统中，传统的能量管理方法是确定性规则和抽象模型，这两种方法主要有两个局限性：确定性规则只能在平稳系统中最优运行，且受固定变量的限制；抽象模型的建立过程复杂，通常依赖于实模型的建立，它的表现与建模者的技能和经验有关[11, 12]。

因此，本章提出基于深度强化学习的动态能源转换与管理策略。具体工作如下：将可再生能源（风力）作为一种能源连接到电-气互联能源系统中。动态能量转换和管理（dynamic energy conversion and management，DECM）策略如图 3-4 所示。当电-气互联能源系统提供负荷时，系统运营商根据信息流制定能源策略，信息流包括天然气能源系统运作情况、风力发电情况和用户需求。具体来说，系统运营商（智能体）根据上述信息流（状态）确定燃气轮机运行状态、储气罐储/放气状态、风电运行工况和天然气制备情况；然后将动作发送给 IENGS（环境）实施；返回系统的运行成本作为奖励。系统运营商根据深度强化学习（deep reinforcement learning，DRL）方法与 IENGS 进行连续交互，最终得到一个最优的能量转换和管理策略，以使运行成本最小化。

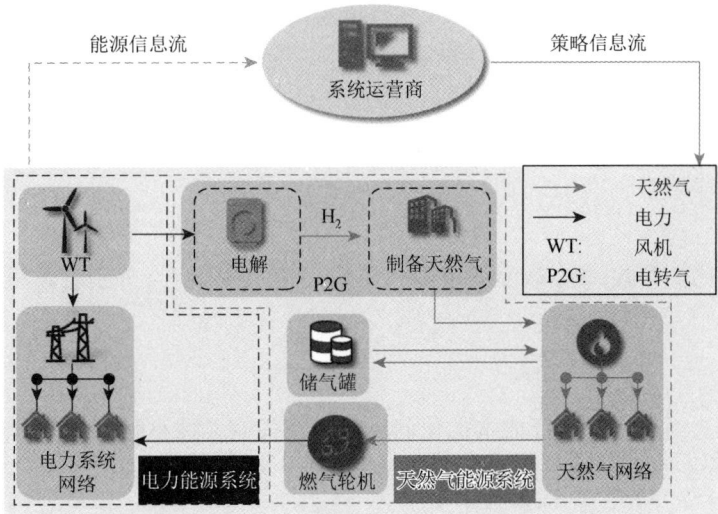

图 3-4　动态能量转换和管理策略流程图

1. 天然气网络组件建模

图 3-5 展示了天然气网络输气管道模型。通过天然气管道输送的天然气流量与管道两端的气体压力和管道输送系数有关[13]，可定义为

$$Q_{\text{gas},l}^{nj,t} = S(n,j,t)T_{nj}\sqrt{S(n,j,t)(p_{n,t}^2 - p_{j,t}^2)} \tag{3-19}$$

$$S(n, j, t) = \begin{cases} 1, & p_{n,t} \geqslant p_{j,t} \\ -1, & p_{n,t} < p_{j,t} \end{cases} \tag{3-20}$$

$$Q_{\text{gas},l,\min} \leqslant Q_{\text{gas},l}^{nj,t} \leqslant Q_{\text{gas},l,\max} \tag{3-21}$$

$$P_{n,\min} \leqslant P_{n,t} \leqslant P_{n,\max} \tag{3-22}$$

其中，$Q_{\text{gas},l}^{nj,t}$ 表示 t 时刻管道 l 中节点 n 与节点 j 之间的天然气流量；$S(n, j, t)$ 表示气体流向；T_{nj} 表示管道在节点 n 与节点 j 之间的传递系数，与温度、管径、长度、摩擦系数有关；$p_{n,t}$ 和 $p_{j,t}$ 表示时隙节点 n 与节点 j 的气体压力；$\{P_{n,\min}, P_{n,\max}\}$ 表示气体节点的限值；$Q_{\text{gas},l,\max}$ 和 $Q_{\text{gas},l,\min}$ 分别表示管道 l 天然气输送流量的上下限。

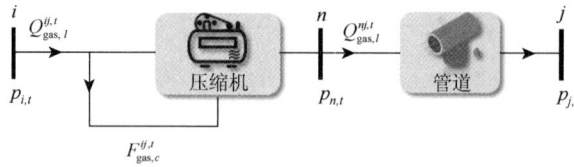

图 3-5　天然气网络输气管道模型

为补偿天然气管网因管道摩阻而产生的压力损失，可靠输送天然气，需要在天然气管网内设置一定数量的加压站。如图 3-5 所示，压缩机是增压站最重要的部件，用于增加天然气压力。由于压缩机消耗的能量来自流经压缩机的天然气，因此压缩机可被视为天然气管网上的负荷。压缩机消耗的天然气流量与流经压缩机的流量和压缩比有关，可在式（3-23）～式（3-25）中进行计算。

$$Q_{\text{gas},l}^{ij,t} = Q_{\text{gas},l}^{nj,t} + Q_{\text{gas},c}^{ij,t} \tag{3-23}$$

$$Q_{\text{gas},c}^{ij,t} = \beta_k B_k Q_{\text{gas},l}^{nj,t} (P_{n,t} - P_{i,t}) \tag{3-24}$$

$$R_{k,\min} \leqslant \frac{P_{n,t}}{P_{i,t}} \leqslant R_{k,\max} \tag{3-25}$$

其中，β_k 表示比例参数；B_k 表示管道阻抗系数；$R_{k,\min}$ 和 $R_{k,\max}$ 分别表示压缩比的最小值和最大值。

2. 负荷转移优化模型

考虑到本章的目的是通过平滑净负荷曲线来提高系统的安全性和可靠性，同时考虑系统的经济性，本章采用的目标函数定义为式（3-26），表示系统的运行费用。同时，通过峰值负荷转移模型测量净负荷波动。但由于以负荷均衡为目标，经济效益项占主导地位，引入经济换算系数，将目标预测到经济维度。调峰目标和系统运行成本共同构成了系统的总体经济目标，从而将多目标优化问题转换为单目标优化问题[14, 15]：

$$\min_{\alpha_t, P_{G_i,t}, N_{E_i,t}^{\text{out}}, P_{\text{P2G}_i,t}} (f_{\text{OC}} + f_{\text{PLS}}) \tag{3-26}$$

其中，$\{\alpha_t, P_{G_i,t}, N_{E_i,t}^{\text{out}}, P_{\text{P2G}_i,t}\}$ 分别为 t 时刻风电转换率、t 时刻发电机 G_i 有功出力、t 时刻储气罐 E_i 天然气输出流量、t 时刻 P2G$_i$ 装置转换有功功率。

在电-气混合能源系统中，运营成本包括火力发电成本、天然气采购成本、天然气储存成本、弃风成本和电转气运行成本，如式（3-27）所示：

$$f_{OC} = \sum_{t \in T}\left[\sum_{G_i \in \Omega_G, G_i \notin \Omega_{GT}} f(P_{G_i,t}) + \sum_{N_i \in \Omega_N} C_{N_i} Q_{N_i,t} + \sum_{E_i \in \Omega_S} C_{E_i} N_{E_i,t}^{out} + \sum_{W_i \in \Omega_W} C_{W_i} \gamma_{W_i} P_{W_i,t} + \sum_{P2G_i \in \Omega_{P2G}} C_{P2G_i} P_{P2G_i,t} \right]$$

（3-27）

其中，T 表示总运行时间；$\{\Omega_G, \Omega_{GT}, \Omega_N, \Omega_S, \Omega_W, \Omega_{P2G}\}$ 表示发电机组、燃气轮机机组、气源机组、储气机组、风电机组、P2G 机组的集合；$\{C_{N_i}, C_{E_i}, C_{W_i}, C_{P2G_i}\}$ 由气源和储气罐的供气成本、风机的风成本系数、风机的运行成本系数组成；$\{Q_{N_i,t}, P_{W_i,t}\}$ 分别为 t 时刻气源供应天然气流量和 t 时刻风电机组发电量。发电机 N_i 发电的有功功率输出可通过式（3-28）计算：

$$f(P_{G_i,t}) = a_{G_i} P_{G_i,t}^2 + b_{G_i} P_{G_i,t} + c_{G_i}$$

（3-28）

其中，a_{G_i}、b_{G_i}、c_{G_i} 为发电机组特性曲线。

式（3-29）代表峰值负荷转移目标，它表示净负荷波动。

$$f_{PLS} = \sum_{t \in T} \omega (P_{net,t} - P_{net,t-1})^2$$

（3-29）

其中，$P_{net,t}$ 用于表示 t 时刻处的净负荷，在式（3-30）中计算。

$$P_{net,t} = \sum_{L_i \in \Omega_L} P_{L_i,t} + \sum_{P2G_i \in \Omega_{P2G}} P_{P2G_i,t} - \sum_{GT_i \in GT} P_{GT_i,t} - \sum_{W_i \in \Omega_W} \alpha_t P_{W_i,t}$$

（3-30）

其中，Ω_L 表示负荷的集合；$P_{L_i,t}$、$P_{GT_i,t}$ 分别代表 t 时刻的节点 i 的有功负荷与 t 时刻的燃气轮机 GT_i 的有功输出。

3. 约束条件

电网约束采用常规约束，如式（3-31）~式（3-39）所示。具体而言，式（3-31）和式（3-32）表示功率平衡约束。松弛母线的相角约束、发电机组输出约束和节点电压约束分别由式（3-33）~式（3-36）表示。式（3-37）~式（3-39）为线路功率约束和发电机组爬升约束，用笛卡儿坐标表示。

$$P_{G_i,t} + \alpha_t P_{W,l,t} - P_{P2G,p,t} - P_{L_i,t} - P_{i,t} = 0$$

（3-31）

$$Q_{G_i,t} - Q_{L_i,t} - Q_{i,t} = 0$$

（3-32）

$$\tan\theta_{slack,t} - \frac{V_{slack,R,t}}{V_{slack,I,t}} = 0$$

（3-33）

$$P_{G_i,min} \leqslant P_{G_i,t} \leqslant P_{G_i,max}$$

（3-34）

$$Q_{G_i,min} \leqslant Q_{G_i,t} \leqslant Q_{G_i,max}$$

（3-35）

$$V_{i,min}^2 \leqslant V_{R,i,t}^2 + V_{I,i,t}^2 \leqslant V_{i,max}^2$$

（3-36）

$$0 \leqslant P_{ij,t}^2 + Q_{ij,t}^2 \leqslant S_{ij,max}^2$$

（3-37）

$$P_{G_i,t} - P_{G_i,t-1} \leqslant R_{U,G_i}$$

（3-38）

$$P_{G_i,t-1} - P_{G_i,t} \leqslant R_{D,G_i}$$

（3-39）

其中，$P_{i,t}$ 和 $Q_{i,t}$ 分别为 t 时刻节点 i 有功功率和无功功率；$Q_{G_i,t}$ 和 $Q_{L_i,t}$ 为 t 时刻发电机和负荷的无功功率；$\{\theta_{\text{slack},t}, V_{\text{slack},R,t}, V_{\text{slack},I,t}\}$ 分别为电压相角、松弛节点电压的实部和虚部；$\{P_{G_i,\min}, P_{G_i,\max}\}$ 和 $\{Q_{G_i,\min}, Q_{G_i,\max}\}$ 为发电机组 G_i 有功输出和无功输出的下上限；$V_{R,i,t}$ 和 $V_{I,i,t}$ 分别为 t 时刻节点电压的实部和虚部；$V_{i,\min}$ 和 $V_{i,\max}$ 分别为节点 i 电压幅值的下上限；$P_{ij,t}$ 和 $Q_{ij,t}$ 为 t 时刻线路 ij 的有功功率和无功功率；$S_{ij,\max}$ 为线路 ij 视在功率的上限；R_{U,G_i} 和 R_{D,G_i} 为发电机组 G_i 的爬升上限和爬升下限。

气源向管网中注入天然气，以供给用气负荷。各气源点的供气流量约束表示如下：

$$Q_{N_i,\min} \leqslant Q_{N_i} \leqslant Q_{N_i,\max} \tag{3-40}$$

其中，$Q_{N_i,\min}$ 和 $Q_{N_i,\max}$ 分别为气源点供气流量的下上限。

在天然气管网中，天然气的储存对负荷的可靠供给和管网的稳定运行至关重要。当天然气管网发生故障或天然气负荷波动较大时，可采用储气罐替代气源向管网供应天然气，以保证天然气负荷的充足供应。储气罐受储气量和天然气注入、输出的限制。考虑到多周期动态过程，其约束可表示为

$$S_{E_i,t} = S_{E_i,t-1} + Q_{E_i,t}^{\text{in}} - Q_{E_i,t}^{\text{out}} \tag{3-41}$$

$$S_{E_i,\min} \leqslant S_{E_i,t} \leqslant S_{E_i,\max} \tag{3-42}$$

$$0 \leqslant Q_{E_i,t}^{\text{in}} \leqslant Q_{E_i,\max}^{\text{in}} \tag{3-43}$$

$$0 \leqslant Q_{E_i,t}^{\text{out}} \leqslant Q_{E_i,\max}^{\text{out}} \tag{3-44}$$

其中，$S_{E_i,t}$ 为储气罐 t 时刻的储气量；$Q_{E_i,t}^{\text{in}}$ 和 $Q_{E_i,t}^{\text{out}}$ 为储气罐 t 时刻的天然气进、出流量；$\{S_{E_i,\max}, S_{E_i,\min}\}$ 和 $\{Q_{E_i,\max}^{\text{in}}, Q_{E_i,\max}^{\text{out}}\}$ 分别为储气量的上下限和进、出流量的上限。

燃气轮机利用天然气发电，作为天然气管网的负荷，其出力可作为电网的动力源。燃气轮机的输入输出耦合约束如式（3-45）所示：

$$P_{\text{GT}_j,t} = \varphi_{\text{GT}_j} Q_{\text{GT}_j} H_g \tag{3-45}$$

其中，φ_{GT_j} 为 GT_j 的转换效率；H_g 为天然气热值，取 $39\,\text{MJ}/\text{m}^3$。

电转气将剩余的风电转换为天然气，并将天然气注入天然气管网，因此其电力输入被认为是电网的负荷，其天然气输出可以被看作天然气管网的来源。电转气的输入输出耦合约束如式（3-46）所示：

$$Q_{\text{P2G}_j,t} = \varphi_{\text{P2G}_j} P_{\text{P2G}_j,t} / H_g \tag{3-46}$$

其中，φ_{P2G_j} 为 P2G_j 的转换效率；$P_{\text{P2G}_j,t}$ 为 t 时刻 P2G_j 装置消耗的电能。

在式（3-47）中，类似于电网中的节点功率平衡，根据流量守恒定律可得到天然气管网中各节点的流量平衡方程：

$$Q_{N_j,t} + (Q_{E_j,t}^{\text{out}} - Q_{E_j,t}^{\text{in}}) + \sum_{i \in j}(Q_{ij,t}^{\text{out}} - Q_{ij,t}^{\text{in}}) + Q_{\text{P2G}_j,t} - Q_{\text{GT}_j,t} - Q_{\text{gas},c}^{ij,t} - Q_{L_j,t} = 0 \tag{3-47}$$

其中，$i \in j$ 是连接到节点 j 的节点；$Q_{\text{P2G}_j,t}$ 是连接节点 j 的电转气装置转换得到的天然气流量；$Q_{\text{GT}_j,t}$ 是连接节点 j 的 GT 消耗的天然气流量；$Q_{L_j,t}$ 是节点 j 的 t 时刻的天然气负荷。

3.1.3　电-热-气混合能源系统多目标运行优化建模

电-热-气混合能源（integrated power，heat and natural-gas energy，IPHNGE）系统可以促进多能源协调互补，实现系统低碳经济运行，提高再利用率，对构建清洁、低碳、高效的能源体系具有重要贡献[16, 17]。

现有的协同调度研究大多建立在基于物理模型的优化规则上，过分依赖于电网拓扑和参数的精确信息。然而，一个复杂的电网中涉及数百万条母线，因此公用事业公司维持一个可靠和稳定的能源网络模型并非易事[18]。另外，基于模型的控制方法往往缺乏可扩展性，难以应用于实时控制环境。除此以外，随着大规模分布式能源和智能电站接入混合能源系统，需要对呈指数增长的信息数据进行处理，这对于传统的多目标优化算法来说是一个棘手的问题。本章采用一种基于最大熵理论的离线算法，即柔性动作-评价（soft actor critic，SAC）算法，通过鼓励策略探索来解决电-热-气混合能源系统中的多目标优化问题。

1. 运行成本

电-热-气混合能源系统运行的经济性主要目标是使运营成本最小化。独立电网模式下混合能源系统的发电成本（式（3-48））考虑了热电联产系统的燃料成本（$C_f(t)$）、投资折旧成本（$C_{dp}(t)$）、运行维护成本（$C_{om}(t)$）、环境成本（$C_e(t)$）和供热收入（$C_s(t)$）。

$$\min F_{oe} = C_f(t) + C_{dp}(t) + C_{om}(t) + C_e(t) - C_s(t) \tag{3-48}$$

$$C_f(t) = \sum_{i=1}^{N} C_f^{G_i}(P_t^{G_i}) \tag{3-49}$$

$$C_{dp}(t) = \sum_{i=1}^{N} \left(\frac{C_{az}^{G_i}}{8760 k_{G_i}} \times \frac{r(1+r)^{n_{G_i}}}{(1+r)^{n_{G_i}} - 1} \times P_t^{G_i} \right) \tag{3-50}$$

$$C_{om}(t) = \sum_{i=1}^{N} C_{om}^{G_i} = \sum_{i=1}^{N} K_{om}^{G_i} \times P_t^{G_i} \tag{3-51}$$

$$C_e(t) = \sum_{k=1}^{M} 10^{-3} \beta^k \left(\sum_{i=1}^{N} \alpha_k^{G_i} P_t^{G_i} \right) \tag{3-52}$$

$$C_s(t) = Q_{h,t} \cdot K_{ph} \tag{3-53}$$

其中，当前时间 $[0, T]$ 内的步长表示为 t；N 是电源的数量；$P_t^{G_i}$ 是电源 G_i 的输出；$C_f^{G_i}$ 是相应的燃料成本；$C_{az}^{G_i}$ 和 k_{G_i} 分别表示每单位的安装成本和电源 G_i 的容量因数；r 是年利率；n_{G_i} 是电源 G_i 投资偿还期；$K_{om}^{G_i}$ 是电源 G_i 运行维护费用系数；k 是污染物种类数（含 CO_2、SO_2、NO_x 等）；M 是污染物总量；$\alpha_k^{G_i}$ 是电源 G_i 污染物排放系数；β^k 是污染物处理费用；K_{ph} 是单位热耗价格。

2. 供电可靠性

供电可靠性的目标是使供电损失概率（loss of power supply probability，LPSP）最小

化。在本章研究中，式（3-54）中的 LPSP 定义为系统无法满足的负荷需求除以调度期间的总负荷需求。并将切负荷率作为衡量供电可靠性的指标。LPSP 越小，电-热-气混合能源系统的供电可靠性越高：

$$\min F_{\text{psr}} = \text{LPSP}(t) = \frac{P_t^d - \sum_{i=1}^N P_t^{G_i}}{P_t^d} \tag{3-54}$$

其中，F_{psr} 是 LPSP；P_t^d 是时刻 t 的负载需求。

3. 综合成本

考虑到独立运行时电-热-气混合能源系统的经济性和可靠性，将切负荷量统一为系统运营商的补偿费用，计入发电总费用。

$$\min F_{cb} = C_f(t) + C_{dp}(t) + C_{om}(t) + C_e(t) + C_l(t) - C_s(t) \tag{3-55}$$

$$C_l(t) = K_{bu} \times P_t^l \tag{3-56}$$

其中，F_{cb} 表示综合发电成本；K_{bu} 表示系统运营商需支付的机组停运补偿成本。

4. 约束条件

为了保证储能装置的正常供电或耗电，需要将储能装置的储能剩余容量（state of charge，SOC）控制在合理的范围内，如式（3-60）所示。另外，希望的结果是发电应遵循之前讨论的电-热-气系统的基本能源管理原则。因此，考虑了功率平衡、有功功率输出和电源斜坡率的约束，这些约束如下：

$$\sum_{i=1}^N P_t^{G_i} = P_t^d - P_t^l \tag{3-57}$$

$$P_{\min}^{G_i} \leqslant P_t^{G_i} \leqslant P_{\max}^{G_i} \tag{3-58}$$

$$-R_d^{G_i} \Delta t \leqslant P_t^{G_i} - P_{t-1}^{G_i} \leqslant R_u^{G_i} \Delta t \tag{3-59}$$

$$\text{SOC}_{\min} \leqslant \text{SOC}_t \leqslant \text{SOC}_{\max} \tag{3-60}$$

其中，$P_{\min}^{G_i}$ 和 $P_{\max}^{G_i}$ 分别是电源 G_i 的下限和上限；$R_d^{G_i}$ 和 $R_u^{G_i}$ 分别是电源 G_i 的下坡率和上坡率。

因此，在考虑 IPHNGE 系统各种约束的前提下，本章旨在为多目标优化问题的求解提供最优的实时调度方案。

3.2 基于 PPO 算法的电-热混合能源系统运行成本优化

马尔可夫决策过程（Markov decision process，MDP）是构建强化学习模型的一种有效方法，它描述了系统的下一个状态不仅与当前状态有关，而且与当前采取的行动有关。在本章研究中，由于动态能量转换问题是随机环境中的一个决策框架，因此可以将其建模为一个离散的、有限的马尔可夫决策过程。马尔可夫决策过程模型的回报不依赖于历史数据，只依赖于 t 时刻的风电转换率。

3.2.1　智能调度问题向强化学习任务的转化

需要在马尔可夫决策过程中建模的关键元素包括离散时间步长 t、动作 $a_t : \alpha_t$、状态 $s_t : \{WP(t), \pi(t), \mu(t), \sigma(t)\}$ 和奖励 $r_t : r(\alpha_t | s_t)$。

（1）$WP(t)$ 指 t 时刻的风电输出；$\pi(t)$ 指 t 时刻的实时电价；$\mu(t)$ 和 $\sigma(t)$ 分别表示用户在 t 时刻的电需求和热需求。

（2）α_t 是系统运营商在时间 t 选择接入风电的分配率。

（3）$r_t : r(\alpha_t | s_t)$ 的值是系统运行成本的相反数。如上述定义，r_t 指在状态 s_t 下执行动作 a_t 所获得的即时奖励。

MDP 由许多离散的回合组成，每一个回合都由有限的时间步长、状态、动作和奖励序列组成。考虑到 MDP 的一个回合的总奖励可以很容易地计算出来：

$$R = r(\alpha_1 | s_1) + r(\alpha_2 | s_2) + \cdots + r(\alpha_T | s_T) \tag{3-61}$$

然而，由于环境的随机性，即使智能体下次执行相同的操作，也无法保证能够获得相同的奖励。使用累计折扣奖励表明，随着训练过程的继续，它变得更容易收敛：

$$R = r(\alpha_t | s_t) + \gamma \cdot r(\alpha_{t+1} | s_{t+1}) + \cdots + \gamma^{T-t} \cdot r(\alpha_T | s_T) \tag{3-62}$$

其中，$\gamma \in [0,1]$ 表示对未来影响的折扣因子。另外，策略 $\pi : \alpha_t = P_\theta(WP(t), \pi(t), \mu(t), \sigma(t))$ 表示将状态映射到动作的概率。显然，通过最大化累计折扣奖励来解决动态风电转换问题是指在每个时间段找到选择动作（风电转换率）的最优策略。

3.2.2　PPO 算法和网络结构

深度强化学习是一种将强化学习的决策能力与深度学习感知有效结合的方法。它使用深层神经网络来表示价值函数从而提供目标价值，并使用强化学习将奖励作为估计值。深层神经网络的参数不断更新，直到目标值和估计值的差值收敛为止。

近端策略优化（proximal policy optimization，PPO）算法是一种无模型强化学习技术。本章利用 PPO 算法来获得最优策略。PPO 算法背后的基本原理是为 t 时刻设置的每个状态动作分配一个策略 $\pi : \alpha_t = P_\theta(WP(t), \pi(t), \mu(t), \sigma(t))$，并使用两个类似的神经网络在每次迭代时更新策略，以加强好的行为。最优策略表示当在每次迭代的 $s_t : \{WP(t), \pi(t), \mu(t), \sigma(t)\}$ 状态下采取动作 $a_t : \alpha_t$ 时，可以获得最大累计折扣奖励。

PPO 算法是一种基于演员-批评家（actor-critic）结构的深度强化学习算法，基于策略梯度（policy gradient，PG）获得最优策略。图 3-6 中的流程图展示了 PPO 算法是如何在电-热混合能源系统中实现的。PPO 算法由批评家网络（critic network，CN）、θ' 参数化的演员网络（actor network，AN）和另一个 θ 参数化的演员网络组成。演员网络的目的是通过奖励期望不断调整策略的参数，以增加获得高奖励的概率。批评家网络的作用是通过学习环境和奖励之间的关系来获得当前状态的潜在价值。因此，PPO 算法使用批评家网络来指导演员网络，以使演员网络在每一步中都往高奖励值方向更新。通过智能体与环境的不断交互作用，基于概率 $P_\theta(s_t, a_t)$ 由 θ' 参数化的演员网络选择一条轨迹 $\tau = \{s_1, a_1, r_1, s_2,$

$a_2, r_2, \cdots, s_T, a_T, r_T\}$。在演员网络与环境交互后，PPO 算法将获得的轨迹发送到演员网络和批评家网络，以优化下一轮状态到动作的映射。批评家网络输出下一个状态 $V_{\text{critic}}(s_{t+1})$ 的值，并基于贝尔曼（Bellman）方程计算累计折扣奖励 $R(t)$。累计折扣奖励 $R(t)$ 和状态值 $V_{\text{critic}}(s_{t+1})$ 之间的差被定义为优势函数 A，并传递给演员网络以评测当前动作 a_t 的值。

传统的策略更新是基于策略梯度的，但是单纯的策略梯度会降低演员网络的学习速度。这是因为演员网络 θ' 是一种线上策略，在每次事件更新后，都需要花费大量时间来重新与环境交互，因此，需要引入另一个参数化 θ 的演员网络与环境交互以提取数据特征。然后，前一个演员网络使用数据执行多个学习更新，从而多次重用采样数据，并提高学习速率，这就转变为离线策略。当输入相同的状态时，两个参与者网络得到的动作的概率分布不能太远。因此，ε 用于将概率差限制在一定范围内。这种思想是 PPO 算法的核心。神经网络参数的更新机制是基于损失函数和反向传播来更新神经网络参数。当更新参数化的演员网络的数目达到既定的更新次数后，将参数化的演员网络 θ 的参数分配给参数化的演员网络 θ' 以更新参数。

在图 3-6 中，PPO 算法在一天开始的时候运行。智能体与环境相互作用，以获得风力发电、客户的热电需求以及后续时段的批发电价。收到这些变量后，智能体以迭代的方式计算最优风电转换率。在每次迭代 i 中，系统运营商在每个时隙 t 观察用户的能源需求、电价信息和风力发电（状态）。然后，演员网络基于这些数据做出决策，并计算决策的回报

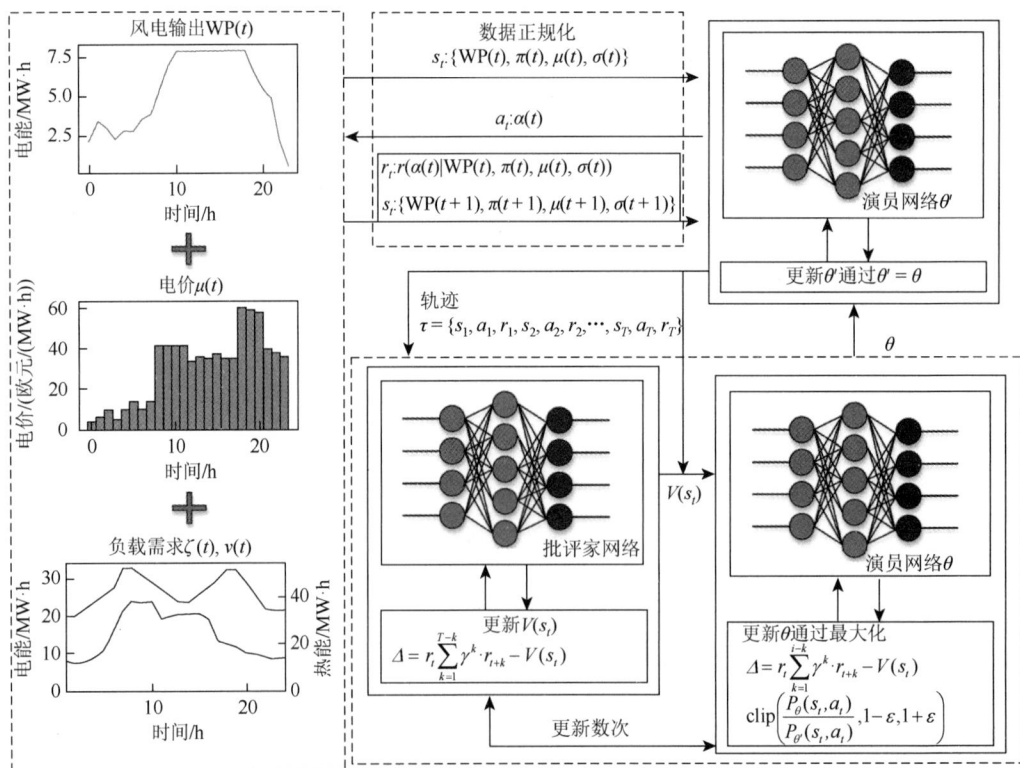

图 3-6　电-热混合能源系统中运行 PPO 算法的流程图

值，以在迭代中获得一系列轨迹。随后，批评家网络和演员网络利用该轨迹反复更新网络参数，提高了策略的效率。演员网络 θ 反馈参数以更新另一个演员网络 θ'。迭代的终止条件设置为 $|R^i - R^{i-1}| \leqslant \delta$。这种终止条件意味着当前的未来奖励期望与之前的未来奖励期望之间的差距小于 ζ 时，奖励期望收敛到最大值。ζ 的值取决于系统设计。最后，系统运营商将在随后的时段内实现最佳的风电转换率。

3.2.3　实验验证

通过实验仿真对深度强化学习算法在混合能源系统中的应用性能进行评价。首先，详细介绍训练过程，证明该算法在不确定情况下能够学习到满意的策略。其次，在不同的训练日对训练结果进行测试，仿真结果表明该算法对不确定性具有良好的适应性。最后，将仿真结果与其他方法进行比较，证明该算法的优越性。

为了便于说明，图 3-7 是电力子模型和热力子模型的网络。基于一个热电联产、一个负载连接的风机和热泵以及十个用户负载进行了仿真。该仿真将 24 个时间步长定义为一天中对应于 24h 的整个时间周期。本章研究以某个地区 120 天的历史数据作为训练集。

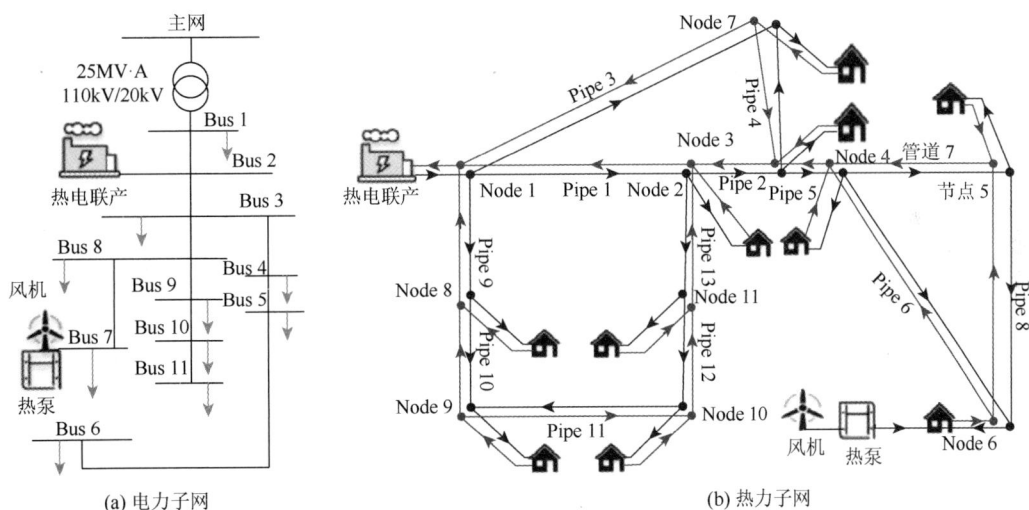

图 3-7　电-热混合能源系统结构

1. 算法训练

在上述场景的基础上，通过迭代计算确定系统的最优风电转换率。在一天的开始，系统运营商接收来自上层电网的批发电价、用户的电力和热需求以及风电输出。然后，系统运营商根据 PPO 算法计算奖励值（风电分配率）来调整策略参数，直到最终获得后续时段的最大奖励（最小运行成本）。图 3-8 给出了在通过迭代的训练过程中奖励值的收敛性。该算法经过 100000 个回合的训练，得到了一个最优的风电转换策略。可以观察到，由于训练初期对环境并不熟悉，系统运营商不能选择可靠动作来获得高回报的经验。然而，智能体不断地与环境交互以获得经验，因此奖励增加并最终收敛到最大值。这说明智能体已经学习到了最小化系统运行成本的最优策略。由于每天训练的 24h 数据是在 120 天内随机抽取的，而且每天输入的数据不同，所以在训练过程中奖励值是不断增加和振荡的。

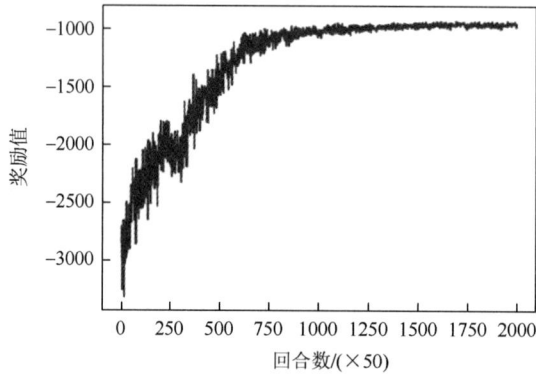

图 3-8　训练过程中累计折扣奖励随回合数变化

图 3-9 表示热电联产的运营成本与为满足电力需求而购入的电能成本（该成本可以是负的，表示系统电力被卖出到上层电网）。从图中可以看出，在上述训练机制下，热电联产运行成本的趋势与购电成本的趋势相反。这是因为热电联产运行成本的变化与热电联产的热需求有关；如果更多的风电接入电网，热电联产需要提供热电联产的热需求，导致热电联产的运行成本增加。

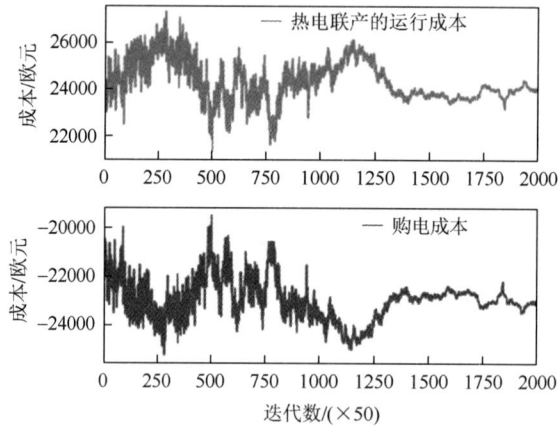

图 3-9　训练过程中热电联产运行成本与购电成本

2. 算法性能测试

利用 100000 回合对 120 天的历史数据进行离线训练后，对动态风电分布模型进行测试，以证明 PPO 算法在电-热混合能源系统中的实时优化能力。

为了评估系统的性能，测试仿真基于三天的数据。图 3-10 显示了这三天内可再生能源的最佳风电分布以及上层电网的电价。本章详细讨论了第一天的仿真结果。首先，在00:00~07:00，风电转换与风力发电相匹配，这意味着在此期间，所有的风电都被转换成了热泵的能源，从而产生了足够的能量转换。由于上一级电网电价较低，从外电网购买多余电力更为经济。类似地，风电与电力负荷的相互作用将导致一连串的事件：一部分生产的风电将用于满足电力需求，从而导致用于热力子网的风电减少。同时，热电联产的输出将增加，因为一部分热量需求无法由高压机组提供，需要再次为电力子网提供更多的电力。这两种情况都会导致从外部电网购买的能源减少（以较低的价格），从而导致整体上的解决方案更昂贵。然后，在一天中的其他时间，风能的转换率随着电力的增加而降低。特别是 18:00~20:00，由于电价较高，风电转换率约为 0。在 8:00~10:00 的时间范围内，虽然电价基本不变，但风电转换率在下降。这是因为这一时期用户热需求量很大，系统运营商需要更多的风电来供热，以降低热电联产的运行成本。因此，需要从外部电网购买更多的电力来满足电力需求。其他两天的结果与第一天相同。

不同天数的测试仿真进一步验证了之前的训练结果分析，表明本章提出的 PPO 算法具有解决实时操作成本优化问题的能力。

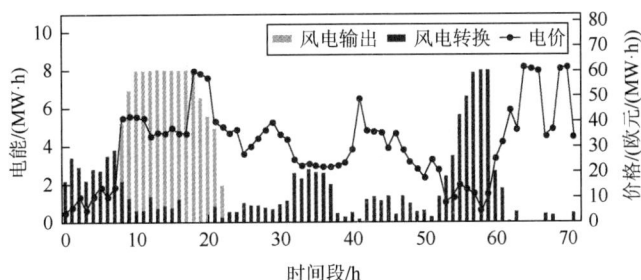

图 3-10　在三天数据基础上的最佳风电转换率

3. 对比分析

为了说明 PPO 算法在处理不确定性时的有效性，采用了基于深层 Q 网络（deep Q network，DQN）和粒子群优化（particle swarm optimization，PSO）的随机优化方法进行比较。PPO 的最优解是演员网络的策略输出，其参数在训练后是固定的。通过平均 120 个样本的最优行为，给出了基于 PSO 算法的随机优化方法的最优解。DQN 算法是一种利用神经网络预测动作值，通过不断更新神经网络来学习最优动作路径的深度神经网络方法。在此假设下，将风电转换率设定为一个动作变量 A，包含 6 个选项：将 20%、40%、60%、80% 和 100% 的风电转换为电能或将所有的风电转换为供热。在 DQN 训练过程中，数据和参数的设置方法与之前的 PPO 训练过程相同。

在 30 天的测试集上进行模拟。图 3-11 给出了相应方法在 30 天的运行成本。利用 PSO 算法对 30 天内的每一天进行优化，得到最优值。可以看出，在这三种方法中，本章所提出的方法的运行成本最低。不同方法对实验数据的定量结果见表 3-2。与基于 DQN 和 PSO 的随机优化方法相比，PPO 能有效地降低运行成本。由于 DQN 采用动作值函数将状态映射到动作，因此它基于当前条件进行实时决策，比基于 PSO 的随机优化方法具有更好的性能。然而，由于电-热混合能源系统具有高维连续的状态空间，基于 DQN 的值函数学习很难获得最大值的行为。因此，DQN 在训练后期会围绕最优值函数振荡而不收敛。与 DQN 的策略更新相比，基于策略梯度的 PPO 算法有了很好的改进，其收敛性也优于 DQN。表 3-3 显示了用于能量转换的 PPO、DQN 和 PSO 的计算时间。

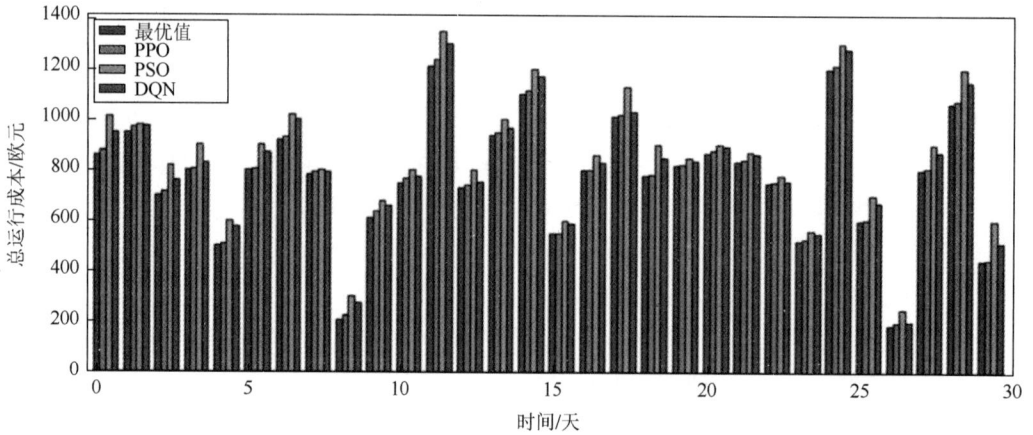

图 3-11　PPO 算法、DQN 算法与 PSO 算法在测试集上的对比（彩图扫二维码）

表 3-2　算法时间效益对比

求解算法	平均成本/(欧元/天)	提高/%
PSO	852.6	0
DQN	818.7	3.98
PPO	781.1	8.39

表 3-3　三种算法所需的仿真时间

算法	用时/s
PSO	1812
DQN	31.9
PPO	62.3

　　显然，这两种基于深度强化学习的策略的仿真时间比 PSO 算法要短得多，显示了它们在实际应用中的实时性。由于 PPO 和 DQN 在测试初期需要大量的模型训练，得到了从状态到动作的最优映射关系，从而提高了测试效率。相反，由于 PSO 没有记忆功能，反馈不能实时在线执行。因此，与 DRL 算法相比，PSO 算法作为一种全局优化算法，在计算效率方面表现得并不理想。

3.3　基于 DDPG 算法的电-气混合能源系统负荷转移策略

　　深度强化学习具有强大的深度学习感知能力和强化学习决策能力，能够有效地解决复杂系统中的分层决策问题。如图 3-12 所示，系统运营商作为代理，其动作包含三个元素（风力发电转换率、P2G 或 GT 运行和储气罐输出），能量信息（用户的负荷需求和市场能源价格）表示状态，实时奖励是智能体的运行成本。本章首先将 IENGS 中的能量转换和管理问题列为 MDP。然后，在不完全了解动态确定性的情况下，采用 DDPG 算法设计了一种高效的能量转换和管理算法。

图 3-12 基于深度强化学习框架的能源调度流程

3.3.1 负荷转移优化问题向强化学习任务的转化

作为一个典型的序列决策过程的制定，MDP 是构建强化学习（reinforcement learning, RL）框架的重要基础。本章所考虑的动态能量转换问题可以归结为一个 MDP 问题，即当 IENGS 在某一时刻的状态和控制策略确定时，该时刻的能量转换控制策略将独立于前一时刻的状态。MDP 中有四个关键元素，包括离散时间点 t、动作 $a_t:\{\alpha_t, \tau_t, \varphi_t, \omega_t\}$、状态 $s_t:\{\mathrm{WP}(t), \pi(t), \mu(t), \sigma(t)\}$ 和奖励 $r_t:r((\alpha_t, \tau_t, \varphi_t, \omega_t)|s_t)$。

（1）t 定义为在环境中执行风电转换率、P2G 或 GT 运行和储气罐输出的有限离散时间段。

（2）α_t 是风电接入电网的比例，剩余的风电 $1-\alpha_t$ 将被削减。本章研究中 τ_t 表明 P2G 或 GT 运行，如果 P2G 工作，即 $\tau_t > 0$，则 GT 停止运行；否则，相反。φ_t 表示储气罐的天然气产量；ω_t 是时刻 t 的发电机输出。

（3）$\mathrm{WP}(t)$ 表示 t 时刻的风电输出；$\pi(t)$ 表示 t 时刻的天然气价格；$\mu(t)$ 和 $\sigma(t)$ 分别表示用户 t 时刻的电负荷和气负荷。

（4）$r_t:r(a_t|s_t)$ 定义为目标函数的相反数。具体来说，r_t 表示在状态 s_t 下执行动作 $a_t:\{\alpha_t, \tau_t, \varphi_t, \omega_t\}$ 后所获得的期望即时奖励。

因此，一个回合中的整个 MDP 由具体时间段、状态、行动和回报的有限序列组成，可以表示为

1. $\{\mathrm{WP}(1), \pi(1), \mu(1), \sigma(1)\}, \{\alpha_1, \tau_1, \varphi_1, \omega_1\}, r(a_1|s_1)$

2. $\{WP(2), \pi(2), \mu(2), \sigma(2)\}, \{\alpha_2, \tau_2, \varphi_2, \omega_2\}, r(a_2|s_2)$

$$\vdots$$

$T.$ $\{WP(T), \pi(T), \mu(T), \sigma(T)\}, \{\alpha_T, \tau_T, \varphi_T, \omega_T\}, r(a_T|s_T)$

在 MDP 中一个回合总的奖励值为

$$R = r(a_1|s_1) + r(a_2|s_2) + \cdots + r(a_T|s_T) \tag{3-63}$$

然后，从 t 时刻开始的累计奖励可以被定义为

$$R_t = r(a_t|s_t) + r(a_{t+1}|s_{t+1}) + \cdots + r(a_T|s_T) \tag{3-64}$$

考虑到环境是随机的，即使下次执行相同的操作，是否获得相同的报酬也是不确定的。因此，更常见的做法是使用折扣累计奖励来表征奖励的收敛性。

$$R_t = r(a_t|s_t) + \gamma \cdot r(a_{t+1}|s_{t+1}) + \gamma^2 \cdot r(a_{t+2}|s_{t+2}) + \cdots + \gamma^{T-t} \cdot r(a_T|s_T) \tag{3-65}$$

其中，$\gamma \in [0,1]$ 是衡量未来奖励和当前奖励相对重要性的折扣因子。值得注意的是，当 γ 等于 0 时，意味着智能体是短视的，只关注当前的即时回报，忽略了对未来系统的影响。相反，如果环境是确定性的，也就是说，相同的动作在每一集中都会产生相同的回报，那么 γ 可以设置为 1。考虑到环境的随机性，通常将 γ 的值设置为小于 1，如 0.9，以实现未来奖励和当前即时奖励之间的平衡。通过变换式（3-65），很容易看出相邻时刻折扣累计报酬的关系，这反映了贝尔曼方程：

$$\begin{aligned} R_t &= r(a_t|s_t) + \gamma \cdot \left(r(a_{t+1}|s_{t+1}) + \gamma^1 \cdot r(a_{t+2}|s_{t+2}) + \cdots + \gamma^{T-t-1} \cdot r(a_T|s_T) \right) \\ &= r(a_t|s_t) + \gamma \cdot R_{t+1} \end{aligned} \tag{3-66}$$

总而言之，一个马尔可夫随机策略是基于状态 s_t 映射出动作，即 $\pi : a_t = \pi(s_t)$，目标是让代理找到最优的能量转换策略，使其总是选择一个达到最大期望折扣回报的动作（风电转换率、P2G 或 GT 运行和发电机输出）。

3.3.2　DDPG 算法和网络结构

深度强化学习是一种采用深度神经网络（deep neural network，DNN）对连续动作空间进行策略学习和参数化的方法，最终解决未知环境下的序贯决策问题。通过在线学习过去的经验，实时调整神经网络参数，拟合最优策略，获得最大的期望累计折扣报酬。在 DRL 中，期望的累计折扣报酬通常用在策略 π 下，以状态 s_t 采取动作 a_t 的行动价值函数来表示。

$$Q^{\pi}(s_t, a_t) = E_{\pi}(R(s_t, a_t) + \gamma E_{a_{t+1} \sim \pi}(Q^{\pi}(s_{t+1}, a_{t+1}))) \tag{3-67}$$

DDPG 是最先进的深度强化学习算法之一，用于探索和学习最优能量转换策略。获得满足贝尔曼方程的最大作用值函数的更新机制如表 3-4 所示。DDPG 背后的核心原则是深度 Q 网络（deep Q network，DQN）算法、演员-批评家方法和确定性策略梯度（deterministic policy gradient，DPG）。

DDPG 采用了 DQN 算法的思想。DQN 算法利用 DNN 强大的函数拟合能力，将状态映射到动作策略，将状态-动作对映射到值函数，避免了 Q 网络不能存储高维数据的问题。

表 3-4　DDPG 算法流程

算法：DDPG 算法

随机初始化批评家网络 $Q(s,a|\theta^Q)$ 与演员网络 $\mu(s|\theta^\mu)$ 参数

初始化目标网络 Q' 和 μ'，即 $\theta^Q \leftarrow \theta^Q$，$\theta^{\mu'} \leftarrow \theta^\mu$

初始化经验池 R

每个回合开始

针对动作探索初始化随机过程 N

随机选择初始动作 s_1

重复一下动作直到 $t = T$

根据当前状态和探索噪声，选择动作 $a_t = \mu(s_t|\theta^\mu) + N_t$

采取动作 a_t，并且观察对应的奖励值和下一个动作 s_{t+1}

将历史信息放置于经验池 R 中

从经验池 R 随机采样 K 组信息 (s_i,a_i,r_i,s_{i+1})

设置 $y_i = r_i + \gamma Q'(s_{i+1},\mu'(s_{i+1}|\theta^\mu)|\theta^Q)$

通过最小化损失 $L = \dfrac{1}{K}\sum_i (y_i - Q(s_t,a_t|\theta^Q))^2$，更新批评家网络

使用采样梯度更新动作网络输出的策略 $\nabla_{\theta^\mu}\mu|_{s_i} \approx \dfrac{1}{K}\sum_i \nabla_a Q(s,a|\theta^Q)|_{s=s_i,a=\mu(s_i)} \nabla_{\theta^\mu}\mu(s|\theta^\mu)|_{s_i}$

更新目标网络 $\theta^Q \leftarrow \tau\theta^Q + (1-\tau)\theta^Q$　$\theta^{\mu'} \leftarrow \tau\theta^\mu + (1-\tau)\theta^{\mu'}$

结束

结束

结束

1. 演员-批评家网络

演员-批评家网络结构是 DDPG 的一个显著特点，它建立两个深度神经网络用于不同的目的：策略估计和策略改进。由参数化 θ^Q 的评价网络 Q 具有估计 Q 值函数 $Q^\pi(s_t,a_t)$ 的功能。参数化 θ^μ 的演员策略网络 μ，以状态 s_t 作为输入，基于当前策略函数 π 输出连续的动作 a_t，并针对估计的 Q 值函数执行策略来改进任务。

在 Q 学习和 DQN 方法中，常用的策略改进方法是 Q 值函数的贪婪最大化。然而，值得强调的是，当涉及高维行动空间时，策略改进陷入了一个棘手的境地，因为它全局地解决了每一步的最大 Q 值。相反，在 DDPG 中，演员网络 μ 用于生成下一状态动作 $(s_{t+1}|\theta^\mu)$，然后批评家网络估计 Q 值 $Q(s_t,a_t|\theta^Q) \approx Q(s_t,a_t)$ 来执行策略评估任务。利用 TD（temporal-difference）学习以保证估计 Q 值的准确性并优化临界值，这是通过最小化以下损失函数来实现的：

$$L^Q(s_t,a_t|\theta^Q) = (\Delta Q_t)^2 \tag{3-68}$$

$$\Delta Q_t = r_t + \gamma \cdot Q(s_{t+1}, \mu(s_{t+1}|\theta^\mu)|\theta^Q) - Q(s_t, a_t|\theta^Q) \qquad (3-69)$$

其中，ΔQ_t 和 $Q(s_{t+1}, \mu(s_{t+1}|\theta^\mu)|\theta^Q)$ 分别是 t 时刻的 TD 误差（temporal difference）和目标 Q 值。批评家没有简单地最大化 Q 值 $Q(s_t, a_t|\theta^Q)$，而是采用梯度下降 $\nabla_a Q(s_t, a_t|\theta^Q)$，梯度指示作用方向，从而使估计的 Q 值更高。这些梯度放置在演员网络的输出层，并构成最终梯度 $\nabla_{\theta^\mu}\mu$ 以更新演员网络 μ。此外，DDPG 算法还证明了确定性策略函数的梯度是动作值函数梯度的期望值，其表示形式为

$$\nabla_{\theta^\mu}\mu|_{s_t} = \nabla_a Q(s, a|\theta^Q)|_{s=s_t, a=\mu(s_t)} \nabla_{\theta^\mu}\mu(s|\theta^\mu)|_{s_t} \qquad (3-70)$$

通过网络的反向传播计算上述梯度，对求解 DNN 中连续作用空间的优化问题具有更高的计算效率。

2. 探索和利用机制

当智能体选择行动时，应当注意如何在探索和利用之间实现适当的平衡。探索鼓励智能体在环境中采取不同的行动来获得足够的信息；利用机制需要智能体利用经验知识，做出最有利的决策。因此，DRL 需要聪明的勘探和开发机制。为了解决探索问题，在 DDPG 中构造了在动作边界内的演员网络输出 $\mu(s_t|\theta^\mu)$ 中添加随机高斯噪声 $N_t(0, \sigma_t^2)$ 的探索策略 $\hat{\mu}(s_t)$，如式（3-71）所示。具体来说，由于智能体在早期学习过程中对环境不熟悉，因此噪声的价值应该足够大，以鼓励智能体对环境进行深入的探索。随着学习过程的不断进行，噪声的大小应该逐渐减小，这样在一定程度上，智能体可以充分利用过去的经验，偏向有利于奖励的行为。因此，高斯噪声参数 σ_t 应设计为指数下降函数，定义在式（3-72）中。

$$\hat{\mu}(s_t) = \mu(s_t|\theta^\mu) + N_t(0, \sigma_t^2) \qquad (3-71)$$

$$\sigma_t = \varphi \cdot \omega^t \qquad (3-72)$$

其中，φ 代表标准差的初始值；ω 小于并且接近于 1。

3. 目标神经网络

如式（3-68）和式（3-69）所示，在线网络更新 Q 值 $Q(s_t, a_t|\theta^Q)$ 时，还需要计算目标 Q 值 $r_t + \gamma \cdot Q(s_{t+1}, \mu(s_{t+1}|\theta^\mu)|\theta^Q)$，这容易导致 Q 值更新中的振荡。为了提高训练过程的稳定性，引入了与先前相应网络结构和参数相同的目标网络（分别为目标演员网络 $\mu'(s_t|\theta^\mu)$ 和目标批评家网络 $Q'(s_{t+1}, a_t|\theta^Q)$）。在训练过程中，在线网络 $\mu(s_t|\theta^\mu)$ 和目标网络 $Q(s_t, a_t|\theta^Q)$ 的权重以很小的更新率 τ 同步到目标网络，即 $\theta' \leftarrow \tau\theta + (1-\tau)\theta'$。上述网络参数传递方法基于软更新机制，其可以限制网络更新幅度，保证学习过程的稳定性。

4. 经验回放机制

除了上述三个基本机制外，还采用了经验回放机制，以避免状态样本并非如深度学习要求所假设的那样独立且相同地分布。经验回放机制将智能体探索到的信息 $e = \{s_t, a_t, r_t, s_{t+1}\}$ 存储到经验池中，通过对一小批（大小为 K）的经验进行均匀采样来训练神经网络，显著地消除了数据的相关性，提高了神经网络的稳定性。

5. 在线网络更新

由于引入了目标网络和经验回放机制，在线网络（批评家网络和演员网络）的更新应重申如下：

$$L^Q(\theta^Q) = \frac{1}{K}\sum_i^K (\Delta Q_i)^2 \tag{3-73}$$

$$\nabla_{\theta^\mu}\mu \approx \frac{1}{K}\sum_i^K \nabla_a Q(s,a\,|\,\theta^Q)|_{s=s_i,a=\mu(s_i)}\,\nabla_{\theta^\mu}\mu(s\,|\,\theta^\mu)|_{s_i} \tag{3-74}$$

$$\theta^Q \leftarrow \theta^Q + \alpha^Q\cdot\nabla_{\theta^Q}L^Q(\theta^Q) \tag{3-75}$$

$$\theta^\mu \leftarrow \theta^\mu + \alpha^\mu\cdot\nabla_{\theta^\mu}\mu \tag{3-76}$$

其中，α^Q 和 α^μ 分别代表在线批评家网络和演员网络的学习率。

然后根据以下公式逐步更新目标批评家和演员网络的权重：

$$\theta^{Q'} \leftarrow \tau\theta^Q + (1-\tau)\theta^{Q'} \tag{3-77}$$

$$\theta^{\mu'} \leftarrow \tau\theta^\mu + (1-\tau)\theta^{\mu'} \tag{3-78}$$

图 3-13 中的工作流程按顺序具体显示了如何实现如表 3-4 所示的 DDPG-DECM 策略，其中算法中的神经网络的输入和输出也是特定的。在每次迭代中，智能体观察每个时刻 t 的状态信息（客户的负荷需求、风力发电、天然气价格），然后与演员在线网络和环境（IENGS）交互，根据探索策略 $\hat{\mu}(s_t)$（图 3-13 中的过程 1）、下一个状态 s_{t+1} 和奖励 r_t 获得动作 a_t，然后根据上述信息 $\{s_t,a_t,r_t,s_{t+1}\}$ 存储在经验回放池中（图 3-13 中的过程 2）。在从经验回放池（图 3-13 中的过程 3）随机抽样小批量 K 信息 $\{s_i,a_i,r_i,s_{i+1}\}$ 后，演员在线网络输出 $\mu(s_i|\theta^\mu)$，并且批评家在线网络将状态 s_i 和动作 $\mu(s_i|\theta^\mu)$ 作为输入并输出估计的 Q 值 $Q(s_i,\mu(s_i|\theta^\mu)|\theta^Q)$。然后，基于梯度下降 $Q(s_i,\mu(s_i|\theta^\mu)|\theta^Q)$ 来更新演员在线网络（图 3-13 中的过程 9 和 10）。目标演员网络计算下一状态动作 $\mu(s_{i+1}|\theta^\mu)$（图 3-13 中的过程 5）。然后，$\mu(s_{i+1}|\theta^\mu)$、r_i 和 s_{i+1} 被放置在目标批评家的输入层以输出目标 Q 值 $r_i + \gamma\cdot Q(s_{i+1},\mu(s_{i+1}|\theta^\mu)|\theta^Q)$（图 3-13 中的过程 6）。最后通过最小化 $r_i + \gamma\cdot Q'(s_{i+1},\mu'(s_{i+1}|\theta^\mu)|\theta^{Q'})$ 和 $Q(s_i,\mu(s_i|\theta^\mu)|\theta^Q)$ 之间的差异（图 3-13 中的过程 7 和 8）来更新批评家网络。当在线网络的更新次数超过设定阈值时，执行软更新以更新目标网络（图 3-13 中的过程 11）。

3.3.3　实验验证

基于 IENGS 中不同场景的仿真被用来评估所提出的 DDPG-DECM 策略的性能。首先，针对不同场景下的不确定情况，详细介绍了该算法的训练过程，以证明该算法能够学习到满意的能量转换和管理策略。其次，详细分析了 DDPG-DECM 策略和模型灵敏度的测试结果，进一步说明了该策略的合理性和有效性。最后，通过在不同天数和经济系数下的仿真，验证了所提出的 DDPG-DECM 的灵活性。所有案例研究都是使用 MATLAB 2018b 和 Python 3.6 在基于 Windows 的 64 位计算机上进行的，该计算机的内存为 4GB，使用英特尔酷睿 i5 处理器，其频率为 2.7GHz。

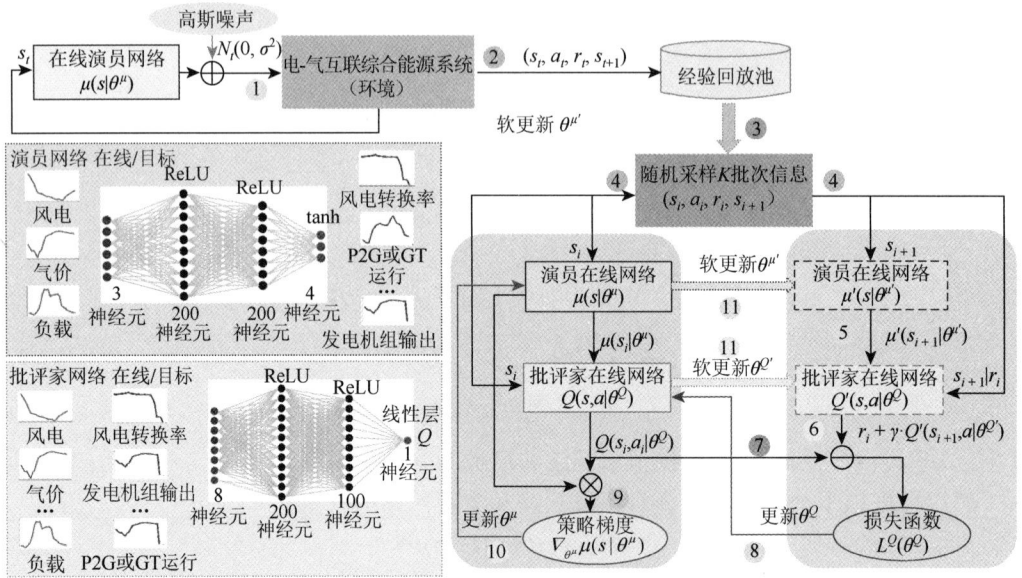

图 3-13 DDPG 算法流程图

一个 IEEE-11 测试电力系统与一个 6 节点的天然气网络被用作案例研究,其结构如图 3-14 所示。基于 P2G 和 GT 连接的电气和天然气子模型进行了仿真。注意,由于燃气轮机消耗天然气发电,其输入和输出可分别视为天然气管网的负荷和电网的来源。相反,P2G 将剩余的风电转换为天然气,并将天然气注入天然气管网,因此 P2G 的输入可以被视为电力负荷,输出作为天然气管网的气源。为了最大限度地减少风力发电量,避免天然气在输送过程中阻塞,P2G 的输入和输出分别连接在电力系统的节点 1(N1)和燃气网络的节点 5(N5)。最大转换功率为 10MW,运行成本为 20 美元/MW·h。有关子网参数的规范也在本章中列出。

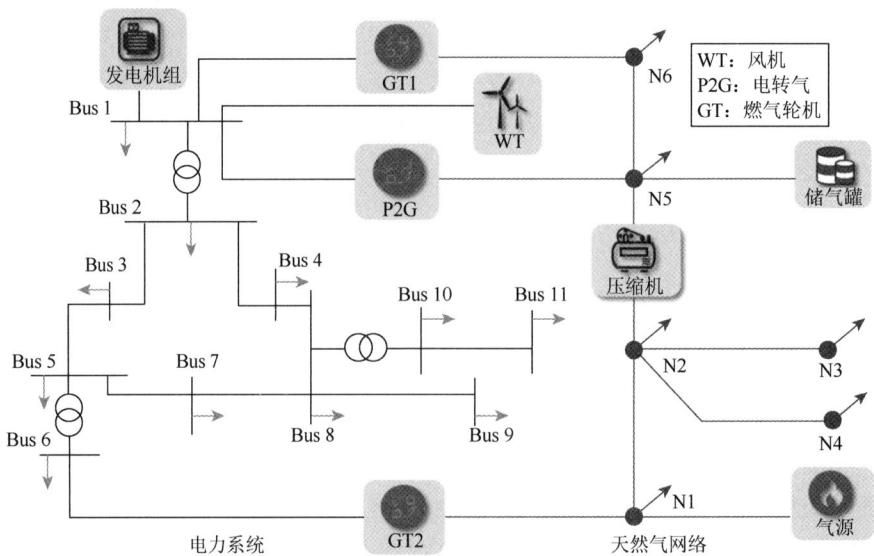

图 3-14 电-气混合能源系统结构

图 3-14 中电-气能源系统联络线参数如表 3-5 所示。

表 3-5　图 3-14 中电-气能源系统联络线参数

Bus	线长/m	管道	线长/m	直径/mm
1~2	2820	1-2	5000	300
2~3	4420	2-3	2700	300
2~4	610	3-4	3000	300
3~5	560	2-5	2800	300
5~6	1540	5-6	4000	300
5~7	240	—	—	—
7~8	1670	—	—	—
8~9	320	—	—	—
4~10	770	—	—	—
10~11	330	—	—	—

仿真时间周期设定为一天，整个调度周期被划分为 24 个时间段，即 24 小时，因此第 2 节和第 3 节中 T 的值为 24。

为了充分说明采用 P2G 技术和负荷转移模型的 IENGS 多目标优化调度的优越性，并评估所提出的 DDPG-DECM 的性能，在本次仿真中考察了四种场景。

场景 1：没有 P2G 和负荷转移模型，优化目标只是经济成本。

场景 2：考虑 P2G，优化目标仅为经济成本。

场景 3：没有 P2G，经济成本和负荷转移目标被确定为一个综合优化目标。

场景 4：最优情况，考虑 P2G 和负荷转移模型，优化目标为经济成本和负荷转移目标。

1. 算法训练

基于上述场景，通过仿真的连续迭代来确定最佳的能源转换和管理策略，即在一天开始时，系统运营商首先接收来自用户、风力发电和批发天然气价格的能源需求曲线；然后根据表 3-6 中的学习算法，计算奖励值（运行成本），自适应调整策略元素（风电转换率、P2G 和 GT 运行、发电机和油箱输出），直到获得以下时隙的最大奖励（最小运行成本）。此培训过程使用从 SDG & E 和 ComEd 获得的 2018 年 2 月 1 日~11 月 28 日将近 300 天的历史数据作为训练集。此外，本次仿真中 DDPG 算法的核心参数设置如表 3-6 所示。

表 3-6　DDPG 算法的核心参数设置

参数	值
折扣因子（γ）	0.9
软更新系数（τ）	0.01
经验回放池容量大小	40000
批评家网络学习率（α^Q）	0.02
演员网络学习率（α^μ）	0.01
最小批次大小	32

场景 4（最复杂的场景）的累计报酬变化的收敛性如图 3-15 所示。整个训练过程通过 8000 回合来完成，以获得最佳的能量转换和管理策略。从图 3-15 可以看出，DDPG 算法的训练可以分为三个过程，即探索过程、学习过程和收敛过程。在 1～1667 回合的探索阶段，随机选择动作值（风电转换率、P2G 和 GT 运行、发电机和储气罐输出）并存储在经验回放存储器中。当记忆被填满时，智能体开始学习。1668～5000 回合的训练是学习阶段，根据方程 44 和 45 对神经网络参数进行修改和更新，以处理风电和负荷需求的随机变化，使累计报酬最大化。5000 回合之后，可以看出奖励值趋于收敛，这意味着智能体已经成功地学习了随机环境下的最优能量转换和管理策略（IENGS）来维持累计奖励。由于输入数据完全不同，是在 300 天内随机选取的，因此在最后收敛阶段的振荡代表了不同训练数据对应的最大回报。

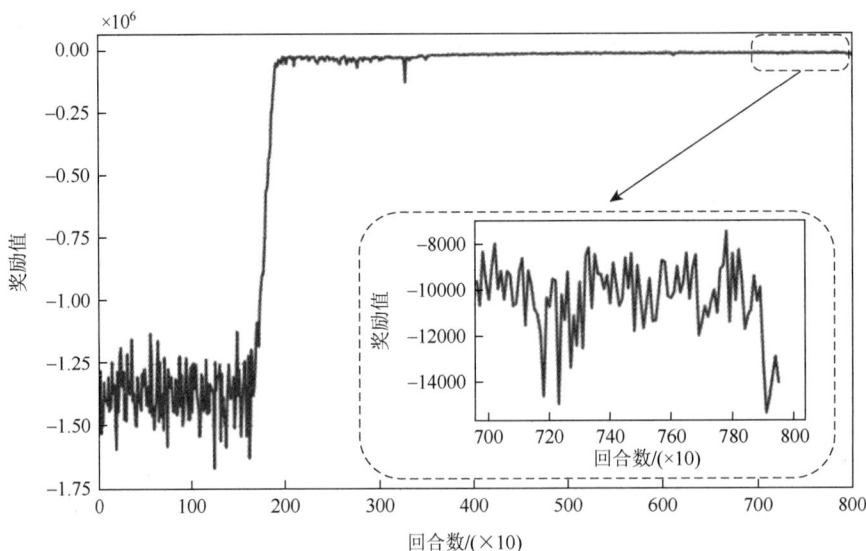

图 3-15　训练过程中奖励值收敛图

2. 算法性能测试

使用 8000 个回合的 300 天历史数据进行离线训练后，在接下来的模拟中，将对 DECM 模型在不同场景下进行测试，以证明 P2G 和负载转移模型在 IENGS 中的重要性，以及所提出的 DDPG-DECM 的性能。

图 3-16 显示了不同场景下的发电机输出、GT 输出和 P2G 输入以及风电转换。式（3-26）中计算的总成本表示运行成本和峰值负荷转移成本之和。同样，考虑 P2G 的场景 4 的风限功率值比场景 3 降低了 89.09%，充分验证了 P2G 可以显著提高风力发电的消纳能力。由于 P2G 可以将剩余的风电转化为大量的天然气储备，因此可以有效地降低风电的截流和系统的经济成本。场景 2 的经济成本比场景 1 低 49.51%，场景 4 的经济成本比场景 3 低 70.98%。此外，场景 2 和场景 4 的净负荷波动方差较场景 1 和场景 3 有所减小，说明

P2G 对平滑系统负荷波动有一定作用。如图 3-16（a）和（b）所示，00:00～04:00、20:00～23:00 均为低负荷时段，也是风力发电的高峰期。因此，很难容纳大量的风电，解决办法是通过 P2G 将剩余的风电转换为天然气，使如图 3-16（b）和（d）所示的 P2G 运行在这两个时期是最大的。

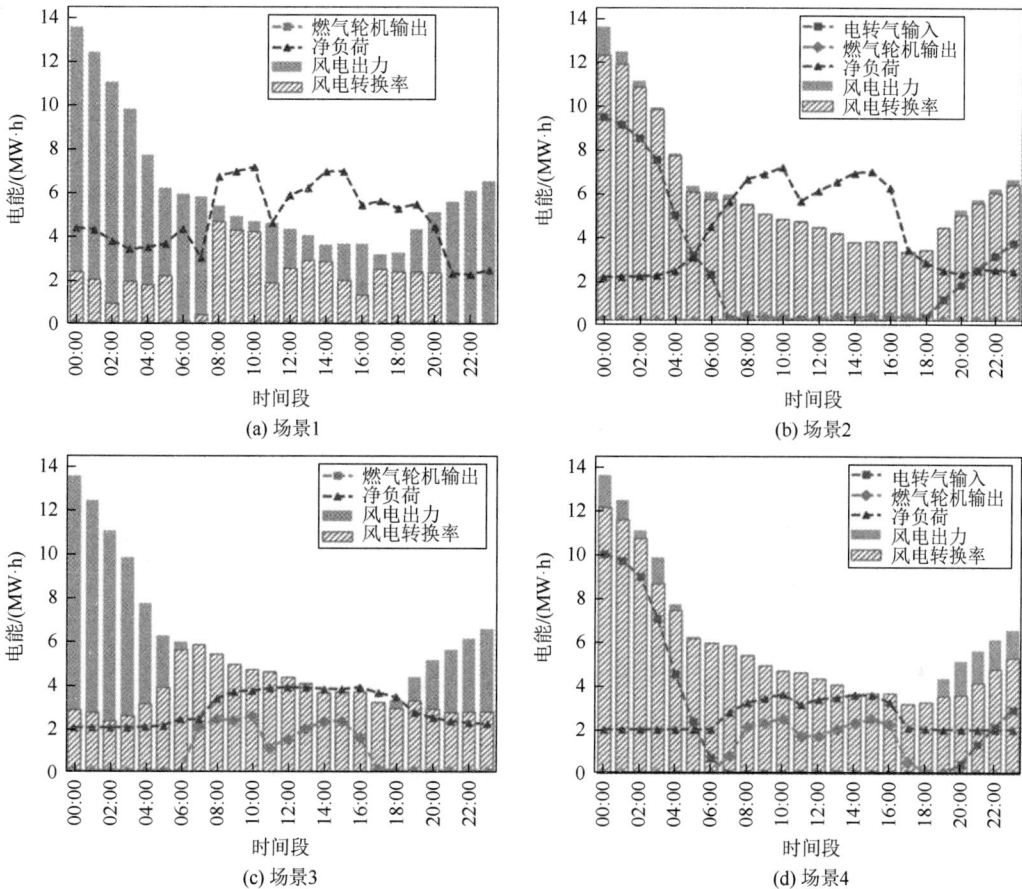

图 3-16　四个场景下各组件出力

为了说明所提出的 DDPG-DECM 方法能够解决 IENGS 中的实时运营成本优化问题，本章用连续三天的数据进一步检验了先前训练的场景 4 模型。图 3-17 显示了 IENGS 在这三天内的最佳能量转换和管理以及风力发电和电力负荷。具体而言，负荷测量发电的功率输出。风力发电转换 P2G 输入和 GT 输出与风力发电、电力负荷以及 P2G 和 GT 的运行成本有关，如前面所述。可以观察到，在风力发电高峰期，P2G 处于工作状态，将剩余的风力转移到天然气储存库。同时，当用电负荷较大，风力发电不足时，燃气轮机将与火电机组协调工作。然而，考虑到燃气轮机的高运行成本，它只能在低功率下运行。最后，由于本章研究将峰值负荷转移模型引入 IENGS，因此净负荷比电力负荷平滑得多。因此，本章提出的 DDPG-DECM 方法对 IENGS 中的实时操作优化问题具有良好的性能。

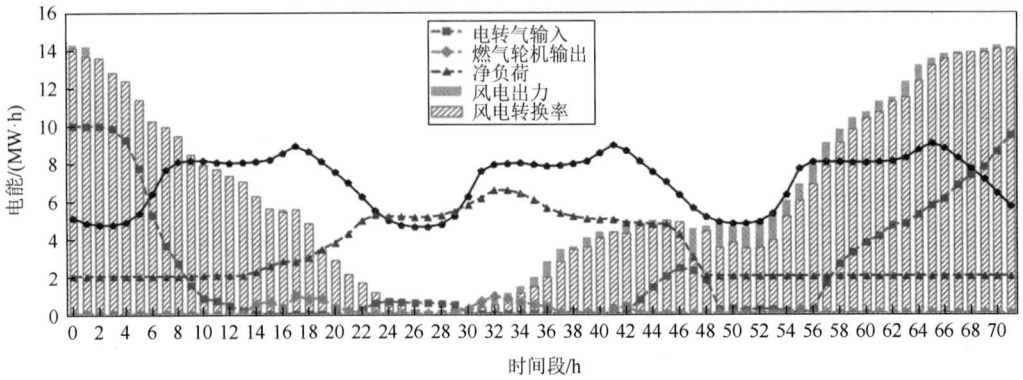

图 3-17　三天测试场景下各个组件出力

　　此外，本章通过调整经济换算系数来协调经济营运成本与调峰两个目标，验证了所提出的 DDPG-DECM 方法在 IENGS 中的灵活性。本章利用经济换算系数将多目标优化问题转换为单目标优化问题，同时考虑了系统运行成本的经济性和调峰模型的影响。图 3-18 分析表明，随着经济换算系数的增大，净负荷方差迅速减小，经济换算系数由 0 增大到 9，净负荷方差由 47.08MW·h 减小到 3.21MW·h。然而，与此同时，为了减少净负荷，IENGS 的风电削减量增加，从而增加了经济成本。可以看出，通过调整经济换算系数，可以协调经济成本目标和调峰。经济换算系数可根据系统运行的需要由智能体进行调整，以实现对 IENGS 更好的控制和管理。

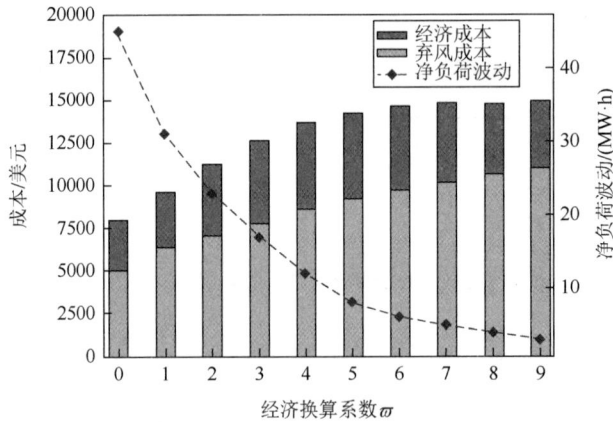

图 3-18　灵敏度分析

3. 对比分析

　　为了验证所提出的 DDPG-DECM 算法在 IENGS 中处理不确定性时的优越性，采用了基准强化学习方法（DQN）和基于 PSO 的随机优化方法进行了比较。注意，比较选择场景 4 作为模拟环境，并使用 30 天的数据作为测试输入。将 DQN 应用于 RL 问题的前提是它必须建立在离散的作用空间和状态空间中。因此，IENGS 中的连续动作被离散为 10 个整数值。DQN 采用一个 DNN 作为逼近器来估计每个离散动作的 Q 值，然后智能体选择 Q 值最高的动作。此外，DNN 的数据和参数与以前的 DDPG 算法相同。在处理 30 天数据的不确定性时，基于 PSO 算法的随机优化方法通过对 200 个样本的最优行为进行平均得到解。

图 3-19 显示了 30 天内三种相应方法的总成本。可以看出，与两种基准测试方法相比，本章提出的 DDPG-DECM 算法在测试数据上的总开销最小，说明 DDPG-DECM 算法可以显著降低 IENGS 的总开销。由于 DQN 采用动作值函数将状态映射到动作，因此它具有基于当前条件的实时决策能力，性能优于 PSO 算法。此外，正如本书之前所讨论的，RL 智能体需要处理高维、连续的状态空间和动作空间，DQN 能处理高维输入，但对高维运动输出无能为力，阻碍了 DQN 收敛到最优值。与 DQN 相比，DDPG 是一种演员-批评家方法，它包括演员网络生成动作，批评家网络判断动作的价值，以及 DQN 的成功经验。也就是说，它还使用一个样本池和一个固定的目标网络。因此，DDPG 比 DQN 具有更好的收敛性。

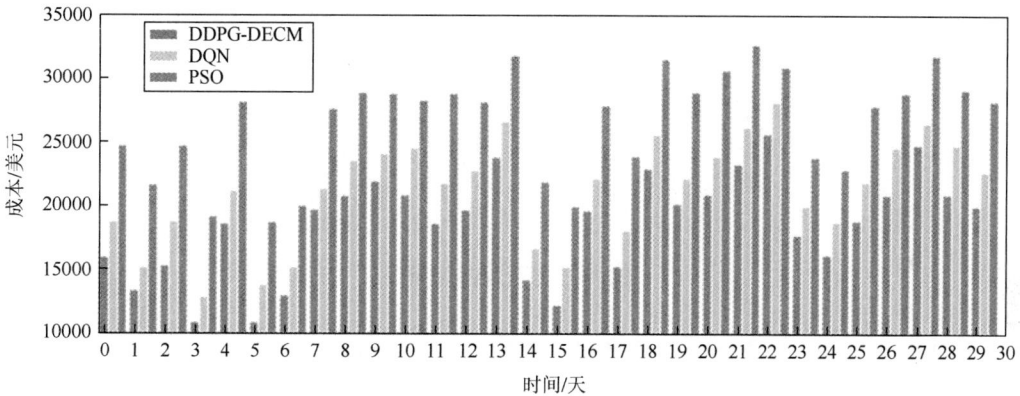

图 3-19　DDPG-DECM、DQN 和 PSO 算法对比图（彩图扫二维码）

3.4　基于 SAC 算法的电-热-气混合能源系统多目标优化

在本章研究中，马尔可夫决策过程被引入所考虑的 IPHNGE 系统中，这意味着在时刻 $t+1$ 的状态将只与时刻 t 的动作和状态信息有关，并且独立于先前时间的状态 $t-1$，$t-2$，…，如式（3-79）所示：

$$\min F_{oe} = C_f(t) + C_{dp}(t) + C_{om}(t) + C_e(t) - C_s(t) \tag{3-79}$$

3.4.1　多目标优化问题向强化学习任务的转化

强化学习框架由一个智能体（系统运营商）和一个环境（IPHNGE）组成，马尔可夫决策过程的具体建模如下。

（1）状态 S：当前状态信息 s_t 包括燃料成本 $C_{f,t}^{G_i}$、负荷需求 P_t^d、风力发电量 P_t^{wind} 和电池容量 SOC_t。

（2）动作 A：控制信号 a_t 由系统运营商智能体发出，以控制每个能量单元的功率输出。注意，行动是按照策略 π 来选择的，SAC 算法会朝着更高的回报方向进行更新。

（3）奖励 R：时刻 t 的奖励表示即时回报，当智能体基于状态信息 s_t 执行动作 a_t 时获得。奖励价值与式（3-55）中提到的目标函数有关。

（4）转移概率 P：如果确定了当前信息，即动作 a_t 和状态 s_t，则过渡到下一状态 s_{t+1} 的概率 $P_{s_{t+1}|s_t,a_t}$ 是固定的。

因此，根据上述分析，本章的强化学习框架如图 3-20 所示。基于环境和策略 π 提供的状态信息 $s_t \in S$，智能体与环境进行交互。具体来说，在当前时刻 t，智能体通过执行一个动作 a_t 来获得奖励 r_t。通过探索行动空间 A，智能体通过学习找到使累计报酬最大化的最优策略 π^*。

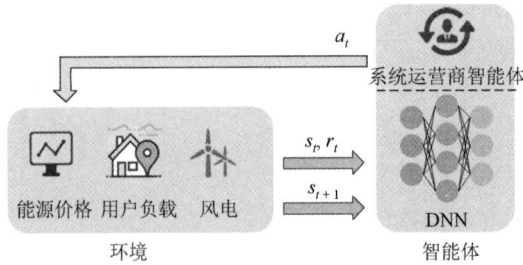

图 3-20　强化学习框架图

假设仿真从第一回合中的某个时刻 t 开始，则累计奖励如下所示：

$$R(s_t,t) = \sum_{k=0}^{M-t} \gamma^k r_{t+k} \tag{3-80}$$

其中，$\gamma \in [0,1]$ 是折扣因子，反映了当前和未来报酬的相对重要性。此外，根据策略 π 的方向，可以在式（3-81）中描述时刻 t 状态 s 的值函数。

$$V^\pi(s_t) = E\big(R(s_t,t)\,|\,s_t=s\big) \tag{3-81}$$

从这个意义上说，智能体的最佳策略是提供最大化 $V^\pi(s_0,0)$ 的解决方案。

一般来说，将之前描述的成本函数视为奖励是合理的。但是，除了目标函数外，系统的约束条件也不容忽视，需要将其纳入奖励项目进行优化。因此，引入了几个罚函数来处理约束，定义如下。这里，对于储能系统的约束，在时间步长 t 处的相应惩罚函数 ϕ_t^{SOC} 被设置为

$$\phi_t^{SOC} \triangleq \begin{cases} \varphi_1 e^{(SOC_{min}-SOC_t)}, & SOC_t < SOC_{min} \\ 0, & SOC_{min} \leqslant SOC_t \leqslant SOC_{max} \\ \varphi_2 e^{(SOC_t-SOC_{max})}, & SOC_t > SOC_{max} \end{cases} \tag{3-82}$$

其中，φ_1 和 φ_2 是惩罚系数，通常较大，且与模型相关。

另外，考虑热网和电网能量平衡的约束条件，下面给出了对应的罚函数。

$$\phi_t^{\text{power}} = \begin{cases} \varphi_3 \Delta P_t^2, & \Delta P_t > 7 \\ e^{\Delta P_t}, & 0 < \Delta P_t \leqslant 7 \end{cases} \tag{3-83}$$

$$\phi_t^{\text{heat}} = \begin{cases} \varphi_4 \Delta Q_t^2, & \Delta Q_t > 7 \\ e^{\Delta Q_t}, & 0 < \Delta Q_t \leqslant 7 \\ \varphi_5 \Delta Q_t, & \Delta Q_t \leqslant 0 \end{cases} \tag{3-84}$$

$$\Delta P_t = P_t^d - \sum_{i=1}^{N} P_t^i \tag{3-85}$$

$$\Delta Q_t = Q_t^d - Q_t^i \tag{3-86}$$

$$i = \{\text{GT}, \text{HP}, \text{CHP}\} \tag{3-87}$$

其中，$\{\varphi_3, \varphi_4, \varphi_5\}$ 是惩罚系数；Q_t^d 和 Q_t^i 是时间 t 的热负荷和供给。

然后，IPHNGE 系统在考虑的时间段内的总惩罚函数可以写成

$$\Phi = \sum_{t=1}^{M} (\phi_t^{\text{SOC}} + \phi_t^{\text{power}} + \phi_t^{\text{heat}}) \Delta t \tag{3-88}$$

在上述问题的形成和惩罚函数的定义过程的基础上，时刻 t 的即时奖励可以表示为

$$r_t = (F_i + \phi_t^{\text{SOC}} + \phi_t^{\text{power}} + \phi_t^{\text{heat}}) \Delta t, \quad i = 1, 2, 3 \tag{3-89}$$

注意，当所述系数，即 $\{\varphi_1, \varphi_2, \varphi_3, \varphi_4, \varphi_5\}$，被适当地微调时，将通过执行最优动作 a^* 来获得最大化 $V^\pi(s(t_0))$ 的最优策略 π^*。

因此，建立了一个有限马尔可夫决策过程 (S, A, P, r, γ) 来描述离散 IPHNGE 系统的优化问题，并应用强化学习方法来处理该问题。

3.4.2　SAC 算法和网络结构

传统的无模型 DRL 算法存在着采样复杂度高和收敛性差两大难题，而这两大难题严重依赖于参数整定。特别是策略梯度算法中常用的近端策略优化算法和 A3C 算法会遇到探索和利用的矛盾，epsilon-greedy 机制就是这种情况下的一种折中。为了提高样本效率，引入了 DDPG 等非策略算法，但它们的性能往往因参数过大而变得脆弱。因此，采用了基于最大熵定理的最新非策略 DRL 算法 SAC，以提高学习的鲁棒性和采样效率。在 SAC 算法中引入了三个关键技术：具有策略和评价网络的演员-批评家体系结构（分别称为演员和批评家），重用过去经验的回放缓冲区，以及最大熵来兼顾探索和学习的稳定性。

1. 软价值函数

强化学习代理的总体目标是只遵循未来预期回报利益最大化的策略 $\pi(a|s)$。然而，与现有的强化学习算法不同的是，本章在奖励中引入了最大熵项 $H(\pi(a|s)) = -\log \pi(a|s)$ 来鼓励

探索。重新定义的奖励公式可以写成

$$J(\pi) = E\left(\sum_{t=0}^{\infty} \gamma^t \left(r_t - \lambda \log \pi(a_t \mid s_t)\right) \mid \pi\right) \tag{3-90}$$

其中，λ 调节策略的随机程度，以温度参数命名。鉴于特定的初始状态 s 和动作 a，将上述熵目标（3-90）写为 Q 值函数，如式（3-91）所示：

$$Q^\pi(s,a) = E\left(\sum_{t=0}^{\infty} \gamma^t \left(r_t - \lambda \log \pi(a_t \mid s_t)\right) \mid s_0 = s, a_0 = a, \pi\right) \tag{3-91}$$

定理 1： 基于 Q 值函数的状态值写为

$$V^\pi(s) = \lambda \log \int_A \exp\left(\frac{1}{\lambda} Q^\pi(s,a)\right) da \tag{3-92}$$

最优策略解由式（3-93）给出：

$$\pi^*(\cdot \mid s) = \exp\left(\frac{1}{\lambda}(Q^\pi(s,a) - V^\pi(s))\right) \tag{3-93}$$

由于 LogSumExp 的运算被称为 softmax，所以值函数被称为软价值函数，Q 值函数也被称为软 Q 值函数。另外，注意到最优策略 $\pi^*(\cdot \mid s)$ 不再是高斯分布形式，而是一个与值函数相关联的基于能量的策略（energy based policy，EBP）模型，因此具有更好的泛化能力。

2. 批评家网络

在演员-批评家框架中，两个重要角色分别负责策略评估和策略改进。通过这两个过程的迭代，学习过程朝着长期获得最大回报的方向前进。

由于其良好的收敛性和稳定性，本章采用深度神经网络来完成值函数的逼近任务。参数化 θ 的 DNN 的输出值用于估计软 Q 值 $Q_\theta(s,a)$，即 $Q(s,a) \approx Q_\theta(s,a)$。为了打破 DNN 所需输入数据之间的相关性，本章采用了经验重放机制，将智能体在每个时间步与环境交互的经验存储在重放缓冲区中，即 $M \leftarrow (s,a,r,s') \bigcup M$。DNN 基于元组信息 (s,a,r,s') 更新参数 θ，元组信息是从重放缓冲区中随机批量采样的。

与 DQN 算法类似，参数化 θ 的 DNN 的性能评价依赖于 Q 目标值 $\hat{Q}(s,a)$ 与 Q 估计值 $Q_\theta(s,a)$ 之差的均方误差（mean square error，MSE）：

$$L(\theta) = E\left[\frac{1}{2}(Q_\theta(s_i,a_i) - \hat{Q}(s_i,a_i))^2\right] \tag{3-94}$$

$$\hat{Q}(s_i,a_i) = r + \gamma \hat{V}_{\vartheta}(s'_i) \tag{3-95}$$

其中，$\hat{V}_{\vartheta}(s')$ 是目标状态值。为了保证 $Q(s,a)$ 的准确性和最小化损失函数 L，通常采用梯度正法更新参数 θ，即

$$\theta_{t+1} \leftarrow \theta_t - \alpha_c \nabla_\theta L(\theta) \tag{3-96}$$

其中，$\alpha_c > 0$ 是批评家的学习率，是一个小值；$\nabla_\theta L(\theta)$ 表示损失函数 L 的梯度，可以表示为

$$\nabla_\theta L(\theta) = \nabla_\theta Q_\theta(s_i, a_i)\left(Q_\theta(s_i, a_i) - r - \gamma \hat{V}_{\hat{\vartheta}}(s_i')\right) \qquad (3\text{-}97)$$

为了提高训练的稳定性，引入了参数化 ϑ 的 DNN 作为状态值估计函数，即 $V(s) \approx V_\vartheta$。同样地，通过 MSE 对 DNN 的性能进行了评估：

$$L(\vartheta) = E\left(\frac{1}{2}\left(V_\vartheta(s) - E\left(Q_\theta(s_i, a_i) - \lambda \log \pi_\varphi(a_i \mid s_i)\right)\right)^2\right) \qquad (3\text{-}98)$$

对应地，参数化 ϑ 的 DNN 的更新过程由式（3-99）和式（3-100）计算：

$$\nabla_\vartheta L(\vartheta) = \nabla_\vartheta V_\vartheta(s)\left(V_\vartheta(s) - Q_\theta(s, a) + \lambda \log \pi_\varphi(a \mid s)\right) \qquad (3\text{-}99)$$

$$\vartheta_{t+1} \leftarrow \vartheta_t - \alpha_c \nabla_\vartheta L(\vartheta) \qquad (3\text{-}100)$$

另外，为了稳定批评家的更新，利用带参数 $\hat{\vartheta}$ 的 DNN 来估计目标状态值函数 $\hat{V}_{\hat{\vartheta}}(s)$。基于软状态值网络权重，通过软更新得到参数 $\hat{\vartheta}$：

$$\hat{\vartheta}_{t+1} \leftarrow \kappa \vartheta_{t+1} + (1 - \kappa)\hat{\vartheta}_t \qquad (3\text{-}101)$$

其中，$\kappa \in (0, 1)$ 是平滑因子。

3. 演员网络

在获得估计值后，行动者的唯一目标是寻求策略改进的方向。值得注意的是，状态空间是连续的，必须利用一个近似函数来为每个状态制定策略。另一个由参数化 φ 的 DNN 用于表示策略 $\pi_\varphi(\cdot \mid s)$，将按照式（3-102）进行训练。像一般的高斯分布那样直接对 EBP 模型进行采样是很困难的。因此，本章使用状态调节随机网络 $\pi_\varphi(\cdot \mid s)$ 代替 EBP 来取样，然后用 KL 散度来衡量 $\pi^*(\cdot \mid s)$ 与 $\pi_\varphi(\cdot \mid s)$ 的差异。

$$\hat{\vartheta}_{t+1} \leftarrow \kappa \vartheta_{t+1} + (1 - \kappa)\hat{\vartheta}_t \qquad (3\text{-}102)$$

此外，本章还引入了一种重参数化技巧 $f_\varphi(\tau_t; s_t)$，即服从标准正态分布采样的动作噪声信号。具体地说，如式（3-103）所示，策略 $\pi_\varphi(\cdot \mid s)$ 输出高斯分布的平均值 $\pi_\varphi^\mu(s_t)$ 和标准偏差 $\pi_\varphi^\sigma(s_t)$，然后对相应的高斯分布进行采样，作为参与者的决策行为。

$$a = f_\varphi(\tau; s) \qquad (3\text{-}103)$$

式（3-102）和式（3-103）可以被改写为

$$L(\varphi) = E\left(\lambda \log \pi_\varphi(f_\varphi(\tau; s) \mid s) - Q^\pi(s, f_\varphi(\tau; s)) + V^\pi(s)\right) \qquad (3\text{-}104)$$

针对参数 φ 的损失函数 $L(\varphi)$ 的梯度为

$$\nabla_\varphi L(\varphi) = \nabla_\varphi \lambda \log \pi_\varphi(a \mid s) + (\nabla_a \lambda \log \pi_\varphi(a \mid s) - \nabla_a Q_\theta(s, a))\nabla_\varphi f_\varphi(\tau; s) \qquad (3\text{-}105)$$

参数化 φ 的演员网络被更新：

$$\varphi_t \leftarrow \varphi_t - \alpha_a \nabla_\pi L(\varphi) \qquad (3\text{-}106)$$

其中，α_a 是演员网络的学习率，并且是一个很小的正值。

SAC 算法流程如表 3-7 所示。

表 3-7 SAC 算法流程

算法：SAC 算法
随机初始化神经网络的参数 $\vartheta, \theta, \hat{\vartheta}, \varphi$
每个回合开始//产生训练数据
基于策略 $\pi_\varphi(\cdot \mid s)$ 选择动作 a_t
执行动作 a_t，并且获得对应奖励值 r_t 和下一状态 s_{t+1}
在经验池 M 中存储信息 (s_t, a_t, r_t, s_{t+1})，即 $M \leftarrow (s_t, a_t, r_t, s_{t+1}) \bigcup M$
回合结束
//训练更新网络参数
从经验池中随机按批次采样
针对每一个批次信息，实施下一步操作
根据式（3-91）更新软 Q 值函数
根据式（3-93）更新状态值函数
根据式（3-101）更新软状态值网络权重
根据式（3-106）更新演员网络参数
结束
结束
结束

3.4.3 实验验证

本节通过对不同场景的仿真，验证了所提出的基于 SAC 的控制策略的优越性，该控制策略包括参数设置、模型建立、仿真和讨论四个步骤。这一进程必须有序、透明和持续。图 3-21 给出了本章案例研究的仿真流程图。

第 1 步：输入建立的离散 IPHNGE 系统的基本参数，包括客户需求概况、风力发电和能源设备参数。

第 2 步：在 IPHNGE 系统约束条件下，将上述输入数据集成到耦合模型中，进行经济性、供电稳定性和综合效益的优化。

第 3 步：根据上述模型集，通过 SAC 算法对三种场景进行了仿真，每一集的时间段和每一个时间步分别设置为典型的一天（24h）和 1h。

第 4 步：从各部件操作的角度对基于第 3 步模拟的调度优化结果进行了评价，此外，通过比较进一步说明了该调度策略的有效性。

1. 仿真设置

为了验证所提出的基于 SAC 的调度策略的性能，本章研究了一个测试用例，如图 3-22 所示。

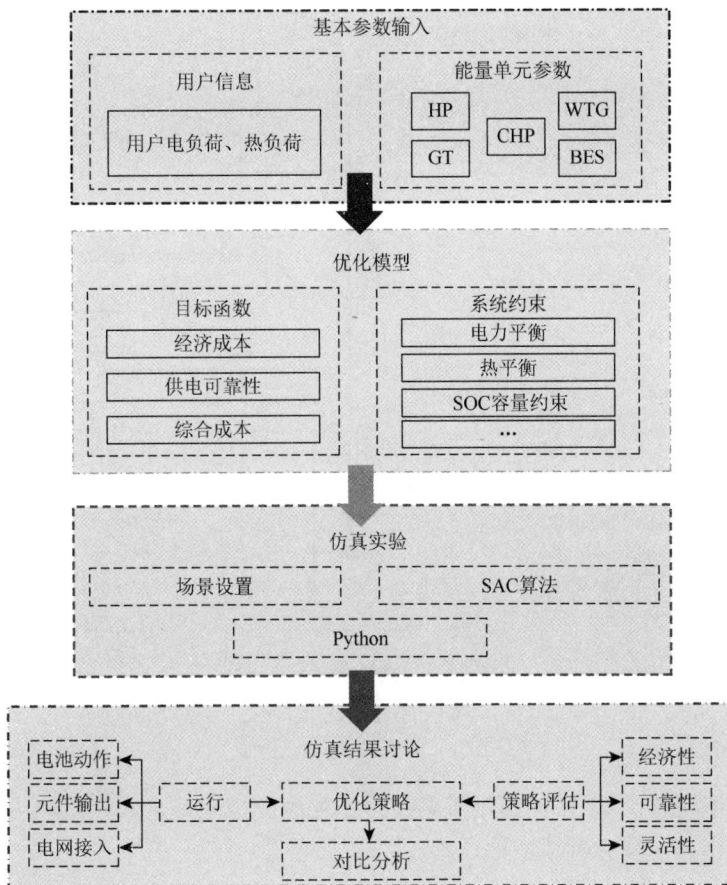

图 3-21　仿真流程图

HP：热泵；GT：燃气轮机；CHP：热电联产；WTG：风电场；BES：储能系统

　　本节首先通过不同的场景验证了 SAC 算法的学习曲线是否能够收敛，学习出满意的调度策略；其次对测试结果和模型的敏感性进行了详细的分析，进一步验证了所提出的基于 SAC 的调度策略的合理性；最后提出了基于 SAC 的调度策略，本章还实现了三种基于基准优化的可靠经济调度算法，说明了该调度策略的优越性。所有的案例研究都是在 64 位基于 Windows 的计算机上使用 Python3.7 完成的，该计算机具有 4GB 的 RAM 和时钟频率为 2.7GHz 的 Intel Core i5 处理器。

　　孤岛模式下的测试系统建立在 IEEE39 节点电力系统、6 节点供热系统和 20 节点燃气系统的组合基础上。综合能源系统的三个子系统节点分别是 29 个、19 个和 5 个。电力系统共有 3 个发电点，其中 G3 和 G7 分别为节点 6 和 19 处的燃气轮机，G1 由热电联产机组和风电场供电。储能系统位于节点 4 上。在天然气系统中，有 3 个源节点。此外，节点 3、节点 6 和节点 16 分别向热电联产机组和燃气轮机供应天然气。三台压缩机，包括 COM#1、COM#2 和 COM#3，负责提升气体压力。在加热子系统中，提供热能的热电联产机组安装在 N1 处。风电供给热泵发热的节点也安装在 N1 上。电池初始 SOC 值设定为 90%，充电状态下限为 20%；甩负荷补偿费为 12.775 美元/(kW·h)，制热量单价为 1.67 美元/(kW·h)。

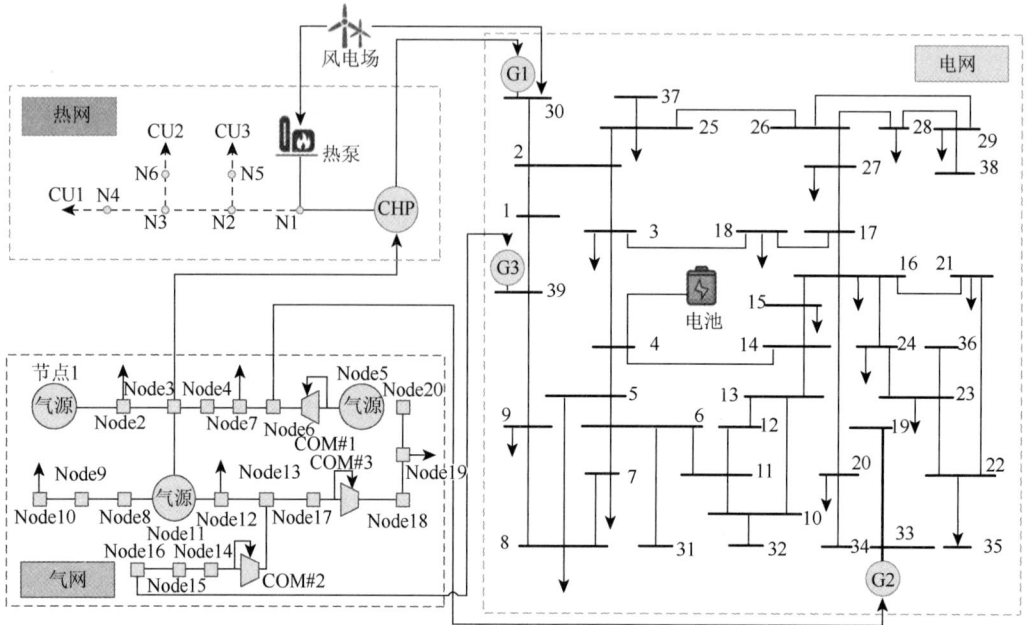

图 3-22　测试系统结构图

2. 场景描述

为了充分证明基于 SAC 的调度策略在最小化运行成本和最大化供电可靠性方面的有效性,本次仿真进一步分析了三种场景。

场景 1:目标函数是运营成本,这表明基于 SAC 的智能体只关注系统的经济性。

场景 2:为保证供电可靠性,选择切负荷率作为优化目标。

场景 3:综合效益,兼顾运营经济性和供电可靠性。

3. 算法参数设置

如图 3-23 所示,仿真过程是建立在所提出的方法和三个基准优化算法上的。

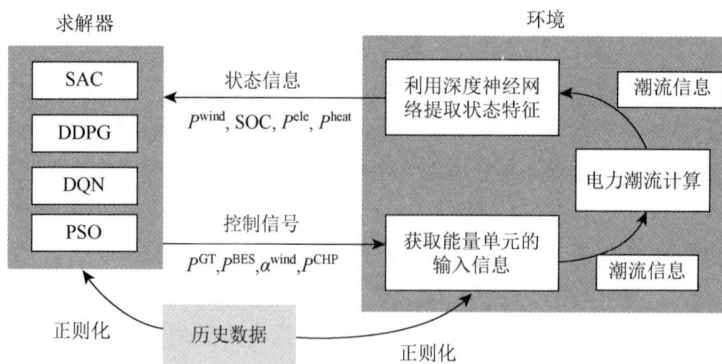

图 3-23　仿真过程

第一个是提出的基于 SAC 的控制算法。首先将当前重要特征（即 $P^{\text{wind}}, \text{SOC}, P^{\text{ele}}, P^{\text{heat}}$ ）输入 SAC 解算器；然后，SAC 算法中 DNN 的输出作为策略信号，提供给环境；通过利用功率数据和策略信号，计算当前功率流；最后，参考上述模拟结果，计算报酬并且适当微调算法中的演员-批评家网络的参数。

为了更新演员和批评家网络的权重和偏差，学习率分别为 $\alpha_c = 2 \times 10^{-3}$ 和 $\alpha_a = 2 \times 10^{-4}$。此外，小批量数据作为网络的更新样本，其大小为 $m = 32$。将折扣因子 γ 设置为 0.9，并且用于目标网络更新率的软更新系数 κ 的值为 0.01。熵正则化系数旨在平衡策略的随机程度。

双 DQN（double DQN，DDQN）算法是 DQN 算法的一个改进扩展，被用作第一个基准 RL 算法。对于一些参数设置，例如，DDQN 与所提出的 SAC 算法具有相同的值。在 DDQN 中，有三个 DNN，即预测网络、目标网络和评价网络，每个 DNN 有两个隐藏层，分别有 200 个和 300 个神经元。上述网络的更新率设置为 0.005。本章将离散动作的设定定义为

$$A = [0, 0.2, 0.4, 0.6, 0.8, 1] \tag{3-107}$$

另一个是将 DRL 算法与 DDPG 算法作为比较算法。主网络和目标网络具有相同的体系结构，分别由 200 个和 300 个神经元组成 2 个隐藏层。在这个模拟中，演员和批评家网络的学习率设定为 0.001，小批量的大小为 32。

为了进一步比较，第二个基准算法是基于 PSO 算法的随机优化方法，这是一个经典的启发式算法。需要注意的是，这种优化方法解决随机问题的机制是将 PSO 算法得到的 200 个样本的最优行为的平均值作为当前时隙的最优行为。具体来说，粒子数和最大迭代次数分别为 30 和 100。

4. 算法训练过程

基于上述场景进行连续迭代，得到离散 IPHNGE 系统相应的优化能量管理和调度策略。在图 3-24 中，选择奥胡斯（Arhus）一年的历史数据作为训练集。

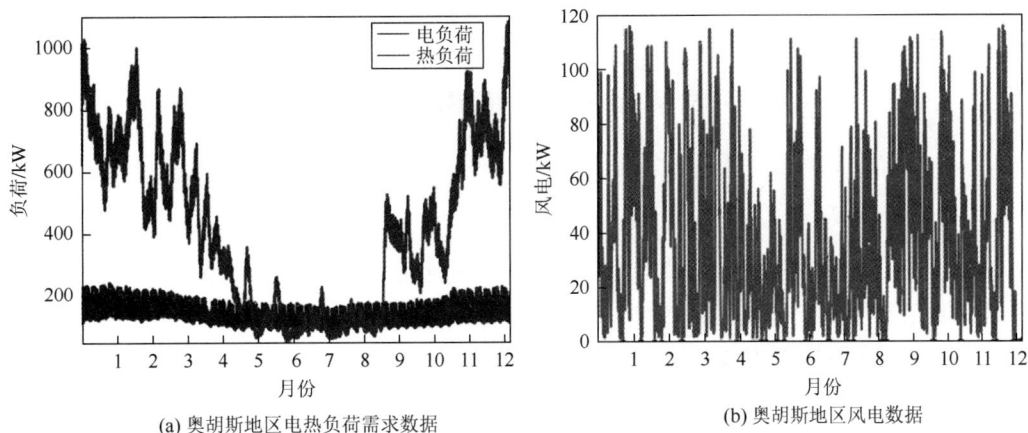

(a) 奥胡斯地区电热负荷需求数据　　　(b) 奥胡斯地区风电数据

图 3-24　基于一年的仿真数据（彩图扫二维码）

图 3-25 给出了第三种场景（最复杂的场景）的累计奖励收敛性能。此外，惩罚值的变化，如 SOC 的约束、热平衡和功率平衡如图 3-26 所示，可以看出基于 SAC 的优化方法可以有效地消除多个惩罚值。

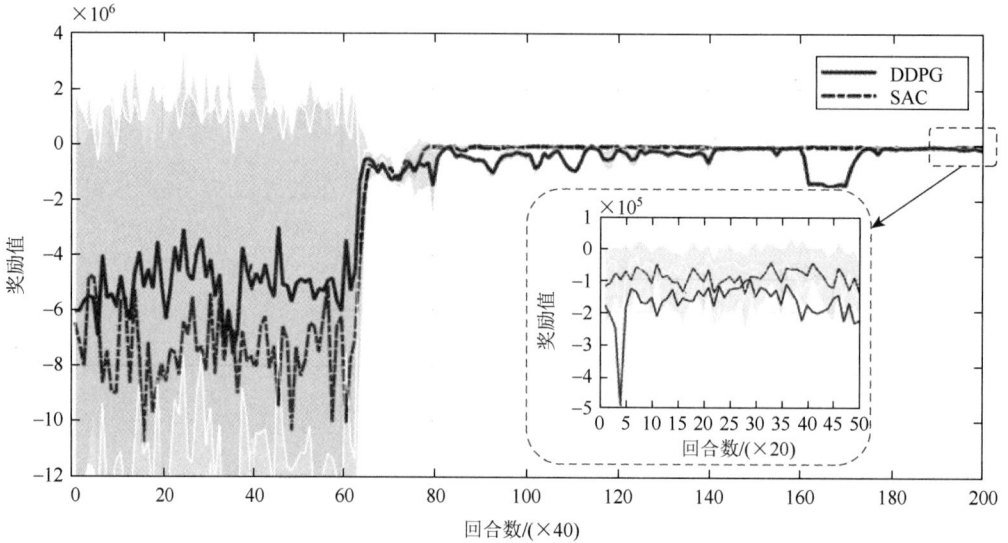

图 3-25　累计奖励收敛性能

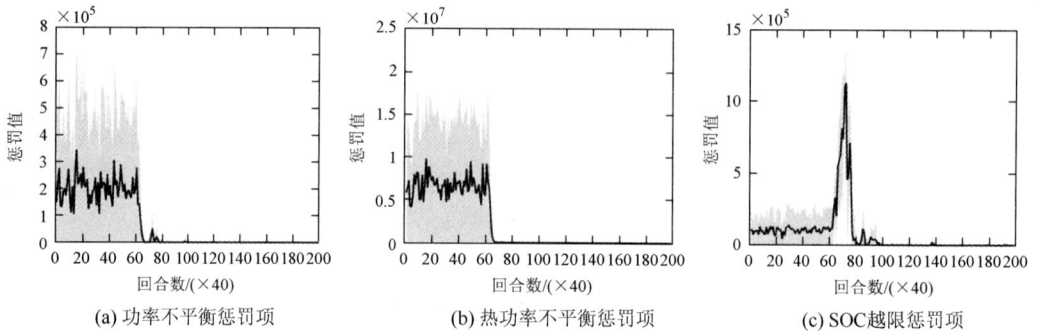

(a) 功率不平衡惩罚项

(b) 热功率不平衡惩罚项

(c) SOC越限惩罚项

图 3-26　训练过程中奖励值与惩罚项的变化情况

3.5　本 章 小 结

本章以综合能源系统智能调度为研究对象，关注综合能源系统的经济性、稳定性；采用深度强化学习算法对综合能源系统的运行成本、供电可靠性和削峰填谷进行优化。本章主要研究了三个方面的内容，其结论如下所述。

首先研究了一种混合能源系统中电、热子模型间的动态能量转换算法，该算法能够根据上层电网的电价、用户的能源需求和风力发电情况，采用深度强化学习方法自适应地确定风电转换率。本章首先将动态风电转换问题转为有限离散马尔可夫决策过程，并利用近端策略优化算法来解决此决策问题。在使用深度强化学习方法的过程中，系统运营商（智能体）不需要预先指定电-热混合能源系统（环境）模型，进一步在该模型上选择能量转换率（动作）。相反，通过与演员网络和批评家网络的在线交互，智能体能学习到状态、动作和奖励之间的关系。考虑到风力发电和电价的灵活性以及用户负荷需求曲线的不确定性，它能够通过不断地在线学习来应对动态变化的环境。最后，数值仿真结果表明，提出的动态功率转换算法能够有效地降低系统的运行成本，提高系统的收益。

其次研究了一种优化电-天然气综合能源系统运行成本和净负荷波动的基于深度确定性策略的动态能量转换算法，其中系统运营商根据风力发电、用户负荷需求曲线和天然气批发价格，采用基于深度强化学习的方法自适应地确定能源运行和经济系数。首先将电-天然气综合能源系统中的动态能源转换问题转化为一个有限离散马尔可夫决策问题，然后利用深度确定性策略求解该决策问题。通过使用深度强化学习方法，智能体无须预先指定模型，并在该模型上考虑不同的燃气轮机运行状态、储气罐储/放气状态、风电运行工况和天然气制备情况，而是由深度神经网络通过动态学习与建立状态、动作和奖励之间的关系，实现与电-天然气综合能源系统的在线互动。考虑到用户负荷需求的不确定性、风力发电的间歇性和天然气批发价格的灵活性，该方法通过不断学习和自适应参数，能够在动态变化的环境中做出实时响应。

基于无模型 DRL 的能量管理方案来解决经济可靠的调度策略。考虑到电-热-气综合能源系统中的复杂不确定性，包括负载需求的灵活性和风能的间歇性，基于深度强化学习的智能体能够制定实时的能量调度策略。具体来说，随着约束条件的多样化，该问题转化为具有多个优化目标的约束最优控制问题；然后，应用有限离散马尔可夫决策过程将优化问题转化为决策问题，适合 SAC 算法求解；在执行当前策略后，即时信息（包括状态、控制信号（动作）和相应的奖励）被存储在经验缓冲区重放中；在上述众多交互的基础上，智能体不断地学习策略以提高累计奖励；最后，在 IEEE39 总线电源上进行了数值算例系统、6 节点供热系统和 20 节点燃气系统的仿真，结果表明，与基准 RL 算法和传统优化算法相比，基于 SAC 的能量管理策略获得了更好的优化结果和约束满足。

参 考 文 献

[1]　国家能源局. 国家能源局关于《中华人民共和国能源法(征求意见稿)》公开征求意见的公告[EB/OL]. (2020-04-10) [2024-09-01]. http://www.nea. gov.cn/2020-04/10/c_138963212.htm.

[2]　国家能源局. 太阳能发展"十三五"规划[EB/OL]. (2016-12-08)[2024-09-01]. http://zfxxgk.nea.gov.cn/auto87/201612/ t20161216_2358.htm.

[3]　国家能源局. 2021 年一季度网上新闻发布会文字实录[EB/OL]. (2021-01-30)[2024-09-13]. http://www.nea.gov.cn/2021-01/ 30/c_139708580.htm.

[4]　陈国平, 董昱, 梁志峰. 能源转型中的中国特色新能源高质量发展分析与思考[J]. 中国电机工程学报, 2020, 40(17): 5493-5506.

[5]　陈国平, 李明节, 许涛, 等. 关于新能源发展的技术瓶颈研究[J]. 中国电机工程学报, 2017, 37(1): 20-27.

[6]　贾一飞, 林梦然, 董增川. 龙羊峡水电站水光互补优化调度研究[J]. 水电能源科学, 2020, 38(10): 207-210.

[7]　鞠平, 周孝信, 陈维江, 等. "智能电网 +"研究综述[J]. 电力自动化设备, 2018, 38(5): 2-11.

[8]　衣传宝, 王德顺, 王龙泽, 等. 抽水蓄能机组功率调节评价方法综述[J]. 华北电力大学学报(自然科学版), 2021: 1-11.

[9]　余涛, 周斌, 甄卫国. 强化学习理论在电力系统中的应用及展望[J]. 电力系统保护与控制, 2009, 37(14): 122-128.

[10] 李建林, 牛萌, 周喜超, 等. 能源互联网中微能源系统储能容量规划及投资效益分析[J]. 电工技术学报, 2020, 35(4): 874-884.

[11] Zhu Y L, Liu C X, Sun K, et al. Optimization of battery energy storage to improve power system oscillation damping[J]. IEEE Transactions on Sustainable Energy, 2019, 10(3): 1015-1024.

[12] 罗艳红, 梁佳丽, 杨东升, 等. 计及可靠性的电-气-热能量枢纽配置与运行优化[J]. 电力系统自动化, 2018, 42(4): 47-54.

[13] 山东发展投资控股集团有限公司. 电力投资建设的"十三五"回顾及"十四五"构想[EB/OL]. (2021-01-04)[2024-09-01]. https://www.sdfztz. com/html/xingyexinwen-show-1559.html.

[14] 中国政府网. 习近平主持召开中央全面深化改革委员会第七次会议[EB/OL]. (2019-03-19)[2024-09-01]. http://www.gov. cn/xinwen/2019-03/19/content_5375140.htm.

[15] 刘振亚. 全球能源互联网[M]. 北京: 中国电力出版社, 2015.

[16] Banshwar A, Sharma N K, Sood Y R, et al. Market-based participation of energy storage scheme to support renewable energy sources for the procurement of energy and spinning reserve[J]. Renewable Energy, 2019, 135: 326-344.

[17] 李佳琪, 陈健, 张文, 等. 高渗透率光伏配电网中电池储能系统综合运行控制策略[J]. 电工技术学报, 2019, 34(2): 437-446.

[18] 朱燕梅, 陈仕军, 马光文, 等. 计及发电量和出力波动的水光互补短期调度[J]. 电工技术学报, 2020, 35(13): 2769-2779.

第4章　人工智能在主动配电网电压控制中的应用

配电网是新能源发电分布式接入电网的重要途径。然而，新能源发电具有随机性、波动性和间歇性，大量分布式新能源发电的接入给配电网的运行带来巨大的挑战，会引起谐波、电压越限、网损增加等一系列问题，从而降低了配电网运行的安全性和经济性[1, 2]。其中，由于新能源接入造成的电压问题较为突出：第一，新能源发电的有功注入会引起潮流的逆向流动，导致配电网母线电压升高，如果电压与额定电压偏离较大，则会影响电力设备的安全运行，造成设备的损坏，同时，新能源发电出力波动引起的过电压问题会触发保护装置动作，从而将新能源发电装置从电网切除，限制了清洁能源的消纳水平[3]；第二，新能源设备的非全相并网会造成配电网三相电压的不平衡，从而造成电机绕组温度升高，危害电机等设备的正常运行[4]。

传统的配电网通常采用调节变压器分接头位置以及控制无功补偿器的投切来调节电压。然而，传统的控制措施响应速度慢，调节精度较低，且无法频繁动作，因此，难以应对由新能源广泛接入造成的电压波动问题。近年来，随着先进量测装置、智能监控技术、电力电子技术以及信息通信技术的逐步应用，配电网正从自动化程度不高、调度方法落后的传统模式向智能化模式过渡。在这种背景下，主动配电网的概念应运而生[5]。根据CIGRE-C6.11 的定义，主动配电网是一种可以利用先进的双向通信网络、灵活可变的网络拓扑、先进智能的测量装置对其网络内的分布式发电装置、柔性负荷以及电能存储装置进行主动管控的配电系统[6]。主动配电网可以通过先进的电力电子设备调节分布式发电装置的无功出力，参与系统的无功电压控制，优化潮流分布，并通过调节柔性负荷消纳新能源发电的间歇出力，抵消新能源发电的随机性和间歇性带来的不利影响，提高新能源发电的利用率和消纳水平[7]。

运行优化技术是主动配电网的关键技术，也是实现配电网主动控制的核心所在。其中，电压控制技术对于提高新能源发电利用率和消纳水平，提高配电网运行安全性至关重要。本章将以配电网电压控制技术为背景，介绍强化学习在解决这类复杂优化控制问题中的应用，以应对新能源接入带来的电压波动和闪烁问题，提高电能质量，实现配电网安全可靠运行。

4.1　分布式新能源发电装置接入对配电网电压分布的影响

4.1.1　机理分析

当配电网中没有新能源发电装置接入时，系统潮流的流向是从电源流向负荷，节点电压沿着潮流方向逐渐降低；当配电网中部分节点接入新能源发电装置时，新能源注入的功率可能会导致潮流发生逆向流动，造成部分节点电压升高。以一个负荷沿馈线均匀分布的单馈线配电网为例，当不考虑新能源接入时，其距离电源端长度为 d 处的有功潮流和无功潮流为

$$\begin{cases} P_d = P_0 - P_0 \cdot \dfrac{d}{l} \\ Q_d = Q_0 - Q_0 \cdot \dfrac{d}{l} \end{cases} \tag{4-1}$$

其中，l 表示线路长度；P_0 和 Q_0 分别表示电源端的有功潮流值和无功潮流值。将电压的变化量沿平行方向和垂直方向分解，考虑到通常线路两端的相位移较小，因此，可以将垂直方向忽略，而采用水平方向分量近似电压变化量，可以得到当不接入分布式新能源发电装置时距离电源点 d 处的点的电压为[8]

$$V_d = \frac{V_0 + \sqrt{V_0^2 - 4(RP_0 + XQ_0)\left(d - \dfrac{d^2}{2l}\right)}}{2} \tag{4-2}$$

其中，V_0 表示电源端的电压；R 和 X 分别表示线路单位长度的电阻和电抗。从式（4-2）可以看出，电压 V_d 随着长度 d 的增大而减小，即当没有分布式新能源发电装置接入时，负荷节点的电压沿着潮流方向递减[8]。

考虑距离电源 d_G 处接入新能源发电装置，此时由于新能源注入有功功率到网络，潮流可能发生反向，线路上的电压不再随着长度的增加而递减。这种情况下，馈线上的电压分布可以分为两种情况。

当 $d \leqslant d_G$ 时，距离电源点 d 处的节点电压 V_d 为[8]

$$V_d = \frac{V_0 + \sqrt{V_0^2 - 4(RP_0 + XQ_0)\left(d - \dfrac{d^2}{2l}\right) + 4d(RP_G + XQ_G)}}{2} \tag{4-3}$$

当 $d > d_G$ 时，距离电源点 d 处的节点电压 V_d 为[8]

$$V_d = \frac{V_{d_G} + \sqrt{V_{d_G}^2 - 4(d - d_G)(RP_{d_G} + XQ_{d_G})\left(1 - \dfrac{(d - d_G)}{2(l - d_G)}\right)}}{2} \tag{4-4}$$

从式（4-3）可以看出，当 $d \leqslant d_G$ 时，V_d 相比于没有分布式发电接入时的情况多出 $4d(RP_G + XQ_G)$ 一项，当仅考虑新能源发电有功注入时，该项为正数，表明新能源的接入会提高电压 V_d，当新能源出力较大而负荷需求较小时，V_d 可能高于电压点的电压 V_0，此时存在一定的过电压的风险；当 $d > d_G$ 时，电压 V_d 的形式和式（4-4）相同，表明在新能源接入位置以后的点的电压随着长度的增加而递减。机理分析表明，当网络接入新能源发电装置时，其注入的有功可能导致部分节点电压升高，当系统处于轻荷而新能源出力较高的情况时，部分节点电压有越限的风险，危及系统安全运行。因此，有必要开展电压控制相关研究，保障配电网安全运行。

4.1.2　仿真分析

为进一步分析分布式新能源发电装置的接入对配电网电压分布的影响,本节在 IEEE 33 节点系统开展了仿真分析。测试系统的拓扑结构及光伏的安装位置,如图 4-1 所示。系统中共接入 6 台功率为 1000kW 的光伏发电装置,分别位于节点 15,18,22,24,27 和 33。选取四川省小金县历史记录数据中光照充足的一天开展测试,该天光伏出力如图 4-2 所示,分布式新能源发电装置接入前和接入后系统的电压分布如图 4-3 所示。

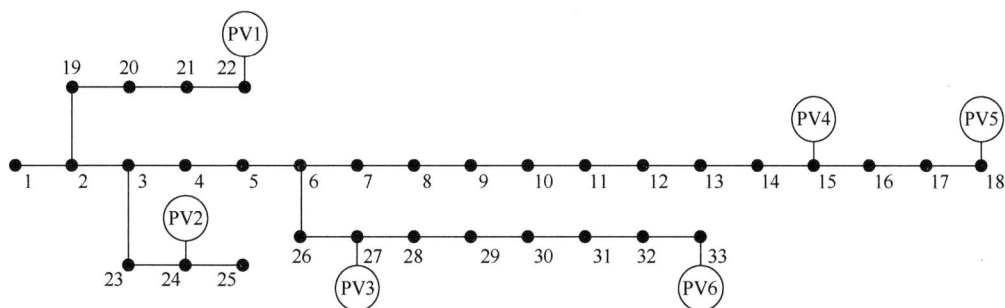

图 4-1　IEEE 33 节点系统拓扑结构图

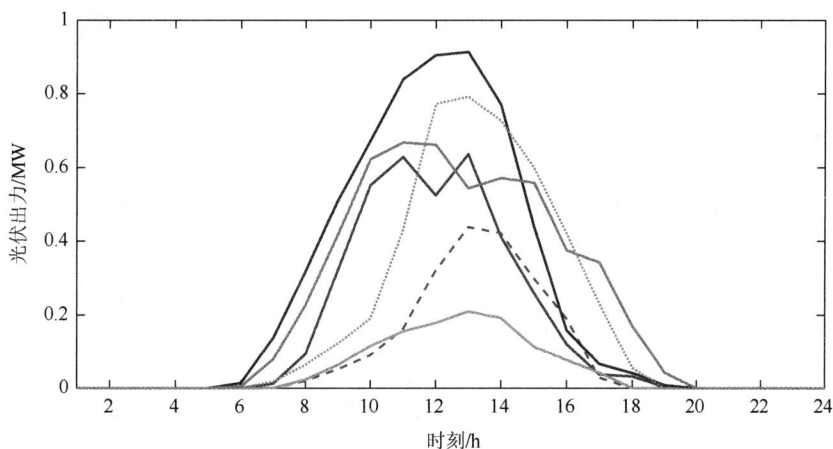

图 4-2　某光照充足天光伏出力(彩图扫二维码)

从图 4-3(a)可以看出,当系统不接入分布式新能源发电装置时,系统负荷节点电压均低于 1.0 p.u.,此时网络中没有新能源发电有功功率注入,节点电压沿着潮流的方向递减。在 18:00~23:00,系统处于重荷状态,此时部分节点有欠电压的风险。当系统接入分布式新能源发电装置时,系统的电压分布发生了明显的变化。对比图 4-3(a)和(b)可以发现,在白天具有一定光伏出力时,部分节点的电压相对于没有光伏接入时的情况发生了明显的抬升。这表明光伏发电的接入可以改变系统的电压分布,提高部分节点的电压水平。在 11:00~14:00,光照相对充足,光伏注入有功功率较高,此时系统部分节点电压越过了

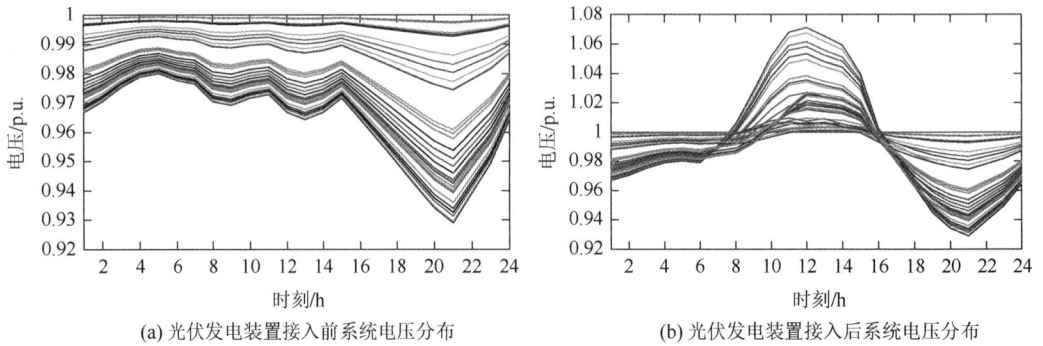

(a) 光伏发电装置接入前系统电压分布　　　　　　(b) 光伏发电装置接入后系统电压分布

图 4-3　光伏发电装置接入前后系统电压分布

安全上限。在夜间光伏出力为零且负荷较重时，系统电压分布和无新能源发电接入时的分布相同，部分节点电压越过了安全下限。仿真分析表明当新能源发电装置接入配电网时，可能会引起系统的过电压风险，影响网络的安全运行和电压稳定，有必要采取控制措施来调节电压，保证系统的安全稳定运行。

　　为进一步分析分布式新能源发电接入对配电网节点电压分布的影响，本节分析云层动态影响下光伏出力短时间内发生快速波动时的配电网电压分布情况。光伏在一分钟内的出力变化如图 4-4 所示。考虑到云层遮盖的影响，光伏出力在一分钟内发生了快速的变化，在前 30s 内，光伏出力从 0.5MW 快速爬升至 1MW，由于云层的遮挡，在 30s 后光伏出力发生快速的下降。在这个过程中配电网节点电压分布如图 4-5 所示。从图中可以看出，当光伏出力较低时，系统节点电压位于安全范围内，当光伏出力快速增加时，系统节点电压发生了剧烈的波动。在 16～44s 部分节点电压越过安全上限，对系统的安全稳定运行造成不利的影响。仿真分析表明当新能源出力发生快速波动时，系统电压出现剧烈振荡，存在电压越限风险，影响配电网的安全运行和电压稳定，有必要开展实时的电压控制策略研究，根据配电网最新状态和实时新能源出力水平优化电压，保证系统安全稳定运行。

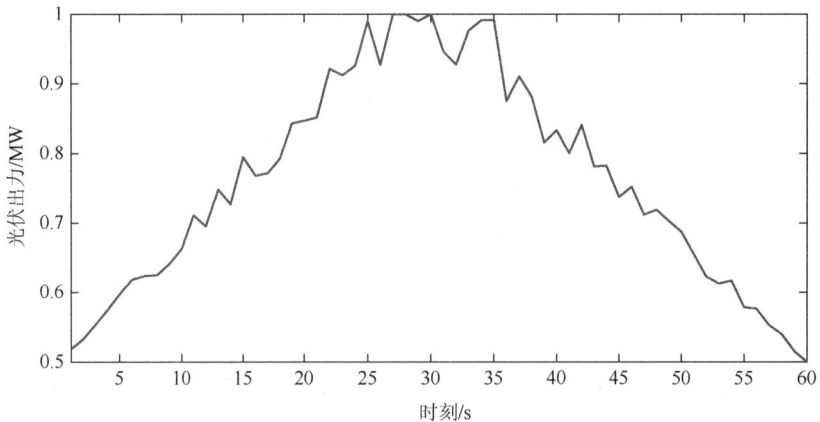

图 4-4　云层动态影响下光伏出力变化

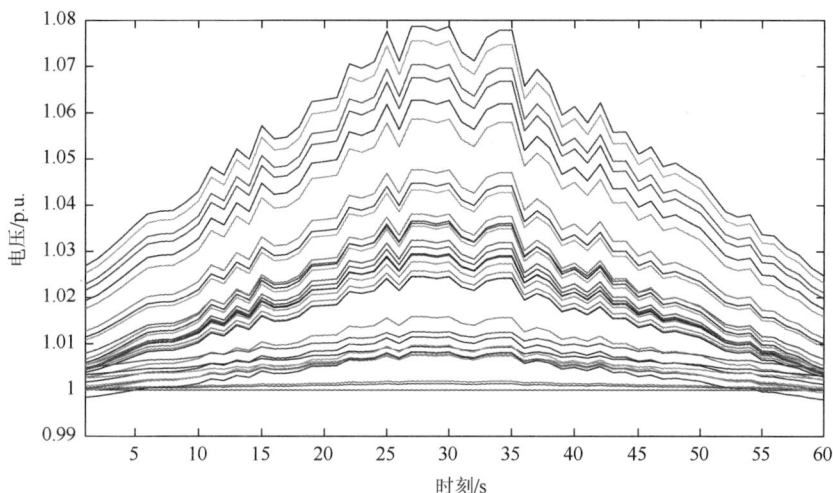

图 4-5　光伏出力波动下系统电压分布

4.2　基于多智能体的配电网就地协同电压控制策略

在本节中，首先建立主动配电网电压优化问题模型，然后将光伏逆变器协同控制问题建模为马尔可夫博弈，并采用基于注意力机制的多智能体双延迟深层确定性策略梯度（multi-agent twin delayed deep deterministic policy gradient，MATD3）算法求解。

4.2.1　电压优化问题建模

1. 系统模型

考虑一个由 $N+1$ 个节点组成的配电网，其中变压器位于节点 0 的位置。$N_0 := \{0\} \bigcup N$ 表示配电网所有节点的集合。对于网络中的某一节点 $i \in N$，P_i 和 Q_i 分别表示该节点注入的有功功率和无功功率，V_i 表示该节点电压的幅值。节点 i 的有功功率 P_i 可以被分解为 $P_i := P_{i,G} - P_{i,L}$，其中 $P_{i,G}$ 表示位于节点 i 的分布式发电装置的有功出力，$P_{i,L}$ 表示节点 i 的负荷有功需求量；同样，节点 i 的无功功率 Q_i 可以被分解为 $Q_i := Q_{i,G} - Q_{i,L}$，其中，$Q_{i,G}$ 表示位于节点 i 的可控装置的无功出力，$Q_{i,L}$ 表示位于节点 i 的负荷的无功需求量。当节点 i 为负荷节点时，$P_{i,G} = Q_{i,G} = 0$；当节点 i 连接有新能源发电装置时，$P_{i,L} \geqslant 0, Q_{i,L} \geqslant 0, P_{i,G} \geqslant 0$。考虑配电网有功和无功潮流约束：

$$P_{i,G} - P_{i,L} = V_i \sum_{j=1}^{N} V_j (G_{ij} \cos \theta_{ij} + B_{ij} \sin \theta_{ij}), \quad \forall i \in N \tag{4-5}$$

$$Q_{i,G} - Q_{i,L} = V_i \sum_{j=1}^{N} V_j (G_{ij} \sin \theta_{ij} - B_{ij} \cos \theta_{ij}), \quad \forall i \in N \tag{4-6}$$

其中，G_{ij} 和 B_{ij} 分别表示连接节点 i 和节点 j 线路的导纳的实部和虚部；θ_{ij} 表示节点 i 和节点 j 之间的相角差。电压越限会触发保护装置动作，因此考虑节点电压约束：

$$V_{i,\min} \leqslant V_i \leqslant V_{i,\max}, \quad \forall i \in N \tag{4-7}$$

其中，$V_{i,\min}$ 和 $V_{i,\max}$ 分别表示节点电压的下限和上限。本章遵循 ANSI C.84.1—2016.中的规定，将电压的下限和上限分别设置为 0.95p.u.和 1.05p.u.。

2. 可控设备模型

配电网中的控制设备通常可以分为两种类型：机械式设备和电力电子设备。机械式设备，如有载调压变压器和并联电容器，响应速度较慢，无法连续调节和运作，因此，无法应对由新能源出力快速变化导致的电压波动。相比之下，电力电子设备的响应速度快，而且可以连续频繁调节，是理想的用于电压调节的控制设备。近年来，安装在配电网中的光伏发电装置通常配备有逆变器。根据 IEEE 1547.8 工作组制定的规范，允许智能逆变器参与配电网无功-电压调节。文献[9]表明，可以通过合理地调节逆变器无功出力来调节电压，提高电能质量。基于以上因素，本章考虑将光伏逆变器作为可控设备，来应对由新能源间歇性造成的电压的快速波动。考虑网络中共接入 m 个光伏发电装置，用 M 表示所有连接有光伏发电装置的节点的集合。对于某一接入光伏发电装置的节点 $j \in M$，$P_{j,PV}$ 和 $Q_{j,PV}$ 分别表示光伏发电装置的有功出力和逆变器的无功出力。由于本章仅考虑光伏发电装置接入配电网，因此，存在 $P_{j,G} = P_{j,PV}$，$Q_{j,G} = Q_{j,PV}$。逆变器无功出力的约束为

$$(P_{j,PV})^2 + (Q_{j,PV})^2 \leqslant (S_{j,PV})^2, \quad \forall j \in M \tag{4-8}$$

其中，$S_{j,PV}$ 表示接入节点 j 的逆变器的容量。逆变器的额定容量通常设置为额定有功容量的 $1.0 \sim 1.1$ 倍[9]，这样可以保证在并网有功达到额定容量时逆变器仍能提供一定的无功支撑。以额定容量为额定有功容量 1.08 倍的逆变器为例，当并网有功功率为额定有功容量时，逆变器最大仍能提供约为额定有功容量 40%的无功功率，从而保证了逆变器的调节能力。

3. 目标函数

本章电压控制问题的目标是在给定负荷有功功率、无功功率以及光伏有功出力的情况下通过调节逆变器的无功出力来降低网络整体电压偏移：

$$\min_{Q_{j,PV}} F(x) = \sum_{i \in N} |V_i - V_0|, \quad \forall i \in N; j \in M \tag{4-9}$$

其中，V_0 表示电压基准值。

4.2.2　马尔可夫博弈建模

将每个光伏逆变器建模为一个智能体，配电网作为和智能体进行交互的环境。将光伏逆变器的协同控制问题建模为包含 n 个智能体的马尔可夫博弈，其主要由以下部分构成。

状态集：$s_t^i \in S_t$ 表示智能体 i 在时刻 t 获取的局部信息，其中 S_t 表示所有智能体在时刻 t 的状态的集合。在本章中，智能体 i 在时刻 t 的状态 s_t^i 由逆变器连接节点的负荷的有功功率 $P_{i,L}$、无功功率 $Q_{i,L}$ 和光伏出力 $P_{i,PV}$ 三部分构成。

动作集：$a_t^i \in A_t$ 表示智能体 i 在时刻 t 的动作，其中 A_t 表示所有智能体在时刻 t 的动作的集合。在本章中，智能体 i 在时刻 t 的动作是其对应的逆变器的无功出力 $Q_{i,PV}$。

奖励函数：$r_t^i \in R_t$ 表示智能体 i 在时刻 t 执行动作后所得的奖励。在本章中，所有智能体共享同一个奖励值，即 $r_t^i = -\sum_{j=1}^{N} |V_j - V_0| - \eta$，其中，$\eta$ 表示当节点电压存在越限时的罚项。

在某个时刻，每个智能体根据局部观测信息 s_t^i 做出决策 a_t^i，当所有动作执行完后，每个智能体获取一个即时奖励 r_t^i，然后系统转移到下一个状态。这是一个完整的马尔可夫博弈。在求解马尔可夫博弈的过程中，每个智能体的目标通过学习局部观测信息 s_t^i 到动作 a_t^i 之间的映射来最大化其获取的奖励值。

4.2.3　基于注意力机制的 MATD3 算法

为了协调调度系统中的光伏逆变器，本章采用 MATD3 算法求解马尔可夫博弈，并引入注意力机制提高智能体间的协同性。每个智能体都是由动作函数 μ_i 和评价函数 Q_i 构成的，其中，动作函数又称为策略函数，学习的是状态 s_t^i 到动作 a_t^i 之间的映射；评价函数基于全局信息 (S_t, A_t) 对智能体的动作做出评价[10]。动作函数和评价函数相互对抗训练，使得动作函数学到更好的电压控制策略的同时评价函数可以提供更准确的判断。

1. 基于注意力的评价函数

对于智能体 j，其评价函数 $Q_j(\cdot)$ 的输入是全局的状态信息 S_t 和所有智能体的动作 A_t，输出的是智能体 j 当前的动作价值[11]。为解决配电网中的不确定性，引入神经网络作为函数逼近器来拟合评价函数：

$$Q_j(S_t, A_t) = g_j(S_t, A_t) = g_{j,l}(\cdots g_{j,1}(S_t, A_t)) \tag{4-10}$$

$$g_{j,i} = \sigma(W_i^c * o_{i-1} + b_i^c), \quad i = 2,3,\cdots,l \tag{4-11}$$

其中，$g_j(\cdot)$ 表示使用神经网络拟合的智能体 j 的评价函数；$g_{j,i}$ 表示第 j 个智能体的评价网络中的第 i 层映射关系；W_i^c 和 b_i^c 分别表示该评价网络第 i 层神经元的权重和偏置；σ 表示激活函数；o_{i-1} 表示第 $i-1$ 层神经元的输出。从而，评价函数被神经网络参数化表示，其待优化的参数集合为 $\theta^{c_j} = \{W_1^c, b_1^c, \cdots, W_l^c, b_l^c\}$。

对于多智能体，问题的复杂度通常随着智能体数量的增多呈指数级增长。因此，当要控制的智能体数量较多时，多智能体深度强化学习方法面临巨大的挑战。为此，本章提出基于注意力机制的评价函数。首先把每个智能体的 (s_t^j, a_t^j) 输入到编码函数中，得到 $f_j(s_t^j, a_t^j)$，然后将其输入到注意力模型中[12]：

$$e_t^j = \sum_{i \neq j} \alpha_t^i \cdot u_t^i = \sum_{i \neq j} \alpha_t^i \cdot \text{ReLU}(T \cdot f_i(s_t^i, a_t^i)) \tag{4-12}$$

其中，e_t^j 表示注意力模型的输出，是其他智能体贡献的加权和；ReLU 表示激活函数；T 表示线性转换矩阵；α_t^i 表示注意力权重，通过比较智能体 i 的嵌入函数输出 $f_i(s_t^i, a_t^i)$ 和智能体 j 的嵌入函数输出 $f_j(s_t^j, a_t^j)$ 而得到[12]：

$$\alpha_t^i \propto \exp((f_i(s_t^i, a_t^i))^{\mathrm{T}} W_k^{\mathrm{T}} W_q f_j(s_t^j, a_t^j)) \tag{4-13}$$

其中，W_k 和 W_q 是变换矩阵。将计算的相似度送入一个 softmax 函数中即可计算出注意力权重 α_t^i。注意力模型中待优化的参数集合为 $\theta^a = \{W_k, W_q, T\}$。基于注意力机制的评价网络包括的参数集合 θ^{Q_j} 包含两部分，即评价网络的参数 θ^{c_j} 和注意力模型的参数 θ^a，这些参数通过最小化以下损失函数来更新[12]：

$$L(\theta^{Q_j}) = (Q_j(f_j(s_t^j, a_t^j), e_t^j) - y)^2 \tag{4-14}$$

$$y = r_t^j + \gamma Q_j(f_j(s_{t+1}^j, a_{t+1}^j), e_{t+1}^j)\big|_{a_{t+1}^j = p_i(s_{t+1}^j)} \tag{4-15}$$

其中，y 表示目标值。评价网络通过最小化动作价值 $Q_j(\cdot)$ 和目标价值之间的距离来更新。

然而，用于计算目标 y 值的评价网络在训练过程中不断更新参数，导致目标值"不固定"，从而导致训练不稳定。为此，目标评价函数 $Q_j'(\cdot)$ 被引入以稳定算法训练过程。同时，为了解决基于动作-评价框架的深度强化学习方法由函数拟合误差导致的过估计问题，引入双评价网络 $(Q_{j,1}, Q_{j,2})$ 来计算目标值 y[13]。于是，式（4-15）被改写为[13]

$$y = r_t^j + \gamma \min_{n=1,2} Q_{j,n}'(f_j(s_{t+1}^j, a_{t+1}'^j), e_{t+1}^j)\big|_{a_{t+1}^j = p_i'(s_{t+1}^j)} \tag{4-16}$$

其中，$Q_{j,n}'(\cdot)$ 表示智能体 j 的第 n 个目标网络。

具体的实现代码如下：

```
(1)     def Attention Critic(self, obs_n, act_n):
(2)         encoders=[]
(3)         for i in range(self.n_agent):
(4)             obs_a_i=tf.concat([obs_n[i], act_n[i]], axis=-1)
(5)             encoder=tf.layers.dense(obs_a_i,self.hidden_dim,
(6)                        name='encoder%d'%i,
(7)                        activation=tf.nn.relu,
(8)                        kernel_initializer=self.initializer)
(9)             encoders.append(encoder)
(10)        self.atten_dim=self.hidden_dim // self.atten_heads
(11)        all_head_queries=[]
(12)        all_head_keys=[]
(13)        all_head_values=[]
(14)        for i in range(self.atten_heads):
(15)            all_head_queries.append(self.single_head_get_
                   all_agentQuery(
(16)               ith_head=i, encoders=encoders,n_agent=self.
```

```
(17)                     n_agent,
                         initializer=None))
(18)            all_head_keys.append(self.single_head_get_
                all_agentKey(
(19)               ith_head =i, encoders=encoders, n_agent=
(20)                 self.n_agent, initializer=None))
(21)            all_head_values.append(self.single_head_get_
                all_agentValue(
(22)               ith_head=i, encoders=encoders, n_agent=
                   self.n_agent,
(23)               initializer=None))
(24)         all_agent_all_head=[[] for i in range(self.n_agent)]
(25)         for head_th, curr_head_queries, curr_head_keys,
             curr_head_values
(26)            in zip( range(len(all_head_queries)),
(27)            all_head_queries,
(28)            all_head_keys,
(29)            all_head_values):
(30)            for i, Query_i in enumerate(curr_head_queries):
(31)                Query_i=tf.reshape(Query_i,[-1,1,self.
                    atten_dim])
(32)                Keys_j=[curr_head_keys[j]  for j in range
                    (self.n_agent)
(33)                  if j != i]
(34)                Keys_j=tf.transpose(Keys_j, [1,2,0])
(35)                Values_j=[curr_head_values[j]  for j in
                    range(self.n_agent)
(36)                  if j != i]
(37)                Values_j=tf.transpose(Values_j, [1,2,0])
(38)                first_matmul=tf.matmul(Query_i,Keys_j)
(39)                scale_first_matmul=first_matmul/tf.
                    sqrt(tf.cast(
(40)                  self.atten_dim, tf.float32))
(41)                softmax_scale=tf.nn.softmax(scale_first_
                    matmul, axis=-1)
(42)                xi=tf.reduce_sum(softmax_scale * Values_j,
                    axis=-1)
(43)                all_agent_all_head[i].append(xi)
```

```
(44)        Q_n=[]
(45)        for i in range(self.n_agent):
(46)            output=tf.layers.dense(tf.concat([encoders[i],
(47)                *all_agent_all_head[i]], axis=-1), self.
                    hidden_dim,
(48)                activation=tf.nn.relu)
(49)            output=tf.layers.dense(output, self.hidden_dim,
(50)                activation=tf.nn.relu)
(51)            Qi=tf.layers.dense(output, 1)
(52)            Q_n.append(Qi)
(53)        return Q_n
```

2. 动作函数

动作函数又被称为策略函数，它根据观测到的局部信息 s_t^j 做出决策 a_t^j，试图最大化评价网络的输出。采用神经网络来拟合动作函数，则有

$$a_t^j = p_j(s_t^j) = p_{j,l}\left(\cdots p_{j,1}(s_t^j)\right) \tag{4-17}$$

$$p_{j,i} = \sigma(W_i^a * o_{i-1} + b_i^a), \quad i = 2,3,\cdots,l \tag{4-18}$$

其中，$p_j(\cdot)$ 表示使用神经网络拟合的智能体 j 的动作函数；$p_{j,i}$ 表示第 j 个智能体的动作网络中的第 i 层映射关系；W_i^a 和 b_i^a 分别表示该动作网络第 i 层神经元的权重和偏置；o_{i-1} 表示第 $i-1$ 层神经元的输出；σ 表示激活函数。从而，动作函数被神经网络参数化表示，其待优化的参数集合为 $\theta^{\mu_j} = \{W_1^a, b_1^a, \cdots, W_l^a, b_l^a\}$。策略网络的参数根据策略梯度进行更新：

$$\nabla_{\theta^{\mu_j}} J(\theta^{\mu_j}) = E_{S_t, A_t \sim D}\left(\nabla_{\theta^{\mu_j}} p_j(a_t^j \mid s_t^j) \nabla_{a_t^j} Q_j(f_j(s_t^j, a_t^j), e_t^j)\big|_{a_t^j = p_j(s_t^j)}\right) \tag{4-19}$$

具体实现代码如下：

```
(1)    def choose_actions(self, obs_n):
(2)        action_n=[]
(3)        for i in range(self.n_agent):
(4)            action_i=self.sess.run(self.act_n_ph[i],
(5)                feed_dict={ self.obs_n_ph[i]: obs_n[i]
                    [None,:]})[0]
(6)            action_n.append(action_i)
(7)        return action_n
```

3. 记忆回访机制

深度神经网络要求输入数据间独立同分布，而强化学习的数据通常具有高度的相关性，

这会导致神经网络训练过程的不稳定甚至发散。为此，引入记忆回访机制打破数据间的相关性。在训练的过程中，每个智能体不断地把自身和环境交互得到的经验数据 $(s_t^j, a_t^j, r_t^j, s_{t+1}^j)$ 存入自己的记忆库中，在更新参数时，从记忆库中随机地抽取一定数量的数据用来计算梯度以更新神经网络参数。这种方法可以打破数据间的相关性，保证神经网络训练过程的稳定。

具体实现代码如下：

```
(1)    def store_memory(self, i_th, obs, act, reward, obs_next):
(2)        reward=np.array([reward])
(3)        one_step_memory=np.concatenate([obs, act, reward,
(4)          obs_next], axis=-1 )
(5)        index=self.pointer % self.memory_sizes
(6)        self.memory[int(i_th)][int(index)]=one_step_memory
(7)        if i_th == self.n_agent - 1:
(8)            self.pointer += 1
```

4.2.4　中心式训练与分布式执行框架

本节所提方法的应用可以分为两步：中心式训练和分布式执行。在训练过程中，每个智能体包含动作网络和评价网络。动作网络的输入是局部信息，评价网络的输入包含所有智能体的状态和动作信息。动作网络和评价网络输入的这种差异化设计可以使得智能体在训练过程中建模别的智能体的动作行为，这种行为建模可以帮助智能体学习到具有协同性的控制策略。由于中心式训练过程是在离线仿真中完成的，因此可以在不需要任何通信的前提下完成需要的信息交互。

1. 中心式训练

在这个具有 M 个智能体的马尔可夫博弈中，待优化的参数集可以表示为 $\theta = \{\theta_1, \cdots, \theta_M\}$。对于智能体 j，它的待优化参数集可以表示为 $\theta_j = \{\theta^{\mu_j}, \theta^{\mu'_j}, \theta^{Q_j}, \theta^{Q'_j}\}$，其中，$\theta^{\mu_j}$ 和 $\theta^{\mu'_j}$ 分别表示智能体 j 的动作网络和目标动作网络的参数；θ^{Q_j} 和 $\theta^{Q'_j}$ 分别表示注意力评价网络和目标注意力评价网络的参数。所提算法具体训练过程如表 4-1 所示。

表 4-1　所提算法训练流程

算法：所提算法的训练过程
1. 随机初始化所有智能体的评价网络参数 θ^{Q_j} 和动作网络参数 θ^{μ_j}
2. 初始化每个智能体目标网络 $\theta^{Q'_j} \leftarrow \theta^{Q_j}, \theta^{\mu'_j} \leftarrow \theta^{\mu_j}$
3. 回合数 = 1, 2, $\cdots$, H
4.　　获取每个智能体初始状态 s_0^j
5.　　时刻 t = 1, 2, $\cdots$, T
6.　　每个智能体根据 $a_t^j = p_j(s_t^j)$ 做出决策

续表

7.　　执行所有智能体动作 $A_t = (a_t^1, \cdots, a_t^M)$，计算即时奖励 r_t^j，系统转移至下一个状态 s_{t+1}^j

8.　　将交互经验数据 $(s_t^j, a_t^j, r_t^j, s_{t+1}^j)$ 存储到记忆库中

9.　　每个智能体从记忆库中随机抽取数量为 B 的数据

10.　　根据式（4-16）计算 y 值

11.　　根据式（4-14）和式（4-15）更新评价网络参数

12.　　如果 t 能被 d 整除

13.　　　　根据式（4-17）和式（4-18）更新动作网络参数

14.　　　　根据式（4-19）更新目标网络参数

15.　结束

16.　结束

17.　结束

当记忆库存储的数据达到上限时，开始更新神经网络的参数。在每一个时刻，每个智能体都会从自身记忆库中随机抽取一定量的记忆数据 $(s_t^j, a_t^j, r_t^j, s_{t+1}^j)_k$，$k = 1, 2, \cdots, B$，动作网络把局部观测信息 s_t^j 作为输入，通过调节网络参数来最大化动作价值。由抽取的数据计算的策略梯度为

$$\nabla_{\theta^{\mu_j}} J(\theta^{\mu_j}) = \frac{1}{B} \sum_{k=1}^{B} \nabla_{\theta^{\mu_j}} p_j(a_t^j \mid s_t^j) \nabla_{a_t^j} Q_j(f_j(s_t^j, a_t^j), e_t^j)\big|_{a_t^j = p_j(s_t^j)} \tag{4-20}$$

然后动作网络的参数可以通过式（4-21）更新：

$$\theta^{\mu_j} \leftarrow \theta^{\mu_j} + \eta_\mu \nabla_{\theta^{\mu_j}} J(\theta^{\mu_j}) \tag{4-21}$$

其中，η_μ 表示动作网络的学习率。评价网络把全局信息作为输入，包括所有智能体的状态和动作，然后估计动作价值以最小化如下损失：

$$L(\theta^{Q_j}) = \frac{1}{B} \sum_{k=1}^{B} (Q_{j,n}(f_j(s_t^j, a_t^j) e_t^j) - y)^2, \quad n = 1, 2 \tag{4-22}$$

评价网络的参数通过式（4-23）更新：

$$\theta^{Q_j} \leftarrow \theta^{Q_j} + \eta_Q \nabla_{\theta^{Q_j}} L(\theta^{Q_j}) \tag{4-23}$$

其中，η_Q 表示评价网络的学习率。然后，目标网络的参数可以通过缓慢地追踪在线网络的参数来进行更新：

$$\theta^{Q_j'} \leftarrow \tau \theta^{Q_j} + (1 - \tau) \theta^{Q_j'} \quad \theta^{\mu_j'} \leftarrow \tau \theta^{\mu_j} + (1 - \tau) \theta^{\mu_j'} \tag{4-24}$$

其中，$\tau \ll 1$ 表示软更新系数。

2. 分布式执行

当训练完成后，神经网络的参数不再更新，只保留每个智能体的动作网络，其根据局部观测信息就可以做出实时的调度决策。在离线训练过程中采用基于全局信息的评价网络辅助动作网络的学习，使得动作网络在中心式训练过程中完成了对其余智能体行为的建模，从而动作网络在分布式执行过程中仅根据局部信息就可以表现出协同的行为。所提方法分布式执行的流程如表 4-2 所示。

表 4-2　所提方法分布式执行流程

算法：实时无功调度策略
1. 加载每个智能体动作网络的参数 θ^{μ_i}
2. 时刻 $t = 1, 2, \cdots, T$
3.　　智能体 $i = 1, \cdots, N$
4.　　　获取状态信息 s_t^i
5.　　　智能体根据 $a_t^i = \mu_i(s_t^i \mid \theta^{\mu_i})$ 计算动作值
6. 结束
7. 输出所有智能体的动作集合 $A_t = (a_t^1, \cdots, a_t^N)$
8. 结束

4.2.5　案例分析及性能评估

1. 实验设置

本节开展在 IEEE 33 节点系统上的对比实验来评估所提方法的控制效果。系统的拓扑结构及光伏的安装位置如图 4-1 所示。系统允许的节点电压的最大偏移值为 ±5%。光伏发电装置的额定功率为 1.2MW，光伏逆变器的额定容量为 1.2MV·A。光伏发电数据采用四川省小金县一年的历史记录数据。数据被分成训练集和测试集，其中，训练集被用在中心式学习阶段训练多智能体算法，当训练完成后，利用测试集数据在分布式执行阶段评估所提算法控制性能。负荷数据由三部分构成：节点的基准负荷、时间系数和节点的不确定性系数。其中，随机生成 5000 组位于 [0.8,1.2] 之间的不确定系数用来训练，当训练完成后，采用同样的方法生成新的不确定性系数用来测试。本章所提方法共有 6 个智能体，每一个智能体对应一个光伏逆变器。所有的神经网络的结构相同，均包含两层隐藏层，每个隐藏层的神经元个数均设置为 100。所提多智能体控制算法的超参数设置如表 4-3 所示。为了评估所提方法的控制效果，开展和不同类型控制方法的对比实验。对比方法包括：①原始方法，即不对逆变器施加任何无功控制策略，逆变器产生的无功设置为 0；②下垂控制方法，即采用经典的 Q-V 下垂控制策略；③MADDPG 方法，即原始的 MADDPG 方法；④集中式控制策略，即基于全局信息调度逆变器无功出力，采用同样的训练集训练一个基于 SAC算法的智能体，智能体根据整个网络的观测信息协同调度所有光伏逆变器。

表 4-3　所提控制方法参数设置

参数	取值
神经网络的训练批度	32
智能体记忆库容量	48000
折扣因子	0
策略更新频率	2
目标策略平滑系数	0.2
动作网络学习率	0.001
评价网络学习率	0.002
软更新系数	0.001

　2. 性能评估

　　本章所提方法离线训练了 20000 回合以学习无功电压控制策略。每一个回合包含 24 个步长，分别对应一天中的一个时刻。训练过程的累计奖励的变化过程如图 4-6 所示。为了充分探索策略空间，在 1000 回合以前，智能体的动作都是随机选择的，在这个过程中，神经网络的参数保持固定。这些动作和状态、奖励值被存入每个智能体的记忆库以积累经验。当训练到 1000 回合的时候，积累的经验数据存满记忆库，此时，开始更新智能体的神经网络参数。从图中可以看出，在 1000 回合后，智能体获取的累计奖励值逐渐开始上升，在这个过程中，智能体逐渐学会了逆变器无功控制策略。当训练进行到后期时，智能体获取的奖励值在一个固定值附近保持小幅度振荡，表明所提算法逐渐收敛，智能体掌握了降低整体电压偏移的无功控制策略。

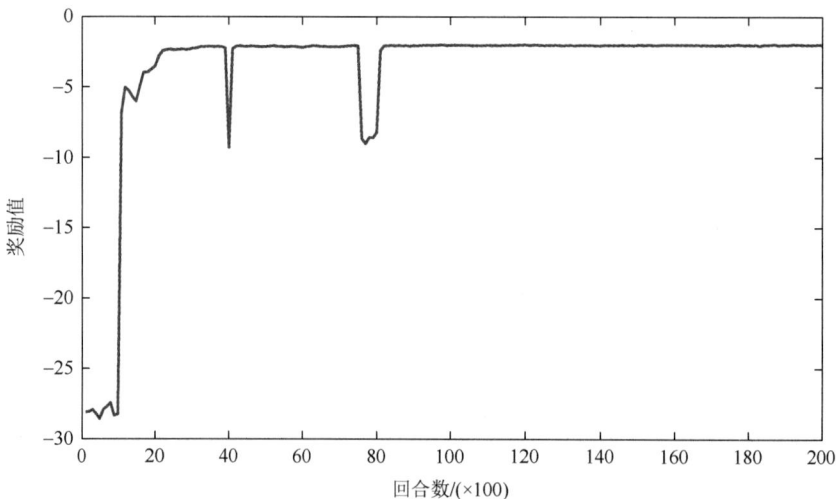

图 4-6　所提方法训练过程收敛图

　　为进一步评估所提方法的控制效果，本节在测试集上开展对比实验。不同控制策略在测试集上得到的平均电压偏移、最大电压升以及最大电压降如表 4-4 所示。从表中可以看出，当不施加任何控制策略时，由于光伏发电注入有功功率导致部分节点电压升高，超过了安全范围。基于 Q-V 的下垂控制策略可以降低整体电压偏移，然而，由于逆变器间缺乏协同性，其无功补偿能力没有充分发挥，该方法无法将电压调节到安全范围内。相比之下，MADDPG 在离线训练过程中采用中心式学习方式，每个智能体在训练过程中对其余智能体的动作行为进行建模，从而在实施阶段可以取得基于局部信息的协同控制。因此，基于 MADDPG 的控制策略可以将电压调整到安全范围并取得了比下垂控制更好的控制效果。本章所提方法引入了注意力机制，使得智能体在离线训练过程中将"注意力"集中在和自身奖励值更相关的信息上，因此控制效果比 MADDPG 有进一步的提升。集中式控制策略取得了最好的控制效果，然而，该方法依赖于完善的通信条件，易受通信时延和单点通信故障的影响，无法实现对逆变器的实时调节。

表 4-4 不同控制策略在 IEEE 33 节点系统测试集上取得的效果

方法	平均电压偏移/%	最大电压升/%	最大电压降/%
原始方法	2.17	7.24	6.70
下垂控制	1.36	6.55	3.81
MADDPG	0.45	4.32	2.50
所提方法	0.23	2.43	1.57
集中式控制	0.17	1.07	1.35

3. 在 IEEE 123 节点系统的测试

为评估所提方法的拓展性，本节在 IEEE 123 节点系统上开展进一步的对比实验。该系统中共配置有 6 台光伏发电装置，分别位于节点 12，19，49，63，84 和 99。光伏发电装置的额定功率为 1.4MW，光伏逆变器的额定容量为 1.4MV·A。不同控制策略在测试集上取得的电压分布如表 4-5 所示。仿真结果表明所提方法可以有效降低整体电压偏移并将电压调节到合理的范围内，验证了所提方法的有效性。

表 4-5 不同控制策略在 IEEE 123 节点系统测试集上取得的效果

方法	平均电压偏移/%	最大电压升/%	最大电压降/%
原始方法	1.40	6.37	4.43
MADDPG	0.64	3.30	3.35
所提方法	0.60	3.48	3.37
集中式控制	0.52	3.32	3.29

4.3 基于智慧分区的配电网分区协同电压控制策略

为实现高比例可再生能源接入下配电网电压的实时优化，本节提出一种基于智慧分区-多智能体的配电网分区协同控制策略，可以在不依赖于集群间通信的情况下实现配电网多集群协同控制。

4.3.1 问题建模

配电网电压优化问题的数学模型为

$$\min_{Q_{i,t}^{PV}, Q_{i,t}^{SVC}} F(x) = \sum_{i \in N} \sum_{t=1}^{T} |V_{i,t} - V_0| \qquad (4\text{-}25)$$

$$P_{i,t}^{PV} - P_{i,t}^{Load} = V_{i,t} \sum_{j=1}^{N} V_{j,t}(G_{ij,t} \cos\theta_{ij,t} + B_{ij,t} \sin\theta_{ij,t}), \quad \forall i \in N \qquad (4\text{-}26)$$

$$Q_{i,t}^{\text{PV}} + Q_{i,t}^{\text{SVC}} - Q_{i,t}^{\text{Load}} = V_{i,t} \sum_{j=1}^{N} V_{j,t}(G_{ij,t}\sin\theta_{ij,t} - B_{ij,t}\cos\theta_{ij,t}), \quad \forall i \in N \tag{4-27}$$

$$V_{i,\min} \leqslant V_{i,t} \leqslant V_{i,\max}, \quad \forall i \in N \tag{4-28}$$

$$Q_{\min}^{\text{SVC}} \leqslant Q_{i,t}^{\text{SVC}} \leqslant Q_{\max}^{\text{SVC}}, \quad \forall i \in N \tag{4-29}$$

$$(P_{i,t}^{\text{PV}})^2 + (Q_{i,t}^{\text{PV}})^2 \leqslant (S_i^{\text{PV}})^2, \quad \forall i \in N \tag{4-30}$$

式（4-25）表示优化的目标是最小化系统整体的电压偏移；$Q_{i,t}^{\text{PV}}$ 和 $Q_{i,t}^{\text{SVC}}$ 是控制变量，分别表示在时刻 t 位于节点 i 的光伏逆变器和静止无功补偿器的无功功率；$V_{i,t}$ 表示节点 i 在时刻 t 的电压幅值；V_0 表示电压的基准值；N 表示包含系统所有节点的集合。式（4-26）和式（4-27）表示潮流计算的等式约束，其中 $P_{i,t}^{\text{PV}}$ 表示连接在节点 i 的光伏发电装置在时刻 t 的有功注入；$P_{i,t}^{\text{Load}}$ 和 $Q_{i,t}^{\text{Load}}$ 表示在节点 i 的负荷在时刻 t 的有功和无功需求；$G_{ij,t}$ 和 $B_{ij,t}$ 表示连接节点 i 和节点 j 的线路导纳的实部和虚部；$\theta_{ij,t}$ 表示节点 i 和节点 j 之间的相角差。式（4-28）表示节点的电压安全约束，其中 $V_{i,\min}$ 和 $V_{i,\max}$ 分别表示电压的下限和上限。式（4-29）表示静止无功补偿器的无功输出范围，其中 $Q_{\min}^{\text{SVC}}$ 和 $Q_{\max}^{\text{SVC}}$ 分别表示其无功输出的下限和上限。式（4-30）表示光伏逆变器无功功率和有功功率以及容量的关系，其中 S_i^{PV} 表示连接在节点 i 的光伏逆变器的容量。

4.3.2 配电网分区

由潮流计算雅可比矩阵可得如下方程：

$$\begin{bmatrix} \Delta P \\ \Delta Q \end{bmatrix} = \begin{bmatrix} A_{P\delta} & B_{PU} \\ C_{Q\delta} & D_{QU} \end{bmatrix} \begin{bmatrix} \Delta\delta \\ \Delta U \end{bmatrix} \tag{4-31}$$

其中，ΔP 和 ΔQ 分别表示节点注入的有功和无功功率的变化量；ΔU 和 $\Delta\delta$ 分别表示节点电压幅值和相角的变化量；由 $(A_{P\delta}, B_{PU}, C_{Q\delta}, D_{QU})$ 构成的雅可比矩阵表征节点注入的有功和无功功率的变化量与节点电压的幅值及相角变化的关系；通过矩阵变换可得

$$\begin{bmatrix} \Delta\delta \\ \Delta U \end{bmatrix} = \begin{bmatrix} S_{P\delta} & S_{Q\delta} \\ S_{PU} & S_{QU} \end{bmatrix} \begin{bmatrix} \Delta P \\ \Delta Q \end{bmatrix} \tag{4-32}$$

其中，$S_{P\delta}$ 表示单位数量有功功率注入对节点电压相角变化的影响；$S_{Q\delta}$ 表示单位数量无功功率注入对节点电压相角变化的影响；S_{PU} 和 S_{QU} 分别表示单位数量有功、无功功率注入对节点电压幅值的影响。则电压幅值的变化量与有功、无功功率的变化量之间存在如下关系：

$$\Delta U = S_{PU} \cdot \Delta P + S_{QU} \cdot \Delta Q \tag{4-33}$$

其中，$\Delta P = [\Delta P_1, \Delta P_2, \cdots, \Delta P_N]^{\text{T}}$；$\Delta Q = [\Delta Q_1, \Delta Q_2, \cdots, \Delta Q_N]^{\text{T}}$。

本章控制策略旨在通过调节光伏逆变器和静止无功补偿器的无功来调节电压，因此，选用电压-无功灵敏度来表征节点间的电气距离。本章基于谱聚类方法开展配电网分区相关研究。首先采用全连接法构建邻接矩阵 W，其第 i 行第 j 列的元素定义如下：

$$w_{i,j} = w_{j,i} = \sum_{i=1,j=1}^{N} \exp\left(\frac{-\|x_i - x_j\|^2}{2\sigma^2}\right) \tag{4-34}$$

其中，x_i 表示灵敏度矩阵的第 i 行元素；σ 表示用来控制邻接宽度的系数；根据 $w_{i,j}$ 计算度矩阵 D，D 为对角矩阵，其第 i 行的元素为 $d_i = \sum_{j=1}^{n} w_{ij}$。然后，可以根据 $L = D-W$ 计算出拉普拉斯矩阵 L。此时可以将聚类问题转换为图分割问题，其目标函数为

$$F_{Ncut}(A_1, A_2, \cdots, A_k) = \frac{1}{2} \sum_{i=1}^{k} \sum_{m \in A_i, n \in \bar{A}_i} \frac{w_{m,n}}{\mathrm{vol}(A_i)} \tag{4-35}$$

其中，k 表示簇数；A_i 表示聚类结果中的第 i 簇；$\bar{A}_i$ 表示 A_i 的补集；$\mathrm{vol}(A_i)$ 表示 A_i 中所有边的加权和。式（4-35）的目标是最大化每个簇内的相似度。将该优化问题转化为最小化问题：

$$\begin{cases} \arg\min \mathrm{tr}(F^{\mathrm{T}} D^{-1/2} L D^{-1/2} F) \\ \mathrm{s.t.} \quad F^{\mathrm{T}} F = I \end{cases} \tag{4-36}$$

然后求出 $D^{-1/2} L D^{-1/2}$ 的特征值，并将前 k 个特征值对应的特征向量标准化，得到特征矩阵 F，最后采用 k-means 算法对 F 进行聚类即可得到最终的结果。

通过分区，将配电网分成多个子网络，形成同一子网络内节点耦合度高，不同子网络间节点关联性低的分区格局，从而将复杂的集中式优化问题分解为几个规模较小的分布式优化问题，为后续的分布式求解奠定基础。

4.3.3　马尔可夫博弈建模

通过对配电网的分区，将集中式优化问题分解为多个可以并行求解的子问题。把集群电压协同控制问题建模为马尔可夫博弈，其中，每个子网络建模为一个智能体，在每个时刻，每个智能体根据所对应子网络的局部信息做出调度决策。马尔可夫博弈主要包括以下几个组成部分。

S：状态集 S_t 包含了所有智能体的状态。在时刻 t，智能体 j 的状态是子网络 j 的局部观测信息 s_t^j，包括 $(P_{i,t}^{\mathrm{Load}}, Q_{i,t}^{\mathrm{Load}}, P_{i,t}^{\mathrm{PV}})$，其中，$i$ 表示位于子网络 j 中的节点的索引。

A：动作集 A_t 包含了所有智能体的动作。在时刻 t，智能体 j 的动作 a_t^j 是子网络 j 内的可控设备的调度指令，包括 $(\alpha_{i,t}^{\mathrm{PV}}, \alpha_{i,t}^{\mathrm{SVC}})$，据此可以计算出控制变量：

$$Q_{i,t}^{\mathrm{PV}} = \alpha_{i,t}^{\mathrm{PV}} \sqrt{(S_i^{\mathrm{PV}})^2 - (P_{i,t}^{\mathrm{PV}})^2}, \quad -1 \leqslant \alpha_{i,t}^{\mathrm{PV}} \leqslant 1 \tag{4-37}$$

$$Q_{i,t}^{\mathrm{SVC}} = \alpha_{i,t}^{\mathrm{SVC}} Q_{\max}^{\mathrm{SVC}}, \quad -1 \leqslant \alpha_{i,t}^{\mathrm{SVC}} \leqslant 1 \tag{4-38}$$

R：$r_t^j \in R_t$ 表示智能体 j 在执行动作后得到的即时奖励。在本章，所有智能体共享一个奖励值，即 $r_t = -\sum_{i \in N} |V_{i,t} - V_0| + \beta$，其中，$\sum_{i \in N} |V_{i,t} - V_0|$ 表示系统所有节点的电压偏移，β 表示当节点电压越限时的罚项。

在时刻 t，智能体 j 根据子网络 j 的局部观测信息 s_t^j 做出调度决策 a_t^j，当所有智能体

的动作都执行完后，它们获得一个奖励值 r_t，然后系统转移到下一个状态。在这个马尔可夫博弈中，每个智能体通过给出调度指令 a_t^j 以最大化其获取的累计折扣奖励 $\sum_{k=t}^{T} \gamma^{k-t} r_k$，其中 $\gamma \in [0,1]$ 是用来平衡即时奖励和未来奖励的折扣因子。

4.3.4 基于注意力机制的 MATD3 算法

本章提出一种基于注意力机制改进的 MATD3 算法，并用其求解马尔可夫博弈。依据分区结果将每个子网络建模为一个双延迟深层确定性策略梯度（twin delayed deep deterministic policy gradient，TD3）智能体，其中，每个 TD3 智能体都由动作函数和评价函数构成。动作函数又被称为策略函数，它的输入是智能体对应的子网络的局部观测信息 s_t^j，输出是子网络内的可控设备的调度指令 a_t^j；评价函数的输入是全局信息 (S_t, A_t)，输出是一个标量，表示当前状态下该智能体动作的价值。

采用基于中心式训练的多智能体框架，将多个智能体集中训练，在训练过程中，动作函数和评价函数相互辅助学习，评价函数基于全局信息对动作函数的决策给出评判，使得动作函数在学习过程中对别的智能体的行为进行建模，从而使智能体在中心式训练过程中学到了相互协同的控制策略。为了提升 MATD3 算法在处理智能体数量较多场景下的控制效果，引入注意力机制，使智能体在中心式训练过程中学会将"注意力"放在和自身奖励值更相关的信息上，从而提升智能体数量较多时的控制效果。本章所提控制框架如图 4-7 所示。

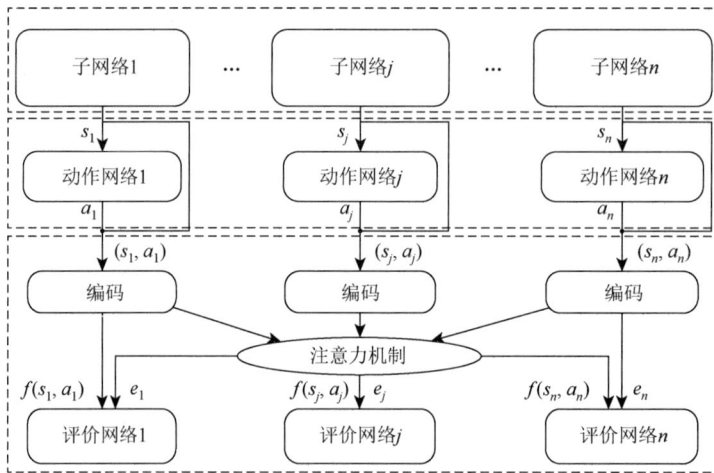

图 4-7 所提基于注意力机制的多智能体方法框架

4.3.5 案例分析

为了验证所提方法的有效性，在标准 IEEE 33 和 IEEE 123 节点系统上开展对比实验。在本节中，首先给出了配电网分区结果，然后通过对比实验论证所提分区协同控制方法的有效性。

1. 实验设置

为了模拟真实的场景，采用四川省小金县一年的真实光伏发电数据开展实验。数据被分成两个部分：训练集和测试集，分别包含 300 天和 10 天的真实数据。可控设备的参数及安装位置如表 4-6 所示。节点电压允许的最大偏移量为 ±5%。控制模型把配电网每个子区域建模为一个智能体，其中，每个智能体都由动作网络和评价网络构成。所有网络都包含两层隐藏层，神经元个数分别设置成 100 和 100，控制模型的超参数设置如表 4-7 所示。

表 4-6　可控装置的参数及安装位置

类型	容量	安装位置
静止无功补偿器	0.3Mvar	5，10，30
光伏发电装置/逆变器	0.8MW/0.8MV·A	15，18，22，24，27，33

表 4-7　所提方法的参数设置

参数	取值
训练神经网络的批度大小	32
记忆库容量	48000
折扣因子	0
软更新系数	0.001
策略更新频率	2
目标策略平滑系数	0.2
动作网络学习率	0.001
评价网络学习率	0.002

2. 分区结果对控制算法性能的影响

根据谱聚类算法获得配电网分区结果后，所提多智能体方法依据分区结果建模，然后在训练集上训练 25000 回合以学习群内自治、群间协同的电压控制策略。其中，每个回合对应从训练集中随机抽取的一天。训练过程的收敛曲线如图 4-8 所示。在训练的前 2000 回合，智能体随机给出决策以充分探索动作空间，同时，探索经验被存到记忆库中以积累经验。在这个阶段，神经网络的参数没有进行更新。由于随机的决策控制效果较差，因此在前 2000 回合智能体获取的累计奖励值较低。在 2000 回合后，智能体开始更新网络参数，可以看出在这个阶段智能体获取的累计奖励值在逐渐升高，表明智能体逐渐学习到了控制逆变器和静止无功补偿器的方法以降低整体电压偏移。随着训练的进行，累计奖励值逐渐收敛到–0.96 附近，表明智能体逐步掌握了降低电压偏移的方法。

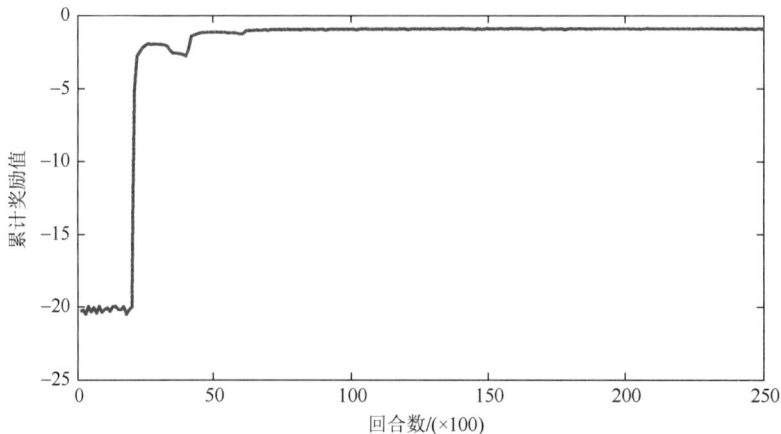

图 4-8 所提方法训练过程累计奖励值变化

在不同分区结果下，所提方法和基于 MADDPG 的方法在测试集上取得的效果如表 4-8 所示。MADDPG 把每个子网络建模为一个 DDPG 智能体，采用中心式训练、分布式执行的多智能体框架训练多个智能体，其网络的结构和超参数与本章所提方法一致。由于多智能体环境的复杂度随着智能体个数的增多呈指数级增长，因此 MADDPG 的控制效果随着子分区个数的增多而逐渐降低。然而，本章所提方法中引入的注意力机制可以帮助智能体将"注意力"更多地放在和自身控制目标相关的信息上，使得其可以在智能体数量增多时保持稳定的控制效果。因此，本章所提方法在实际应用中具有更高的灵活度，可以更好地应对因不同需求而产生的不同分区结果。在后面内容中，选择当分区数为 6 时的情况来分析各种控制方法的性能，分区结果如图 4-9 所示。

表 4-8 当分区数不同时不同控制策略下测试集的平均电压偏移

分区数	MADDPG/%	所提方法/%
3	0.13	0.13
4	0.13	0.13
5	0.14	0.13
6	0.17	0.13

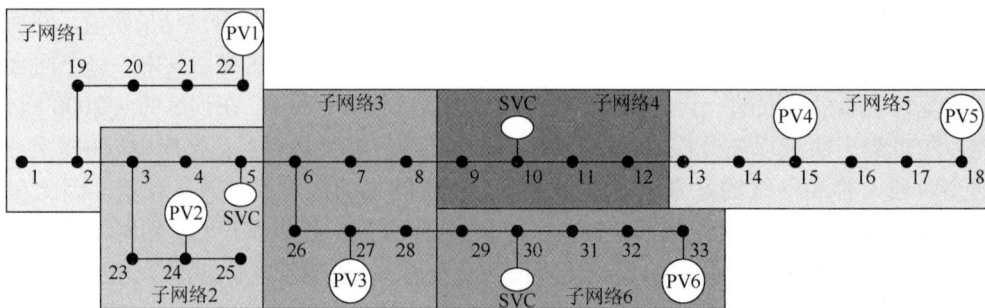

图 4-9 IEEE 33 节点系统拓扑及分区结果图

3. 分布式控制策略性能评估

为了验证所提方法的有效性，将所提方法和不同的控制策略在测试集上的效果进行了对比，对比方法包括：①原始方法，即不施加任何无功控制的策略；②TD3-D 方法，即把每个子分区建模为一个 TD3 的智能体，每个智能体的目标是最小化对应的子区域的电压偏移，每个智能体先后单独完成训练且智能体间不存在信息交互；③MADDPG 方法，即把每个子分区建模为一个 DDPG 智能体，并基于中心式训练，对分布式执行的多智能体框架进行训练；④随机规划，采用基于场景削减的随机规划，根据变量的分布首先生成 300 组场景，然后利用场景削减技术从中选出 20 组场景；⑤集中式控制方法，即假设已知所有变量的真实值，然后基于中心式优化方法求解确定性最优潮流，该方法的解作为比对的基准值。

不同方法在测试集上取得的效果如表 4-9 所示，包含平均电压偏移、最大电压升和最大电压降，以及各种方法的所属控制框架类型。从表中可以看出，当不开展无功调节时，原始方法的最大电压升和最大电压降均超过了安全范围。TD3-D 方法可以将电压调节到安全的范围，然而，由于每个智能体都是单独训练的，无法形成集群间协同的控制策略，从而无法充分发挥光伏逆变器和静止无功补偿器的无功调节能力，因此，这种方法在测试集上的平均电压偏移以及最大电压升和最大电压降均较高。同样基于局部信息，由于MADDPG 采用了中心式训练，分布式执行的多智能体框架、智能体在中心式训练过程中学会了集群间协同的控制策略，因此，相较于 TD3-D 方法取得了更好的电压控制效果。由于引入的注意力机制能帮助所提方法在中心式训练的过程中学会将更多"注意力"集中在和自身奖励相关的信息上，从而取得更好的集群间协同性，因此，所提方法相较于MADDPG 方法取得了更好的电压控制效果。所提方法和随机规划方法取得了相近的控制效果，由于所提方法基于配电网实时观测信息做决策，因此相对于随机规划方法更能有效地降低因新能源有功注入造成的节点电压升高。基于全局信息的集中式控制策略取得了最好的效果，然而集中式优化的方法依赖于完善的通信设施，对于通信时延的鲁棒性不强，无法应对由新能源发电的间歇性造成的电压的快速波动。相比之下，所提方法基于局部信息就能有效地降低电压偏移，验证了所提方法的有效性。

表 4-9　不同控制策略在测试集上的表现

方法	平均电压偏移/%	最大电压升/%	最大电压降/%	控制类型
原始方法	1.46	5.22	7.11	—
TD3-D	0.77	3.88	2.03	分布式
MADDPG	0.17	1.32	1.25	分布式
随机规划	0.13	1.69	1.24	集中式
所提方法	0.13	0.73	1.25	分布式
集中式控制	0.08	0.55	1.25	集中式

选取测试集中光照充足的一天开展更详细的对比分析。该天的光伏出力以及负荷需求如图 4-10 所示。13:00 时，不同控制策略下得到的系统节点电压分布如图 4-11 所示。从图中可

以看出，当不调节无功控制策略时，节点 17、18 的电压幅值超过了安全上限。TD3-D 方法可以将电压调整到安全范围内，然而，由于缺乏集群间协同，该方法无法充分发挥可控设备的无功调节能力，因此，各节点电压偏移相对较高。由于 MADDPG 和本章所提方法的智能体在中心式训练的过程中对别的智能体的行为进行了建模，因此在实际使用过程中基于局部信息就可以取得更好的集群间协同。注意力机制的引入更进一步提高了所提方法的协同性。所提分布式方法可以取得和基于全局信息的集中式控制相接近的效果，验证了所提方法的有效性。

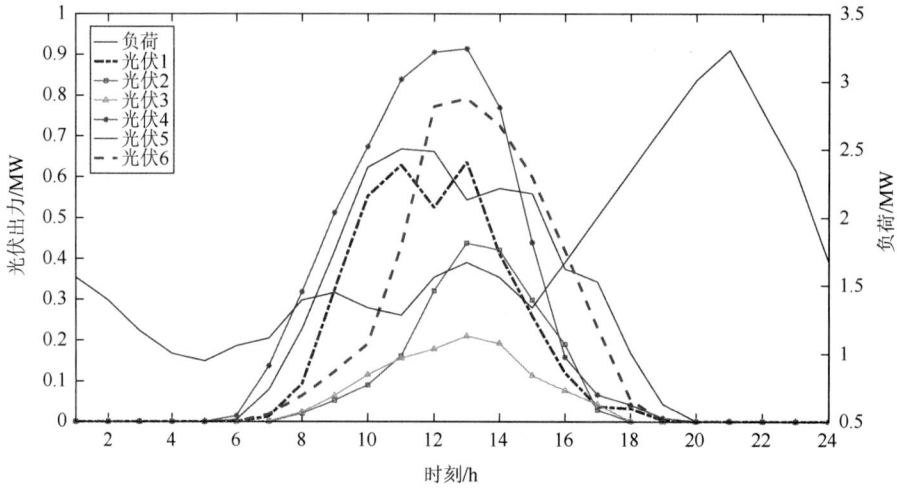

图 4-10　测试集中某天光伏出力和负荷需求量（彩图扫二维码）

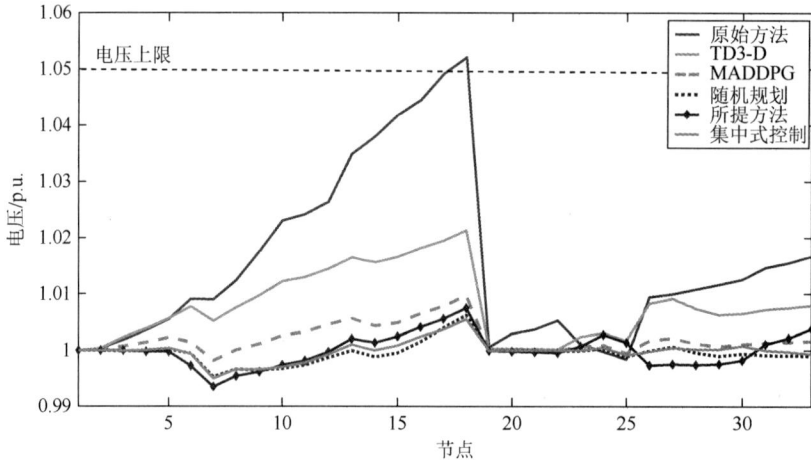

图 4-11　测试集中某天 $t = 13:00$ 时不同控制策略下的电压分布图（彩图扫二维码）

4. 分布式控制策略性能评估考虑光伏出力大幅波动时的测试

为进一步论证所提实时电压控制策略的优势，开展考虑新能源间歇性影响下的对比实验。由于云层的动态变化，光伏出力在一分钟内发生了剧烈的波动，如图 4-12 所示。从图中可以看出，在前 30s 内，光伏的出力从 0.33MW 上升到 0.65MW，然后在 30～60s 又从峰值出力水平回到 0.33MW。不同控制策略下节点 18 的电压分布如图 4-13 所示。由于基于场景的随机规划方法计算量较大，它无法根据最新的状态开展实时的优化，因此该方法采用一个控制策略来应对整个过程的变化。TD3-D、MADDPG 和所提方法均是基于深度强化学习的方法，它们在离线训练阶段学到的控制策略具有泛化能力，在线应用过程中可以根据实时观测的状态信息在几毫秒的时间内做出决策。在本次实验中，这几种方法每秒钟提供一次决策。在该实验中忽略集中式控制的网络通信时延，它的解作为理论最优值参考值。从图 4-13 中可以看出，当不调节静止无功补偿器和光伏逆变器的无功时，节点 18 的电压越限。随机规划的方法可以将电压调节到合理的范围内，然而，由于它不能及时地根据最新的观测信息做出实时的优化，该方法无法调节由光伏出力剧烈变化导致的电压的快速波动。相比之下，由于 TD3-D、MADDPG 和所提方法可以根据最新的状态做出实时的决策，它们能更好地应对新能源出力快速变化造成的电压快速波动。所提方法在中心式训练过程中引入的注意力机制提高了集群间的协同性，因此它取得了比 TD3-D 和

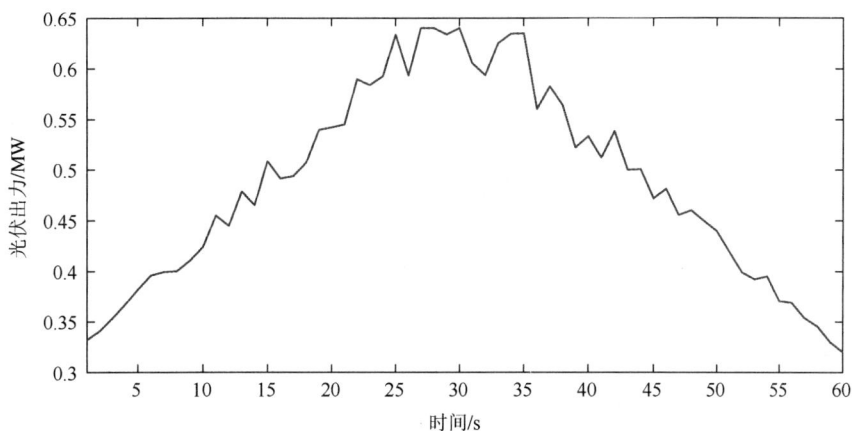

图 4-12　考虑大幅波动下的光伏出力

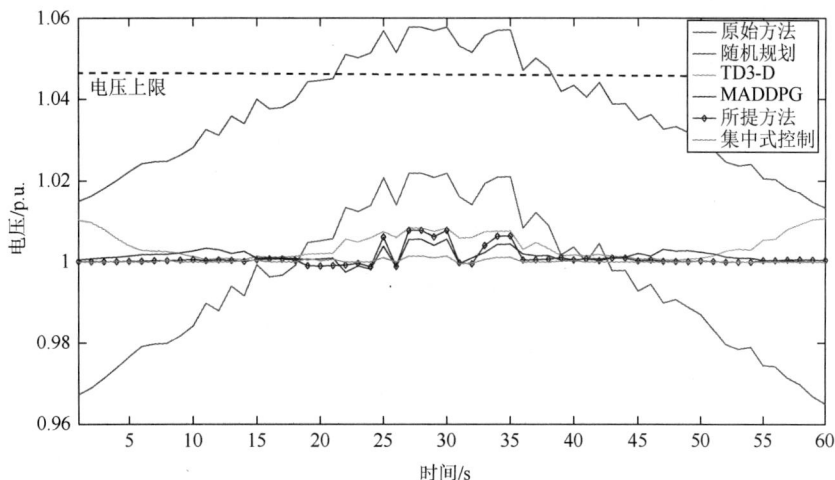

图 4-13　在光伏出力大幅波动时不同控制策略下节点 18 的电压分布（彩图扫二维码）

MADDPG 更好的电压控制效果。集中式控制取得的控制效果最好,然而它忽略了网络通信时延,这在实际中难以实现。

5. 在 IEEE 123 节点系统上的测试

为评估所提方法的拓展性,本节在 IEEE 123 节点系统上开展进一步的对比实验。可控设备的参数设置如表 4-10 所示。在不同分区结果下,MADDPG 和所提方法在测试集上的控制效果如表 4-11 所示。从表中可以看出,MADDPG 的控制性能随着子分区数的增多而明显降低。而本章所提方法由于注意力机制的引入,可以应对在分区数较多时的情况。因此,所提方法在实际应用过程中具有更高的灵活性。该结果和 IEEE 33 节点系统上得到的结果一致。在接下来的实验中,选择当分区数为 8 时的情况来分析各种控制方法的性能,分区结果如图 4-14 所示。

表 4-10　可控装置的参数及安装位置

类型	容量	位置
静止无功补偿器	0.3Mvar	9,35,54,62,68,105
光伏发电装置/逆变器	0.8MW/0.84MV·A	5,12,27,50,65,76,81,83,100,114,118

表 4-11　当分区数不同时不同控制策略下测试集的平均电压偏移

分区数	MADDPG/%	所提方法/%
6	0.60	0.45
7	0.63	0.45
8	0.80	0.46

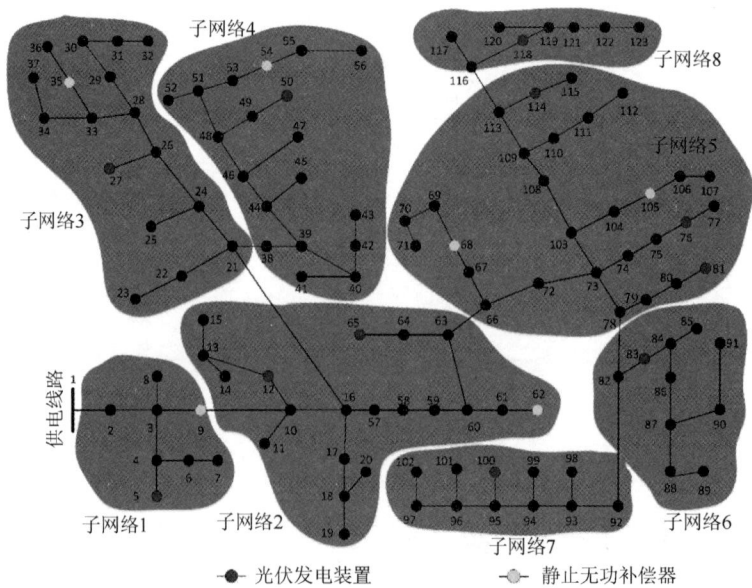

图 4-14　IEEE 123 节点系统拓扑及分区结果图

不同控制方法在测试集上取得的电压控制效果如表 4-12 所示。从表中可以看出，当不调节可控设备的无功时，系统的节点电压最大偏移为 6.21%，超过了安全范围。由于缺乏集群间协同性，在面临大系统且分区较多时 TD3-D 无法将电压调整到合理的范围。MADDPG 方法可以将电压调节到合理的范围，然而相比本章所提方法，其电压偏移较大。本章所提方法由于注意力机制的引入，可以取得更好的电压控制效果，验证了所提方法的有效性。

表 4-12　不同控制策略在测试集上的表现

方法	平均电压偏移/%	最大电压升/%	最大电压降/%	控制类型
原始方法	1.74	6.21	4.33	—
TD3-D	2.94	1.91	8.65	集中式
MADDPG	0.80	2.40	3.01	分布式
本章所提方法	0.46	2.08	2.79	分布式
集中式控制	0.32	1.11	2.90	集中式

4.4　本章小结

本章针对高比例可再生能源接入下的配电网的电压控制问题，开展了基于多智能体深度强化学习、分区策略等的数据驱动型分布式控制策略研究，主要内容包括以下几点。

1. 配电网就地协同电压控制策略

为应对新能源发电的间歇性对配电网电压的影响，本章提出一种适用于通信设施相对落后的配电网就地协同控制策略。将逆变器协同优化问题转化为马尔可夫博弈，每个逆变器建模为一个基于动作-评价框架的深度强化学习智能体，采用中心式训练框架协同训练多个智能体，基于全局信息的评价网络辅助各智能体动作网络学习协同控制策略，并引入注意力机制提高智能体间协同性。完成训练后将智能体分布式部署，每个智能体依据局部观测提供实时的调度策略。多个系统的对比实验表明所提方法可以提高就地控制策略的协同性。同时，所提控制策略可以开展实时优化以应对新能源发电的间歇性造成的电压波动。

2. 配电网分区协同控制策略

为应对高比例可再生能源接入下配电网电压实时优化问题，本章提出一种基于智慧分区-注意力机制-多智能体深度强化学习的配电网分区协同控制策略。基于电压-无功灵敏度构建电气距离，采用谱聚类算法搜寻分区结果，解耦节点间耦合关联，形成区域内节点高内聚，区域间节点低耦合的分区格局。将集群协同优化问题建模为马尔可夫博弈，采用多个智能体依次建模每个子网络，基于中心式框架协同训练，引入注意力机制提高集群间协同性。训练完成后每个智能体根据局部观测信息调度集群内可控设备。多个标准测试系统的对比实验表明，所提方法可以实现在高比例可再生能源接入下电压的实时优化控制，所提基于分区-注意力机制-多智能体的分布式控制策略可以在依据局部信息的情况下实现可控设备的协调控制。

参 考 文 献

[1]　王成山, 李鹏. 分布式发电、微网与智能配电网的发展与挑战[J]. 电力系统自动化, 2010, 34(2): 10-14, 23.

[2]　Mahmud N, Zahedi A. Review of control strategies for voltage regulation of the smart distribution network with high penetration of renewable distributed generation[J]. Renewable and Sustainable Energy Reviews, 2016, 64: 582-595.

[3]　Mokhtari G, Nourbakhsh G, Zare F, et al. Overvoltage prevention in LV smart grid using customer resources coordination[J]. Energy and Buildings, 2013, 61: 387-395.

[4]　Karimi M, Mokhlis H, Naidu K, et al. Photovoltaic penetration issues and impacts in distribution network: A review[J]. Renewable and Sustainable Energy Reviews, 2016, 53: 594-605.

[5]　尤毅, 刘东, 于文鹏, 等. 主动配电网技术及其进展[J]. 电力系统自动化, 2012, 36(18): 10-16.

[6]　赵波, 王财胜, 周金辉, 等. 主动配电网现状与未来发展[J]. 电力系统自动化, 2014, 38(18): 125-135.

[7]　王成山, 孙充勃, 李鹏. 主动配电网优化技术研究现状及展望[J]. 电力建设, 2015, 36(1): 8-15.

[8]　肖浩, 裴玮, 邓卫, 等. 分布式电源对配电网电压的影响分析及其优化控制策略[J]. 电工技术学报, 2016, 31(S1): 203-213.

[9]　蔡永翔, 唐巍, 徐鸥洋, 等. 含高比例户用光伏的低压配电网电压控制研究综述[J]. 电网技术, 2018, 42(1): 220-229.

[10]　Lillicrap T P, Hunt J J, Pritzel A, et al. Continuous control with deep reinforcement learning[C]//International Conference on Learning Representation(ICLR), San Diego, 2015: 1-14.

[11]　Lowe R, Wu Y, Tamar A, et al. Multi-agent actor-critic for mixed cooperative-competitive environments[C]//Proceedings of Advances in Neural Information Processing Systems, Long Beach, 2017: 6379-6390.

[12]　Iqbal S, Sha F. Actor-attention-critic for multi-agent reinforcement learning[C]//Proceedings of International Conference on Machine Learning, Stockholm, 2018: 2961-2970.

[13]　Fujimoto S, van Hoof H, Meger D. Addressing function approximation error in actor-critic methods[J]. arXiv preprint arXiv, 2018: 1802.09477.

第 5 章　人工智能在电动汽车能量管理中的应用

5.1　基于深度强化学习的电动汽车充电策略

近年来，电动汽车（electric vehicle，EV）的发展为减少空气污染和传统碳能源的消耗提供了一种手段，因此电动汽车比传统燃料汽车更适合当前环境[1]。在这种背景下，科学界对电动汽车的兴趣有所增加。现有文献大多关注社会效益，忽略了电动汽车车主的经济效益。根据这一观点，本章的目标是降低单个电动汽车车主的充电成本，促进更多消费者购买电动汽车。由于许多公用事业公司利用时间电价来平缓需求曲线，可以通过优化充放电计划来降低电动汽车车主的充电成本。然而，由于通勤行为和电价的随机性，电动汽车充放电计划面临挑战。因此，需要一种能够克服这一挑战的优化方法。强化学习（reinforcement learning，RL）作为一种新兴的机器学习方法，可以在缺乏初始环境信息的情况下制定良好的控制策略，因此在决策中的应用具有重要价值。

作为最受欢迎的 RL 算法，Q-learning 被应用到了各种领域。Q-learning 的核心是一个动作值矩阵，由状态变量和动作变量组成，其大小决定了 Q-learning 的复杂性。在一些低维状态空间和离散动作空间的情况下，Q-learning 可以达到较好的性能。然而，许多实际应用程序包含大的状态和动作空间，创建多维的动作值矩阵，使训练变得困难。为了解决这一问题，研究人员使用神经网络逼近方法来逼近 RL 中的动作值矩阵。最近，DeepMind 团队成功解决了深度神经网络中近似动作值函数的不收敛和不稳定问题，并将该方法应用于 Atari 和 Go 游戏。这种将深度神经网络与强化学习相结合的方法被称为深度强化学习（deep reinforcement learning，DRL），它具有克服"维数灾难"的优点，并且不需要识别实践中难以获得的系统步骤。基于这些优点，可将基于 DRL 的方法应用于电动汽车充电调度的优化[2]。

5.1.1　DDPG

深度确定性策略梯度（deep deterministic policy gradient，DDPG）[3]是一种基于演员-批评家（actor-critic）框架的确定性策略方法，何为确定性策略呢？一般我们可按唯一状态对应唯一动作与唯一状态对应一个动作分布，前者称为确定性策略，后者称为随机策略。策略梯度（policy gradient）算法就是典型的随机策略方法，策略梯度公式是关于状态和动作的期望，在求期望的时候，需要对状态分布和动作分布求积分，这就要求在状态空间和动作空间采集大量的样本，这样求均值才能近似期望。然而，确定性策略的动作是确定的，给定一个状态后直接由已经训练好的参数网络直接输出，所以如果存在确定性策略梯度，策略梯度的求解不需要在动作空间采样积分。因此，相比于随机策略方法，确定性策略需要的样本数据更小。尤其是对那些动作空间很大的智能体（如多关节机器人），由于动作空间维数很大，如果用随机策略，需要在这些动作空间中大量采样。通常来说，确定性策略方法的效率比随机策略的效率高若干倍，这也是确定性策略方法最主要的优点。

DDPG 由两部分组成，即 critic 以及 actor 部分。critic 部分负责近似动作值函数，Actor 部分负责近似策略函数。critic 与 actor 的联系如下：环境提供状态 s_t 给智能体，智能体的 actor 部分根据接收到的 s_t 输出动作 a_t。当环境接收到动作 a_t 时，环境会返回奖励 r_t 以及新的状态 s_{t+1} 给智能体。然后，智能体必须根据奖励更新 critic，然后根据 critic 的"建议"更新 actor。完成上述步骤后算法移动到下一步，直到 actor 的决策收敛。

在 DDPG 中有四部分神经网络，第一个是包含参数 ω 的 critic 网络 $Q(s, a; \omega)$，第二个是包含参数 ω' 的目标 critic 网络 $Q'(s, a; \omega')$，第三个是包含参数 θ 的 actor 网络 $\mu(s; \theta)$，第四个包含参数 θ' 的目标 actor 网络 $\mu'(s; \theta')$。目标 critic 以及 actor 网络是用来平稳训练过程的。因为 DDPG 是基于确定性策略的算法，为了提升寻优能力，引入了高斯噪声 N 来增强算法在决策空间的探索性能，用数学公式可以表述为

$$a_t = \mu(s; \theta) + N \tag{5-1}$$

在 DDPG 中，动作值函数的目标在于最小化 L_{DDPG}，可以用式（5-2）表示为

$$L_{\mathrm{DDPG}} = \frac{1}{N} \sum_{t=1}^{N} (y_t - Q(s_t, a_t; \omega))^2 \tag{5-2}$$

其中，$y_t = r_t + \gamma Q'(s_{t+1}, \mu'(s_{t+1}; \theta'); \omega')$。

actor 部分参数的更新梯度被定义为

$$\nabla_\theta \mu |_{s_t} \approx \frac{1}{N} \sum_{t=1}^{N} \nabla_a Q(s, a; \omega)|_{s=s_t, a=\mu(s_t)} \nabla_\theta \mu(s; \theta)|_{s=s_t} \tag{5-3}$$

在 DDPG 中，采用了一种基于"软"模式的目标网络参数更新方法；actor-critic 目标网络缓慢跟踪 actor-critic 网络参数。这种参数更新方法可以显著提高学习的稳定性。

$$\omega' = \tau \times \omega + (1 - \tau) \times \omega' \tag{5-4}$$

$$\theta' = \tau \times \theta + (1 - \tau) \times \theta' \tag{5-5}$$

其中，$\tau \ll 1$。

下面将利用 tensorflow 搭建 DDPG 算法，从代码层面加深对于 DDPG 算法的理解。首先导入需要的包，代码如下所示：

```
(1) import tensorflow as tf
(2) import numpy as np
(3) import gym
(4) import time
```

接着定义 DDPG 算法的超参数：

```
(1) MAX_EPISODES=200
(2) MAX_EP_STEPS=200
(3) LR_A=0.001    # learning rate for actor
(4) LR_C=0.002    # learning rate for critic
(5) GAMMA=0.9     # reward discount
(6) TAU=0.01      # soft replacement
(7) MEMORY_CAPACITY=10000
(8) BATCH_SIZE=32
(9) RENDER=False
(10) ENV_NAME='Pendulum-v0'
```

定义算法 DDPG 类的初始化方法：

```
(1)    def __init__(self, a_dim, s_dim, a_bound,):
(2)        self.memory=np.zeros((MEMORY_CAPACITY, s_dim * 2+
           a_dim+1), dtype=np.float32)
(3)        self.pointer=0
(4)        self.sess=tf.Session()
(5)        self.a_dim, self.s_dim, self.a_bound=a_dim, s_dim,
           a_bound,
(6)        self.S=tf.placeholder(tf.float32,[None, s_dim],'s')
(7)        self.S_=tf.placeholder(tf.float32, [None, s_dim],
           's_')
(8)        self.R=tf.placeholder(tf.float32, [None, 1], 'r')
(9)        with tf.variable_scope('actor'):
(10)           self.a=self._build_a(self.S, scope='eval',
               trainable=True)
(11)           a_=self._build_a(self.S_, scope='target',
               trainable=False)
(12)        with tf.variable_scope('critic'):
(13)           q=self._build_c(self.S, self.a, scope='eval',
               trainable=True)
(14)           q_=self._build_c(self.S_, a_, scope='target',
               trainable=False)
(15)        self.ae_params=tf.get_collection(tf.GraphKeys.
           GLOBAL_VARIABLES, scope='actor/eval')
```

```
(16)        self.at_params=tf.get_collection(tf.GraphKeys.
            GLOBAL_VARIABLES, scope='actor/target')
(17)        self.ce_params=tf.get_collection(tf.GraphKeys.
            GLOBAL_VARIABLES, scope='critic/eval')
(18)        self.ct_params=tf.get_collection(tf.GraphKeys.
            GLOBAL_VARIABLES, scope='critic/target')
(19)        self.soft_replace=[tf.assign(t,(1-TAU)*t+TAU * e)
(20)                        for t, e in zip(self.at_params+
            self.ct_params, self.ae_params+self.ce_params)]
(21)        q_target=self.R+GAMMA * q_
(22)        td_error=tf.losses.mean_squared_error(labels=
            q_target, predictions=q)
(23)        self.ctrain=tf.train.AdamOptimizer(LR_C).minimize
            (td_error, var_list=self.ce_params)
(24)        a_loss=- tf.reduce_mean(q)    # maximize the q
(25)        self.atrain=tf.train.AdamOptimizer(LR_A).minimize
            (a_loss, var_list=self.ae_params)
(26)        self.sess.run(tf.global_variables_initializer())
```

定义算法 DDPG 类的 actor 网络的方法，其主要结构为由一层输入层、一层隐藏层、一层输出层组成的全连接神经网络结构，代码具体如下所示：

```
(1)    def _build_a(self, s, scope, trainable):
(2)        with tf.variable_scope(scope):
(3)        net=tf.layers.dense(s, 30, activation=tf.nn.relu,
           name='l1', trainable=trainable)
(4)        a=tf.layers.dense(net, self.a_dim, activation=tf.
           nn.tanh, name='a', trainable=trainable)
(5)        return tf.multiply(a, self.a_bound, name=
           'scaled_a')
```

定义算法 DDPG 类的 critic 网络的方法，其主要结构为由一层输入层、一层隐藏层、一层输出层组成的全连接神经网络结构，代码具体如下所示：

```
(6)    def _build_c(self, s, a, scope, trainable):
(7)        with tf.variable_scope(scope):
(8)        n_l1=30
(9)        w1_s=tf.get_variable('w1_s', [self.s_dim, n_l1],
           trainable=trainable)
(10)       w1_a=tf.get_variable('w1_a', [self.a_dim, n_l1],
```

```
                 trainable=trainable)
(11)         b1=tf.get_variable('b1', [1, n_l1],
                 trainable=trainable)
(12)         net=tf.nn.relu(tf.matmul(s, w1_s)+tf.matmul(a,
             w1_a)+b1)
(13)         return tf.layers.dense(net, 1, trainable=
             trainable)  # Q(s,a)
```

定义算法 DDPG 类的经验回放机制的方法，经验回放机制的作用在于：训练神经网络时，假设训练数据是独立间分布的，但是通过强化学习采集的数据之间存在着关联性，利用存在关联性的数据训练会导致神经网络的不稳定。而利用经验回放机制，将智能体的行动数据存储到"记忆"中，再利用均匀随机采样方法从"记忆"抽取数据对神经网络进行训练，这样可以在一定程度上打破数据之间的关联性，代码具体如下所示：

```
(1)     def store_transition(self, s, a, r, s_):
(2)         transition=np.hstack((s, a, [r], s_))
(3)         index=self.pointer % MEMORY_CAPACITY  # replace the
            old memory with new memory
(4)         self.memory[index, :]=transition
(5)         self.pointer += 1
```

定义算法 DDPG 类的参数更新方法，其中参数更新用到的数据集为随机采样自经验回放池：

```
(1) def learn(self):
(2)         # soft target replacement
(3)         self.sess.run(self.soft_replace)
(4)         indices=np.random.choice(MEMORY_CAPACITY, size=
            BATCH_SIZE)
(5)         bt=self.memory[indices, :]
(6)         bs=bt[:, :self.s_dim]
(7)         ba=bt[:, self.s_dim: self.s_dim+self.a_dim]
(8)         br=bt[:, -self.s_dim - 1: -self.s_dim]
(9)         bs_=bt[:, -self.s_dim:]
(10)         self.sess.run(self.atrain, {self.S: bs})
(11)         self.sess.run(self.ctrain, {self.S: bs, self.a: ba,
        self.R: br, self.S_: bs_})
```

5.1.2　MDP

若想将 DDPG 用于解决优化问题则需要将问题重构为马尔可夫决策过程（markov decision process，MDP）。本章将电动汽车充放电对车主的经济效益问题建模为 MDP，该 MDP 具有有限时间步长的未知转移概率。MDP 是一个四元组 (S, A, R, T)，其中，S 是状态空间，A 是动作空间，R 是奖励函数，T 是状态转换函数。

状态：在时间 t 时，MDP 中的状态表示为 $s_t = (E_t, P_{t-N}, \cdots, P_{t-1})$，其中，$E_t$ 表示电动汽车剩余电池容量，$(P_{t-N}, \cdots, P_{t-1})$ 为 t 时刻前 n 小时电价。

动作：在时间 t 时，动作被表示为 a_t。MDP 的动作定义为充/放电功率，可在 $-\text{Power}_{max} \sim \text{Power}_{max}$ 范围内连续选择，其中 Power_{max} 表示电动汽车充电最大功率。

奖励函数：奖励函数可以表示为

$$\begin{cases} -\gamma \cdot P_t \cdot a_t, & t_{arr} < t < t_{dep} \\ -p_1 \cdot (E_{max} - E_t)^2, & E_t > E_{max}, & t_{arr} < t < t_{dep} \\ -p_2 \cdot (E_{min} - E_t)^2, & E_t < E_{min}, & t_{arr} < t < t_{dep} \\ -p_3 \cdot (E_{max} - E_t)^2, & t = t_{dep} \end{cases} \tag{5-6}$$

其中，$t_{arr} < t < t_{dep}$ 表示电动汽车居家充电时间；$t = t_{dep}$ 表示电动汽车离家时刻；P_t 表示 t 时刻的电价；γ、p_1、p_2、p_3 表示参数。其中，这四个系数的设置是为了确保满足电动汽车车主的电力需求和经济效益，以及电池在安全工作模式下运行。

在居家充电期间，$-\gamma \cdot P_t \cdot a_t$ 表示 t 时刻的充电损耗，$-p_1 \cdot (E_{max} - E_t)^2$ 以及 $-p_2 \cdot (E_{min} - E_t)^2$ 用来确保电池的工作始终是在安全工况下，$-p_3 \cdot (E_{max} - E_t)^2$ 是对未充满电就离家的电动汽车的惩罚项，该设置考虑了电动汽车车主的需求，利用参数 p_3 调整模型的特征以满足不同的电动汽车用户需求。

状态转移函数：状态转移函数可以表示为 $s_{t+1} = T(s_t, a_t)$。在确定性转移部分，a_t 只会影响 E_t 和 E_{t+1} 的关系，可以表述为 $E_{t+1} = E_t + a_t$。在随机转移部分，转移函数具有未知的转移概率，遵循随机条件概率 $P(s_{t+1} | s_t, a_t)$，受电价随机性和电动汽车车主通勤行为的影响。在基于模型的方法中，很难在一个具有随机条件概率的环境下建模。为了解决这一问题，DDPG 可以在不涉及环境动力学模型的情况下，从未标记的实际数据中学习状态转换。

电池充放电行为与电池容量变化细节如图 5-1 所示。

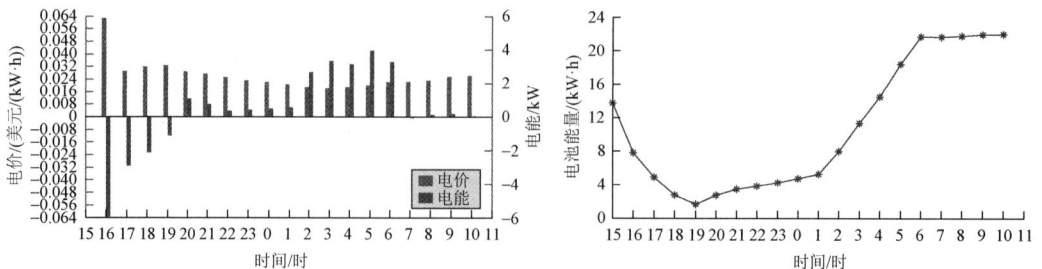

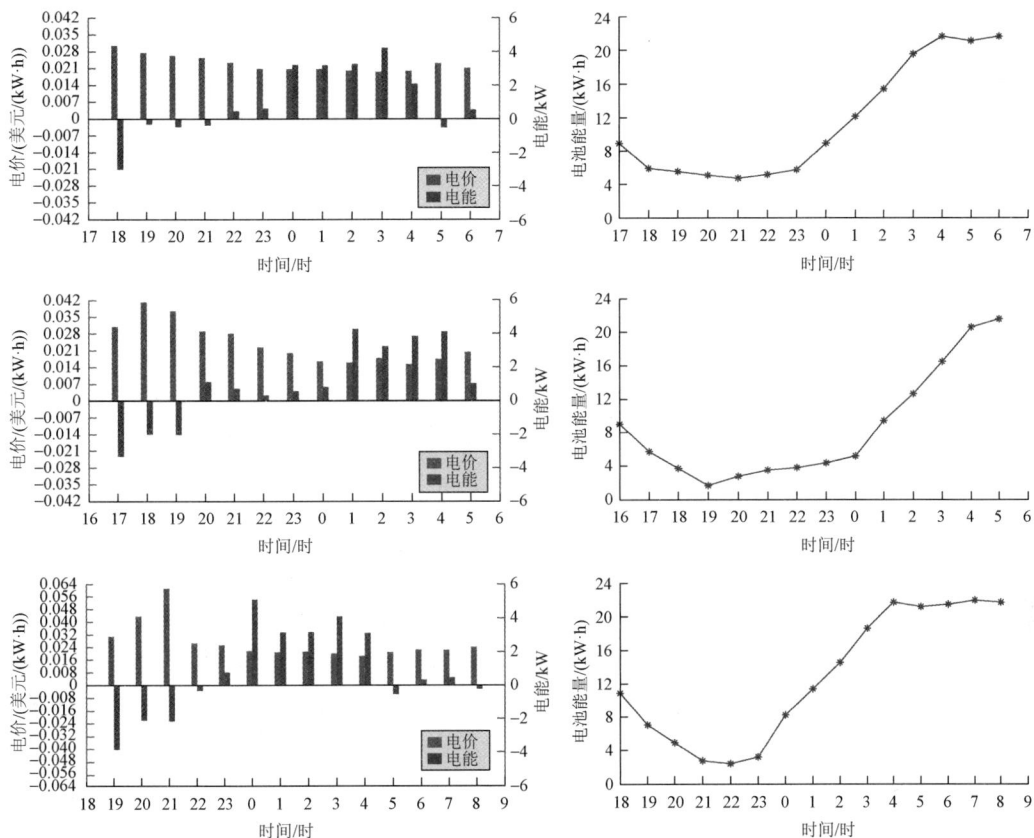

图 5-1　电池充放电行为与电池容量变化细节（彩图扫二维码）

连续四天的电价和充放电行为如图 5-1 所示，以证明所提出方法的有效性。图 5-1 四组图显示了四种不同的随机生成的电动汽车车主的通勤行为。在第一天，电动汽车车主在 15 时回家，此时电池的电量为 13.75kW·h。V2G 时间持续 19 个小时，直到电动汽车车主在第二天 11 时离开家。以类似的方式，如图中所示，分别是在当天 17 时、16 时、18 时到家，到家的时候电池剩余电量分别为 8.91kW·h、9.04kW·h、10.89kW·h，以及在第二天的 7 时、6 时、9 时离开家。在充电的过程中可以观察到，当电价高时，将执行放电动作，而当电价低时，将执行充电动作，这可以保证电动汽车用户充电经济花销的降低。此外，在离开家的时候电池的电量都是处于较为充裕的状态，这可以保证电动汽车在日常通勤行为下所需的电池耗能是能够满足用户要求的。实验结果验证了该方法的有效性。

5.2　基于多智能体深度强化学习的考虑变压器剩余寿命的电动汽车充电策略

随着相关研究的逐步推进，人们认识到电动汽车是减少空气污染和解决传统碳能源消耗问题的可行途径。然而，电动汽车的不断普及给电网带来了许多技术挑战，其中配电网络是最容易受到不受监管的电动汽车充电不利影响的部分[4]。一般来说，电动汽车不规范充电对配电网络造成的负面影响主要有两类：①系统级影响；②设备级影响[5]。系统级影响是指不受监管的电动汽车充电对配电网络系统电能质量和电能损耗的影响。设备级影响表示不受管制的电动汽车充电对配电网络系统资产（例如配电线路和变压器）的影响。本节主要研究设备级影响。

从设备层面来看，变压器是受电动汽车不规范充电影响最大的配电网络资产，因为电动汽车车主主要倾向于在家充电。电动汽车充电不规范的这种负面影响将导致变压器加速老化，必须提前更换变压器，以适应电动汽车负载所需的额外功率峰值。老化是变压器面临的一个严重问题，也是绝大多数变压器故障的主要原因。变压器老化与绕组、套管或有载分接开关、油箱的老化有关，其中绕组老化是指绕组热点温度引起的绝缘材料老化对变压器绝缘寿命的影响，是目前最受关注的研究方向[6]。变压器绝缘寿命的降低通常是指寿命损耗（loss-of-life，LOL），其模型与老化加速因子和正常绝缘寿命有关。电动汽车充电不规范，即缺乏对电动汽车充电的管理，会导致变压器 LOL 的增加。其原因是电动汽车充电不规范会导致变压器在充电高峰时段承受过大负荷，这会导致变压器绕组热点温度急剧升高。变压器绝缘寿命对绕组热点温度敏感，温度过高会导致绝缘材料加速老化，从而降低变压器绝缘寿命。相反，如果电动汽车协调充电管理，变压器 LOL 将大幅降低。在此背景下，考虑电动汽车对变压器 LOL 影响的电动汽车协调充电管理是一个有意义的研究课题。

在本节内容中，每辆电动汽车都被建模为一个智能体，与其他电动汽车协调配合，在充分考虑变压器 LOL 指标的情况下执行充放电决策。

5.2.1 变压器 LOL 模型

根据绝缘退化模型，变压器寿命与绕组热点温度 θ_{hs} 有关。θ_{hs} 被定义为

$$\theta_{hs} = \theta_{amb} + \Delta\theta_{to} + \Delta\theta_{hs} \tag{5-7}$$

其中，θ_{amb} 表示负载周期内的平均环境温度；$\Delta\theta_{to}$ 表示顶油升高随环境温度的变化；$\Delta\theta_{hs}$ 表示绕组热点随顶油温度的升高。

$\Delta\theta_{to}$ 和 $\Delta\theta_{hs}$ 可计算为

$$\Delta\theta_{to} = (\Delta\theta_{to,u} - \Delta\theta_{to,i}) \times (1 - e^{-du/\tau_{to}}) + \Delta\theta_{to,i} \tag{5-8}$$

$$\Delta\theta_{hs} = (\Delta\theta_{hs,u} - \Delta\theta_{hs,i}) \times (1 - e^{-du/\tau_w}) + \Delta\theta_{hs,i} \tag{5-9}$$

其中，du 表示负载 L 的持续时间；$\Delta\theta_{to,u}$ 表示负荷 L 下顶油升高随环境温度变化的极限；$\Delta\theta_{to,i}$ 表示初始状态下顶油相对于环境温度上升的温度；$\Delta\theta_{hs,u}$ 表示当负载为 L 时，绕组的最终热点温度高于顶油温度；$\Delta\theta_{hs,i}$ 表示绕组的初始热点温度高于顶油温度；τ_{to} 与 τ_w 表示系数。

$$\Delta\theta_{to,u} = \Delta\theta_{to,r} \times \left(\frac{K_u^2 R + 1}{R + 1}\right)^n, \quad \Delta\theta_{to,i} = \Delta\theta_{to,r} \times \left(\frac{K_i^2 R + 1}{R + 1}\right)^n \tag{5-10}$$

$$\Delta\theta_{hs,u} = \Delta\theta_{hs,r} \times K_u^{2m} \tag{5-11}$$

$$\Delta\theta_{hs,i} = \Delta\theta_{hs,r} \times K_i^{2m} \tag{5-12}$$

其中，$\Delta\theta_{to,r}$ 是额定负载下超过环境温度的顶部油升；$\Delta\theta_{hs,r}$ 是额定负载下绕组最热点温度高于最高油温的上升；R 是额定负载损耗与空载损耗之比；K_u 是极限荷载与额定荷载之比；K_i 是初始负载与额定负载的比率；n 是经验得出的指数，用于计算 $\Delta\theta_{to}$ 随荷载变化的变化；m 是经验得出的指数，用于计算 $\Delta\theta_{hs}$ 随荷载变化的变化。

为了获得变压器 LOL，得到老化加速因子 F_{AA} 和等效老化因子 F_{EQA} 是必要的。F_{AA} 和 F_{EQA} 可表示为

$$F_{\mathrm{AA}} = \exp\left(\frac{15000}{383} - \frac{15000}{\theta_{hs} + 273}\right), \quad F_{\mathrm{EQA}} = \frac{\sum\limits_{k=1}^{N} F_{\mathrm{AA},k}\Delta t}{\sum\limits_{k=1}^{N} \Delta t} \tag{5-13}$$

其中，N 是总时间间隔数；k 是指数；$F_{\mathrm{AA},k}$ 是第 k 个时间间隔的老化加速系数。

最后，变压器 LOL 定义为

$$\mathrm{LOL} = \frac{F_{\mathrm{EQA}} \times du}{\mathrm{NLL}} \tag{5-14}$$

其中，NLL 表示变压器的正常绝缘寿命。

5.2.2　MADDPG

MADDPG 算法[7]是由单智能体的 DDPG 算法演变而来的多智能体算法，在算法中：①没有假设模型可微分；②智能体间的交流方法可微；③在智能体测试阶段只利用自身观测值行动。在多智能体环境中一个棘手的问题是每个智能体在训练阶段都会改变自身的策略，从而产生了一个不稳定的环境并阻止了记忆回放机制的应用。MADDPG 的想法就是在训练智能体的时候若是知道了其他所有智能体的动作，即使每个智能体的策略都在改变，这个环境对于每个智能体来说依旧是稳定的。这就涉及一个问题：如③所述在智能体测试阶段只利用自身观测值行动，那么这个所有智能体的动作信息如何协助智能体进行有效的训练呢？Q-learning 类型的算法肯定是不可行的，因为此类型算法在训练与测试阶段用到的信息必须相同，既然在训练阶段加入了所有智能体的动作，那么在测试阶段就必须加入所有智能体的动作，这是不可取的。那么还有什么方法在训练阶段与测试阶段所需的信息量是不同的呢？这正是此算法的亮点所在。MADDPG 算法极其巧妙地运用了 actor-critic 结构的特点，在训练阶段对 critic 添加额外信息有效地"引导" actor 的梯度，对 actor 的训练做出了有效的帮助，且智能体在执行阶段只依赖于 actor 对自身观测值的映射就可以有效地做出动作。这个额外信息可以是任意对训练有帮助的信息，如其他智能体的状态与动作信息。上述过程可以总结为集中式训练、分布式执行。集中式训练与分布式执行的意思是在训练阶段可以知道其他智能体的状态、动作等信息，分布式执行的意思是在测试阶段只能获取自身的信息，无法得到其他智能体的信息。

下面将利用 tensorflow 搭建 MADDPG 算法，从代码层面加深对于 MADDPG 算法的理解。

定义算法 MADDPG 类的初始化方法，主要包括初始化参数、初始化记忆回放库、定义 placeholder、初始化 critic 与 actor 网络结构、定义 critic 与 actor 的参数优化函数。

```
(1)      self.sess=tf.Session()
(2)      self.s=tf.placeholder(tf.float32,shape=[None,s_dim],
         name='single_state')
(3)      self.s_next=tf.placeholder(tf.float32,shape=[None,
         s_dim], name='single_state')
(4)      self.x=tf.placeholder(tf.float32,shape=[None, x_dim],
         name='all_state')
(5)      self.x_next=tf.placeholder(tf.float32,shape=[None,
         x_dim], name='all_next_state')
(6)      self.temp_a_n=[tf.placeholder(tf.float32,shape=
         [None, act_dim], name='act'+str(i)) for i in range(n)]
(7)      self.temp_a_next_n=[tf.placeholder(tf.float32,
         shape=[None, act_dim], name='act_next'+str(i)) for i in
         range(n)]
(8)      self.R=tf.placeholder(tf.float32,shape=[None, ],
         name='reward')
(9)      with tf.variable_scope(self.name,reuse=None):
(10)         with tf.variable_scope('actor',reuse=None):
(11)             self.a=self.build_actor(self.s, 128, 'eval',
                 trainable=True)
(12)             self.a_=self.build_actor(self.s_next, 128,
                 'target', trainable=False)
(13)         self.temp_a_n[self.index]=tf.tanh(self.a)
(14)         self.temp_a_next_n[self.index]=tf.tanh(self.a_)
(15)         with tf.variable_scope('critic',reuse=None):
(16)             self.q=self.build_critic(self.x, tf.concat
                 (self.temp_a_n,axis=-1), 128, 'eval',
                 trainable=True)
(17)             self.q=self.q[:,0]
(18)             self.q_=self.build_critic(self.x_next,
                 tf.concat(self.temp_a_next_n,axis=-1), 128,
                 'target', trainable=False)
(19)             self.q_=self.q_[:,0]
(20)         self.ae_params=tf.get_collection(tf.GraphKeys.
             GLOBAL_VARIABLES, scope='agent_%d/actor/eval'%self.
```

```
(21)    self.at_params=tf.get_collection(tf.GraphKeys.
        GLOBAL_VARIABLES, scope='agent_%d/actor/target'
        %self.index)
(22)    self.ce_params=tf.get_collection(tf.GraphKeys.
        GLOBAL_VARIABLES, scope='agent_%d/critic/eval'
        %self.index)
(23)    self.ct_params=tf.get_collection(tf.GraphKeys.
        GLOBAL_VARIABLES, scope='agent_%d/critic/target'
        %self.index)
(24)    self.soft_replace=[[tf.assign(ta, (1 - TAU) * ta+TAU
        * ea), tf.assign(tc, (1 - TAU) * tc+TAU * ec)]
(25)                    for ta, ea, tc, ec in zip(self.at_
                        params, self.ae_params, self.
                        ct_params, self.ce_params)]
(26)    self.q_target=self.R+gamma*self.q_
(27)    c_loss=tf.losses.mean_squared_error(labels=
        self.q_target, predictions=self.q)
(28)    self.ctrain=tf.train.AdamOptimizer(LR_C).minimize
        (c_loss, var_list=self.ce_params)
(29)    a_loss=-tf.reduce_mean(self.q)
(30)    self.atrain=tf.train.AdamOptimizer(LR_A).minimize
        (a_loss, var_list=self.ae_params)
```

定义算法 DDPG 类的 critic 网络的方法，其主要结构为由一层输入层、两层隐藏层、一层输出层组成的全连接神经网络结构，代码具体如下：

```
(1)    def build_critic(self, x, a_n, num_units, scope,
       trainable):
(2)      with tf.variable_scope(scope,reuse=None):
(3)        s_a_pairs=tf.concat([x,a_n],axis=-1)
(4)        outputs=tf.layers.dense(s_a_pairs,num_units,
           activation=tf.nn.relu,name='layer1',trainable=
           trainable)
(5)        outputs=tf.layers.dense(outputs,num_units,
           activation=tf.nn.relu,name='layer2',trainable=
           trainable)
(6)        outputs=tf.layers.dense(outputs,num_units,
```

```
          activation=tf.nn.relu,name='layer3',trainable=
          trainable)
(7)       q_val=tf.layers.dense(outputs,1, activation=None,
          name='q_val',trainable=trainable)
(8)       return q_val
```

定义算法 MADDPG 类的 actor 网络的方法，其主要结构为由一层输入层、两层隐藏层、一层输出层组成的全连接神经网络结构，代码具体如下：

```
(1)  def build_actor(self, s, num_units, scope, trainable):
(2)    with tf.variable_scope(scope,reuse=None):
(3)       outputs=tf.layers.dense(s,num_units, activation=
          tf.nn.relu,name='layer1',trainable=trainable)
(4)       outputs=tf.layers.dense(outputs,num_units,
          activation=tf.nn.relu,name='layer2',trainable=
          trainable)
(5)       outputs=tf.layers.dense(outputs,num_units,
          activation=tf.nn.relu,name='layer3',trainable=
          trainable)
(6)       a=tf.layers.dense(outputs,self.act_dim,
          activation=None,name='action',trainable=
          trainable)
(7)       return a
```

5.2.3 马尔可夫博弈

本节研究了 G 个主体的马尔可夫博弈（Markov game，MG），由元组 (S, A, R, T) 组成，其中 $S = [S^1, \cdots, S^G]$ 代表联合状态集，S^g 代表智能体 g 的状态 s_t^g 的集合；$A = [A^1, \cdots, A^G]$ 代表联合动作集，A^g 代表智能体 g 的动作 a_t^g 的集合；$R = [r^1, \cdots, r^G]$ 代表联合奖励集，对于每个智能体 g，奖励不仅取决于它自己，还取决于所有其他智能体的行为，这与 MDP 在单智能体情况下的奖励不同，这意味着在马尔可夫博弈中，在时间 t 时，有 $r_t^g = r^g(s_t^1, \cdots, s_t^g, \cdots, s_t^G, a_t^1, \cdots, a_t^g, \cdots, a_t^G)$ 而不是 MDP 中的 $r_t^g = r^g(s_t^g, a_t^g)$；$T$ 表示转移函数，用来根据当前状态与动作得到下一个时刻的状态 $T: S \times A \times S \rightarrow [0,1]$。拥有 U 个步骤的回合由 G 主体的状态、动作、奖励和下一个状态的有限序列组成，这个过程可以描述为始于第一个步骤 $s_1^1, \cdots, s_1^G$，$a_1^1, \cdots, a_1^G, r_1^1, \cdots, r_1^G, s_1'^1, \cdots, s_1'^G; \cdots$；终于第 U 个步骤 $s_U^1, \cdots, s_U^G, a_U^1, \cdots, a_U^G, r_U^1, \cdots, r_U^G, s_U'^1, \cdots, s_U'^G$。在拥有 U 个步骤的回合中，智能体 g 的目的是努力学习可以最大化回合奖励的策略 π^g。

（1）状态：在时刻 t，第 g 台电动汽车的状态定义为

$$s_t^g = (\theta_{hs,t}, \ \text{load}_{t-1}^{\text{EV}}, \ \widetilde{P}_t, \ t, \ \text{SOC}_t^g, \ t_{\text{dep}}^g, \ \text{SOC}_{t_{\text{dep}}}^g) \tag{5-15}$$

其中，$\theta_{hs,t}$ 表示 t 时刻的绕组热点温度；$\text{load}_{t-1}^{\text{EV}}$ 表示 $t-1$ 时刻电动汽车的总负荷；$\widetilde{P}_t$ 表示 t 时刻的预测电价；SOC_t^g 表示第 g 台电动汽车 t 时刻电池的荷电状态；$\text{SOC}_{t_{\text{dep}}}^g$ 表示第 g 台电动汽车离家时刻电池的荷电状态。

（2）动作：在时刻 t，第 g 台电动汽车的动作定义为给定状态 s_t^g，动作 a_t^g 表示第 g 个 EV 的充放电功率，即 $a_t^g = \text{power}_t^g$。

（3）奖励函数：

$$\begin{cases} \zeta_t^g = \begin{cases} \text{RA}_{t_{\text{dep}}}^g + C_t^g + \text{BD}_t^g + \dfrac{W_{\text{LOL}}(\text{LOL}_t^{\text{total}} - \text{LOL}_t^{\text{basic}})}{G}, & t = t_{\text{dep}} - 1 \\[3mm] C_t^g + \text{BD}_t^g + \dfrac{W_{\text{LOL}}(\text{LOL}_t^{\text{total}} - \text{LOL}_t^{\text{basic}})}{G}, & t \neq t_{\text{dep}} - 1 \end{cases} \\[5mm] \text{s.t.} \ -\max(\text{power}^g) \leqslant \text{power}_t^g \leqslant \max(\text{power}^g) \end{cases} \tag{5-16}$$

其中，$\text{RA}_{t_{\text{dep}}}^g = W_{\text{ra}} \dfrac{(E_{\max}^g - E_{t_{\text{dep}}}^g)^2}{E_{\max}^g}$ 表示里程焦虑；$C_t^g = P_t \cdot \text{power}_t^g \cdot \Delta t$ 表示电动汽车充电花费；

$\text{BD}_t^g = C^E \left| \dfrac{\gamma}{100} \right| \dfrac{\text{power}_t^g}{E_{\max}^g} \Delta t$ 表示电池损耗；$\text{LOL}_t^{\text{basic}}$ 表示在 $\text{load}_t^{\text{basic}}$ 作用下产生的 LOL；$\text{LOL}_t^{\text{total}}$ 表示在总负荷作用下产生的 LOL；W_{LOL} 是用美元衡量的权重因子，将 LOL 映射到由 LOL 导致的电动汽车车主经济效益的下降。我们将 $\zeta_t^i (i \in [1, G])$ 表述为每个智能体的个体奖励，$\sum\limits_{i=1}^{G} \zeta_t^i$ 表示每个智能体的个体奖励的总和。我们考虑的场景为，在第 g 台 EV 的训练过程中，第 g 个 EV 不仅要考虑自身的奖励，还要考虑整体的收益，因此第 g 台 EV 的奖励函数为 $r_t^g = -\sum\limits_{i=1}^{G} \zeta_t^i$，其中负号的作用在于强化学习的目标为最大化奖励值的方向，因此需要添加负号。

（4）转移函数：对于第 g 台电动汽车，状态转移可以定义为 $s_{t+1}^g = T(s_t^g, a_t^g, \vartheta_t)$。

5.3　基于多智能体深度强化学习的协同电动汽车变压器寿命优化方法

电动汽车被认为是环保的交通工具，因为它们可以减少空气污染和化石燃料消耗。然而，不受监管的充电给电网的运行带来了挑战。电动汽车通常在家充电，故电动汽车充电的主要影响因素将是配电变压器。因此，不受控制的电动汽车充电的负载将主要导致这些变压器过载，并且随着电动汽车渗透率的增加，这种影响将进一步加剧。具体而言，过载可能导致变压器最热点温度升高，材料老化，加速变压器寿命损失。减轻负面影响的一种方法是增强变压器资产。然而，通过增强变压器资产来适应电动汽车的发展是无效的，因为变压器更新的速度慢于电动汽车普及率的当前增长[8]。为了减轻电动汽车充电对变压器的负面影响，一种可行的方法是在空闲时间段（即电动汽车车主将电动汽车连接到电网的时间段）管理电动汽车充电。激励此类需求侧管理计划将有助于减轻对变压器寿命和可靠性的影响，并防止故障发生。因此，有必要制定考虑变压器 LOL 和需求响应套利收益的电动汽车充电策略。此外，用户充电偏好用于表征电动汽车车主的不同充电模式。我们考虑充电焦虑和时间敏感性的结合来代表充电偏好，以缓解电动汽车充电期间不确定事件导致的无法满足车主能量需求的提前停止充电的影响。里程焦虑是衡量电动汽车车主对电动汽车没有足够能量到达目的地的担忧。一个重要的观点是，电动汽车充电管理应结合人类的各种心理。由于不同的个人需求，这些人往往有不同范围的焦虑。为了包含更丰富、更完整的场景，重要的是通过不同的独特数学描述来区分电动汽车车主的里程焦虑。鉴于此，本节考虑了三种里程焦虑的数学描述 $RA_{i=1,2,3}$，并将轻型电动汽车车主的里程焦虑定义如下[9]：

$$RA_1^g = \frac{\left| E_{\max}^g - E_{t_{\text{dep}}}^g \right|}{E_{\max}^g}, \quad RA_2^g = \left(\frac{E_{\max}^g - E_{t_{\text{dep}}}^g}{E_{\max}^g} \right)^2, \quad RA_3^g = \frac{\ell(E_{t_{\text{dep}}}^g) + \left| \ell(E_{\max}^g) \right|}{\ell(0) + \left| \ell(E_{\max}^g) \right|} \quad (5\text{-}17)$$

其中，$E_{\max}^g$ 表示第 g 台 EV 的最大容量；$E_{t_{\text{dep}}}^g$ 表示 t_{dep}^g 时的第 g 台 EV 能量，$E_{\max}^g - E_{t_{\text{dep}}}^g$ 为电池未充电能量的部分；$\ell(E_{\max}^g) = \ln\left(1 / \left(1.01 - (\left| E_{\max}^g - E_{t_{\text{dep}}}^g \right| / E_{\max}^g)^2 \right) \right)$。为了可视化它们的差异，如图 5-2 所示，$RA_{i=1,2,3}$ 随荷电状态（SOC）而变化，其中 $SOC_{t_{\text{dep}}} = E_{t_{\text{dep}}} / E_{\max}$。在图 5-2 中，我们可以给出曲线斜率的绝对值的物理意义，即范围焦虑缓解率（range anxiety relief rate，RARR）。在增加同样小的 $SOC_{t_{\text{dep}}}$ 增量的情况下，RARR 越大意味着里程焦虑的减少越大。RARR 是反映电动汽车车主里程焦虑程度变化的指标。在图中，RA_1 和 $SOC_{t_{\text{dep}}}$ 之间存在线性相关性。这里，恒定斜率表示 RA_1 随着 $SOC_{t_{\text{dep}}}$ 的增加保持恒定的 RARR。恒定的 RARR 意味着 RA_1 型焦虑的 EV 车主随着 $SOC_{t_{\text{dep}}}$ 的增加保持一致的下降关系，其中 RA_2 与 RA_1 不同，因为前者具有动态 RARR。RA_2 在 $SOC_{t_{\text{dep}}} = 0$ 时具有最大的 RARR，并且 RARR 通

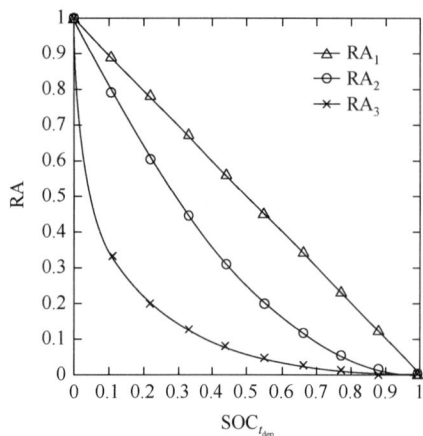

图 5-2 　$RA_{i=1,2,3}$ 与 $SOC_{t_{\text{dep}}}$ 的动态变化

常随着 $SOC_{t_{\text{dep}}}$ 的增加而减小。随着 $SOC_{t_{\text{dep}}}$ 的增加，RARR 会降低，表明当相同的 $SOC_{t_{\text{dep}}}$ 增量作用于小 $SOC_{t_{\text{dep}}}$ 范围时，它可以比作用于大 $SOC_{t_{\text{dep}}}$ 时更显著地减少范围焦虑。与 RA_2 相似，RA_3 也具有动态 RARR，但由于 RA_3 曲线在小 $SOC_{t_{\text{dep}}}$ 范围内具有较大的 RARR，因此 RA_3 的 EV 车主比 RA_2 的车主更容易满足电池能量的充足性。这一差异表明，与 RA_2 型车主相比，RA_3 型车主的日常行驶距离更短，从而需要更少的能量，因此，相同的 $SOC_{t_{\text{dep}}}$ 增量可以在较小 $SOC_{t_{\text{dep}}}$ 范围内对 RA_3 型的车主比 RA_2 型的车主更有效地减少里程焦虑。此外，由于所需的能量较小，较大的 $SOC_{t_{\text{dep}}}$ 对 RA_3 型电动汽车车主的重要性较小，因此在较大 $SOC_{t_{\text{dep}}}$ 的情况下，RA_3 型电动汽车车主的 RARR 小于 RA_2 型电动汽车车主。

如图 5-3 所示的 Q 网络部分，对于每个 $agent_g$，将 s_t^g 和 a_t^g 的数据以串联方式输入

MLP1 后映射输出 e_g。当 $e_i(i \in [1, G])$ 的计算完成后，连接 $[e_1, \cdots, e_G]$ 输入到注意层。注意层背后的思想是使智能体专注于重要信息，并抑制无关细节对决策的影响。注意层的细节如下：该方法采用了多个注意头的机制，即具有 S 个注意头的注意层。每个头部有 6 个可优化参数 w_Q^i、b_Q^i、w_K^i、b_K^i、w_V^i、$b_V^i (i \in [1, S])$，因此所提方法的注意层总参数为 $\underbrace{\{w_Q^1, b_Q^1, w_K^1, \cdots, b_K^S, w_V^S, b_V^S\}}_{6 \times S}$。在计算特定智能体 j 的动作值函数 Q^j 的过程中，每个 head_i 都有相同的输入 $[e_1, \cdots, e_G]$ 与自己的参数 w_Q^i、b_Q^i、w_K^i、b_K^i、w_V^i、b_V^i 计算得到最终的输出 O_i。

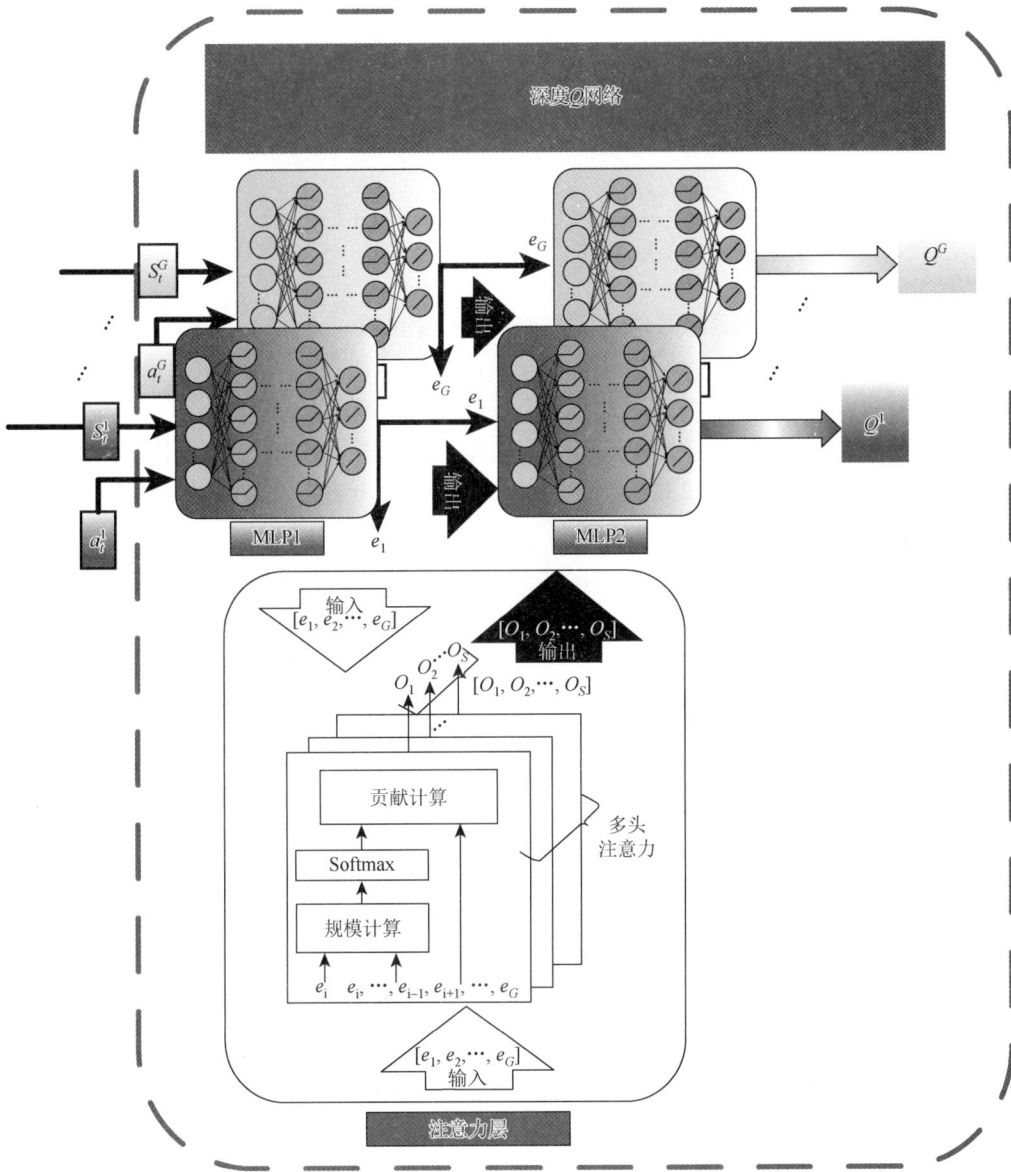

图 5-3　注意力机制结构图

S 头计算完成后，将计算结果拼接为智能体的注意特征 $(O_1, O_2, \cdots)$。注意，虽然每个头部之间的 6 个可优化参数是相互独立的，但所有不同的头部都有相同的输入。这种机制使得头部类似于卷积神经网络中的卷积核的概念。另外需要注意的是，每个 head_i 中的 6 个可优化参数在所有 G 代理中共享，这鼓励了一个通用的嵌入空间。以第 g 个智能体为例，O_i 可以通过以下方式计算。

（1）对于智能体 g 而言，有

$$
\begin{aligned}
I &= \frac{f\left(e_g w_Q^i + b_Q^i, \left[e_1 w_K^i + b_K^i, \cdots, e_G w_K^i + b_K^i\right]\right)}{\sqrt{d_k}} \\
&= \left[\partial_1, \cdots, \partial_{g-1}, \partial_{g+1}, \cdots, \partial_G\right]
\end{aligned}
\tag{5-18}
$$

其中，$f(a, [b, \cdots, z]) = [a \cdot b, \cdots, a \cdot z]$；$d_k$ 表示 w_Q^i 和 w_K^i 的维度；$\sqrt{d_k}$ 用来缩放计算值。

（2）这部分计算了智能体 g 对其他智能体的注意力。智能体 g 对其他智能体的注意权重可以计算为

$$
\omega_j = \frac{\exp(\partial_j)}{\sum\limits_{j=1}^{G} \exp(\partial_j)}, \quad j \in [1, \cdots, g-1, g+1, \cdots, G]
\tag{5-19}
$$

（3）对于智能体 g 而言，其他代理的贡献为权重之和：

$$
O_i = \sum_{j=1}^{G} \omega_j (e_j w_V^i + b_V^i), \quad j \in [1, \cdots, g-1, g+1, \cdots, G], \quad i \in [1, S]
\tag{5-20}
$$

在完成 S 头的计算后，计算结果被连接为智能体 $[O_1, O_2, \cdots, O_S]$ 的注意力特征，并输入到 MLP2。最后，可以通过 MLP2 的输出获得 Q^g，MLP2 是 e_g 和 $[O_1, O_2, \cdots, O_S]$ 串联的映射。每个代理的 Q^g 计算过程相同。

为了测试所提方法对于多用户充电偏好的优化效果，给出实验结果如图 5-4 所示。

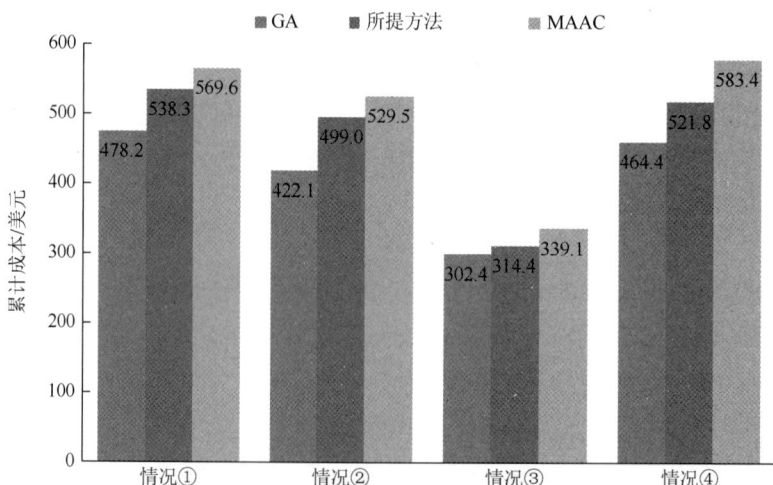

图 5-4　四种情况下三种方法的累计成本（彩图扫二维码）

GA 表示遗传算法；MAAC 表示深度强化多智能体对比算法

本节实验考虑了四种具有相同通勤行为的情况：①其中包括四名电动汽车车主，并利用 RA₁ 来捕捉所有电动汽车车主的里程焦虑效应；②利用 RA₂ 表示所有用户的里程焦虑效应；③其中 RA₃ 用于捕捉所有电动汽车车主的里程焦虑效应；④其中 RA₁、RA₂ 和 RA₃ 分别用于表示 EV1 和 EV4、EV2 和 EV3 的范围焦虑效应。在这四种情况下，通过不同方法获得的累计成本如图 5-4 所示。从图中可以看出，优化结果对里程焦虑函数的选择是敏感的。由于 RA₁ 惩罚值高于 RA₂ 和 RA₃，电池能量比其他情况更丰富，因此变压器 LOL、电池退化和充电成本可能与其他情况有很大不同，这导致在情况①下通过不同方法实现的累计成本通常高于在情况②、情况③和情况④下获得的累计成本。情况③实现了最小的累计成本，但由于 RA₃ 的 RARR 特性，在这种情况下电池通常没有完全充电。所提出的方法总能获得比 MAAC 方法更好的控制性能，并且在所有情况下都更接近于 GA 方法，证明了所提出方法的有效性。

5.4　本章小结

本章以深度强化学习在电动汽车中的应用为例，分别介绍了几种基于深度强化学习的电动汽车充电策略，它们分别应用了单智能体深度强化学习以及多智能体深度强化学习去解决不同情况下的电动汽车充电需求。实验表明，深度强化学习应用于电动汽车充电策略的构建是可行的。

参 考 文 献

[1]　Chapman A J, McLellan B C, Tezuka T. Prioritizing mitigation efforts considering co-benefits, equity and energy justice: Fossil fuel to renewable energy transition pathways[J]. Applied Energy, 2018, 219: 187-198.

[2]　Li S C, Hu W H, Cao D, et al. Electric vehicle charging management based on deep reinforcement learning[J]. Journal of Modern Power Systems and Clean Energy, 2022, 10(3): 719-730.

[3]　Lillicrap T P, Hunt J J, Pritzel A, et al. Continuous control with deep reinforcement learning[C]//Proceedings of ICLR 2016 : International Conference on Learning Representations 2016, San Juan, 2016.

[4]　Gong Q M, Midlam-Mohler S, Serra E, et al. PEV charging control considering transformer life and experimental validation of a 25 kVA distribution transformer[J]. IEEE Transactions on Smart Grid, 2015, 6(2): 648-656.

[5]　Karimi Madahi S S, Nafisi H, Askarian Abyaneh H, et al. Co-optimization of energy losses and transformer operating costs based on smart charging algorithm for plug-In electric vehicle parking lots[J]. IEEE Transactions on Transportation Electrification, 2021, 7(2): 527-541.

[6]　Zhang X, Gockenbach E, Wasserberg V, et al. Estimation of the lifetime of the electrical components in distribution networks[J]. IEEE Transactions on Power Delivery, 2007, 22(1): 515-522.

[7]　Lowe R, Wu Y, Tamar A, et al. Multi-agent actor-critic for mixed cooperative-competitive environments[C]//Proceedings of Advances in Neural Information Processing Systems(NeurIPS), California, 2017: 6379-6390.

[8]　Li S C, Hu W H, Cao D, et al. EV charging strategy considering transformer lifetime via evolutionary curriculum learning-based multiagent deep reinforcement learning[J]. IEEE Transactions on Smart Grid, 2022, 13(4): 2774-2787.

[9]　Li S C, Hu W H, Cao D, et al. A multiagent deep reinforcement learning based approach for the optimization of transformer life using coordinated electric vehicles[J]. IEEE Transactions on Industrial Informatics, 2022, 18(11): 7639-7652.

第6章 人工智能在电力系统低频超低频稳定控制中的应用

绿色与高效发展是我国能源体系建设的未来方向。建设高比例可再生能源接入的新型电力系统，推动能源产业结构优化，能源清洁化、低碳化已经成为未来电力发展的要务。可再生能源将会在能源领域减碳进程中扮演重要角色。近年来，随着可再生能源发电技术的快速发展，可再生能源在电力系统中的占比不断提升，其中又以水电和风电占比最高。大规模风电和水电并网会深刻影响电力系统的动态行为特征，使得电力系统的外送功率、运行工况和安全稳定特性复杂多变，暂态稳定问题突出。特别地，系统中水电出力季节性强，而风电出力存在随机性，两者出力的波动变化、负荷的不确定波动和输电通道上自然灾害频发，使得系统的输送功率、运行方式和安全稳定特性复杂多变，呈现出高维、时变、非线性特性，暂态稳定问题突出，电网抵御功率扰动能力大幅下降，其中低频与超低频振荡问题尤为突出，呈现出多频段振荡的迥异动态特征，严重威胁电力系统安全稳定运行。为此，十分有必要针对可再生能源接入下系统的稳定性展开研究，探究振荡形成机制，分析动态行为特征，提出稳定控制策略，进而提升系统的暂态稳定特性，确保系统的安全稳定运行。

6.1 可再生能源汇集下系统低频超低频稳定分析

随着电网中以风电和水电为代表的可再生能源发电占比不断提升，低频与超低频振荡风险加剧。为此，十分有必要针对上述振荡事件展开机理研究，分析振荡的行为特征以及作用机制，明确振荡产生的缘由，为后续振荡抑制工作的开展提供理论支撑。为此，本节首先基于双馈风机以及同步机的数学动态模型构建双馈风机接入单机无穷大系统数学模型，并采用模态分析法线性化所构建的数学模型，分析系统低频振荡原理，研究系统低频振荡产生的缘由，评估风电接入对于系统稳定产生的影响；随后，构建超低频振荡模型，基于复转矩系数法分析统一频率模型的阻尼特性，探究超低频振荡产生的原理，并基于劳斯判据分析优化调速器 PID 参数抑制超低频振荡的有效性。

6.1.1 风电接入下电力系统低频振荡特征分析与机理

双馈风力发电机（doubly fed induction generator，DFIG）：双馈风机系统的结构图，如图 6-1 所示。

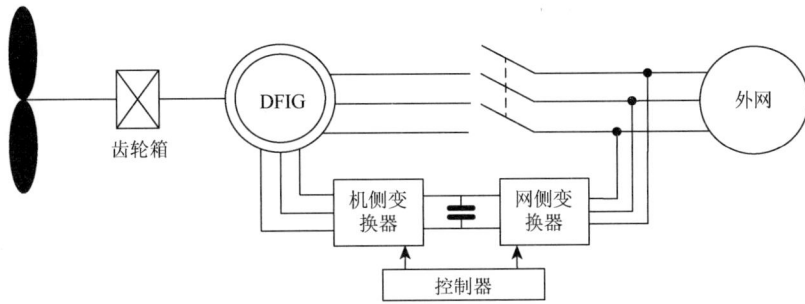

图 6-1　双馈风机结构示意图

（1）机械系统模型：包括空气动力学模型以及传动链模型。根据空气动力学原理，风力机从风中捕捉到的机械功率 P_m 与风能利用系数 C_p 相关，可表示为[1]

$$P_m = 0.5\rho\pi R^2 \upsilon^3 C_p(\beta,\lambda) \tag{6-1}$$

其中，C_p 表示风能利用系数，其同叶尖速比 λ 以及桨距角 β 有关，5MW 以下的风力机可以依据经验表示为

$$C_p = 0.645\left(\frac{116}{\lambda_i} - 0.4\beta - 5\right)\exp\left(-\frac{21}{\lambda_i}\right) + 0.00912\lambda \tag{6-2}$$

$$\frac{1}{\lambda_i} = -\frac{1}{\lambda + 0.08\beta} - \frac{0.035}{\beta^3 + 1} \tag{6-3}$$

叶尖速比 $\lambda = \omega_m R / v$，ω_m 为机械转速。风力机组的机械转矩可描述为

$$T_m = P_m / \omega_m = 0.5\rho\pi R^2 \upsilon^3 C_p(\beta,\lambda) / \omega_m \tag{6-4}$$

传动链是用来连接风力机及发电机的，在实际双馈风机系统中由于风力机的转速一般比较低，故采用一个齿轮箱实现风力机轴与发电机轴的连接，在动态研究中通常把风机的轴系视为两质量块模型，具体描述如下：

$$\begin{cases} 2H_t\dfrac{\mathrm{d}\omega_r}{\mathrm{d}t} = T_m - K\theta_{tg} - D(\omega_r - \omega_g) \\[2mm] 2H_g\dfrac{\mathrm{d}\omega_g}{\mathrm{d}t} = K\theta_{tg} + D(\omega_r - \omega_g) - T_e \\[2mm] \dfrac{\mathrm{d}\theta_{tg}}{\mathrm{d}t} = K_{tg}\omega_g(\omega_r - \omega_g) \end{cases} \tag{6-5}$$

其中，K 表示轴系刚性系数；D 表示阻尼；H_t 表示风力机的惯性时间常数；H_g 表示双馈异步发电机的惯性时间常数；θ_{tg} 表示轴系转矩角；T_m 和 T_e 分别表示风力机的输出转矩以及双馈异步发电机的电磁转矩；ω_r 表示风力机的角速度；ω_g 表示双馈异步发电机的角速度；K_{tg} 表示齿轮箱的齿轮比。

（2）双馈感应发电机：为了能够在时变风速条件下获得恒定频率的输出电流，双馈感应发电机的定子绕组与主电网直接相连，转子绕组经交直交变换器与主电网相连，以期望得到不同频率与幅值的励磁电流。若选定暂态电抗后电动势以及定子 dq 轴电流为状态变量，则双馈感应发电机的动态方程可表示为[2]

$$
\begin{cases}
\dfrac{\mathrm{d}i_{qs}}{\mathrm{d}t} = -\dfrac{\omega_{el}R_l}{\omega_s L_s}i_{qs} + \omega_{el}i_{ds} + \dfrac{\omega_{el}\omega_r}{\omega_s^2 L_s}e_{qs}' - \dfrac{\omega_{el}}{T_r\omega_s^2 L_s}e_{ds}' - \dfrac{\omega_{el}}{\omega_s L_s}\upsilon_{qs} + \dfrac{K_{mrr}\omega_{el}}{\omega_s L_s}\upsilon_{qr} \\[2mm]
\dfrac{\mathrm{d}i_{ds}}{\mathrm{d}t} = -\omega_{el}i_{qs} - \dfrac{\omega_{el}R_l}{\omega_s L_s}i_{ds} + \dfrac{\omega_{el}\omega_r}{\omega_s^2 L_s}e_{ds}' - \dfrac{\omega_{el}}{T_r\omega_s^2 L_s}e_{qs}' - \dfrac{\omega_{el}}{\omega_s L_s}\upsilon_{ds} + \dfrac{K_{mrr}\omega_{el}}{\omega_s L_s}\upsilon_{dr} \\[2mm]
\dfrac{\mathrm{d}e_{ds}'}{\mathrm{d}t} = -\omega_{cl}R_2 i_{ds} - \dfrac{\omega_{el}}{T_r\omega_s}e_{qs}' + \omega_{cl}\left(\dfrac{\omega_r - \omega_s}{\omega_s}\right)e_{ds}' - K_{mrr}\omega_{cl}\upsilon_{dr} \\[2mm]
\dfrac{\mathrm{d}e_{qs}'}{\mathrm{d}t} = -\omega_{el}R_2 i_{ds} - \dfrac{\omega_{cl}}{T_r\omega_s}e_{ds}' + \omega_{cl}\left(\dfrac{\omega_r - \omega_s}{\omega_s}\right)e_{qs}' + K_{mrr}\omega_{el}\upsilon_{dr}
\end{cases}
\tag{6-6}
$$

其中

$$
\begin{cases}
e_{qs}' = \omega_s L_m i_{dr} + \dfrac{\omega_s L_m^2}{L_{rr}}i_{ds} \\[3mm]
e_{ds}' = -\omega_s L_m i_{qr} - \dfrac{\omega_s L_m^2}{L_{rr}}i_{qs}
\end{cases}
\tag{6-7}
$$

其中，下标 d 与 q 分别为 d 轴以及 q 轴分量；下标 s 与 r 分别为定子侧以及转子侧分量。$\omega_{el} = \omega_{elb}\omega_e$，$L_s = L_{ss} - L_{ss}/L_m^2$，$T_r = L_{rr}/R_r$，$K_{mrr} = L_m/L_{rr}$，$R_2 = K_{mrr}^2 R_r$，其中 L_{ss}、L_{rr} 和 L_m 分别表示定子侧绕组自感、转子侧绕组自感以及上述两者之间的互感，ω_{elb} 为本征扭矩频率。

双馈感应发电机的电磁功率可描述为[2]

$$
T_e = \frac{1}{\omega_s}(i_{ds}e_{ds}' + i_{qs}e_{qs}')
\tag{6-8}
$$

（3）转子侧变流器控制系统：该变流器主要用于为转子绕组提供励磁电流。为确保不同风速场景下发电机的输出电流频率同主网频率保持一致，需调节转子侧绕组的励磁电流频率满足 $f_1 + f_2 = f$。其中，f_1 表示转子侧励磁电流频率；f_2 表示转子旋转频率；f 表示电网频率。转子侧变流器采用双闭环控制结构，外环为功率控制环，内环为电流控制环，控制框架如图 6-2 所示，其动态模型描述如下[3]：

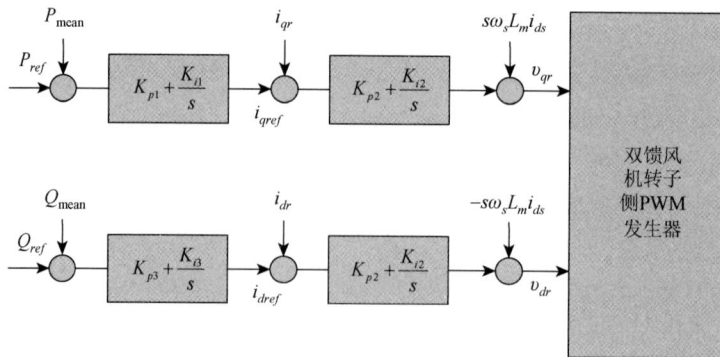

图 6-2　转子侧变流器控制框架图

$$
\frac{\mathrm{d}x_p}{\mathrm{d}t} = P_{ref} - P_{\mathrm{mean}}
\tag{6-9}
$$

$$\frac{\mathrm{d}x_Q}{\mathrm{d}t} = Q_{ref} - Q_{\mathrm{mean}} \tag{6-10}$$

$$\frac{\mathrm{d}x_{iqr}}{\mathrm{d}t} = i_{qref} - i_{qr} = K_{p1}(P_{ref} - P_{\mathrm{mean}}) + K_{i1}x_p - i_{qr} \tag{6-11}$$

$$\frac{\mathrm{d}x_{idr}}{\mathrm{d}t} = i_{dref} - i_{dr} = K_{p3}(Q_{ref} - Q_{\mathrm{mean}}) + K_{i3}x_Q - i_{dr} \tag{6-12}$$

输出电压可表示为

$$\upsilon_{qr} = K_{p2}(K_{p1}\Delta P_s + K_{i1}x_p - i_{qr}) + K_{i2}x_{iqr} + s\omega_s L_m i_{ds} + s\omega_s L_{rr} i_{dr} \tag{6-13}$$

$$\upsilon_{dr} = K_{p2}(K_{p3}\Delta Q_s + K_{i3}x_Q - i_{dr}) + K_{i2}x_{idr} + s\omega_s L_m i_{qs} + s\omega_s L_{rr} i_{qr} \tag{6-14}$$

其中，下标 p 和 i 分别表示 PI 参数中的比例增益以及积分增益；下标 1 和 2 分别表示有功功率控制环节以及无功功率控制环节；x_p、x_q、x_{iqr}、x_{idr} 均表示控制环节中引入的中间状态变量；P_{ref} 与 Q_{ref} 表示有功功率与无功功率的参考值；P_{mean} 与 Q_{mean} 表示有功功率与无功功率的测量值。

（4）网侧变流器控制系统：该变流器用于保持主网单位功率因数运行，并确保直流环节电压稳定，控制框架如图 6-3 所示。其动态数学模型可描述为[4]

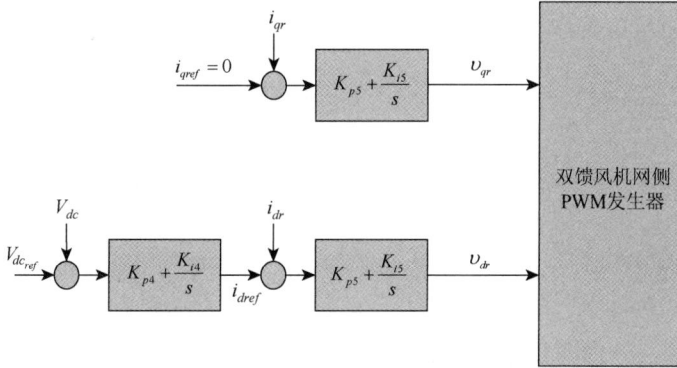

图 6-3　网侧变流器控制框架图

$$\frac{\mathrm{d}x_{rdc}}{\mathrm{d}t} = V_{dcref} - V_{dc} \tag{6-15}$$

$$\frac{\mathrm{d}x_{giqr}}{\mathrm{d}t} = i_{gqref} - V_{gqr} \tag{6-16}$$

$$\frac{\mathrm{d}x_{gidr}}{\mathrm{d}t} = i_{gdref} - V_{gdr} = K_{p4}(V_{dcref} - V_{dc}) + K_{i4}x_{rdc} - i_{gdr} \tag{6-17}$$

其中，$i_{gqref} = 0$；$i_{gdref} = K_{p4}(V_{dcref} - V_{dc}) + K_{i4}x_{V_{dc}}$。上述网侧变流器中变量定义与转子侧变流器类似；$x_{rdc}$、$x_{giqr}$ 和 x_{gidr} 均为控制环节中的状态变量；i_{gdref} 和 i_{gdr} 表示网侧电流控制环节的 d 轴与 q 轴参考值；V_{dcref} 和 V_{dc} 分别表示直流电容电压的参考值以及测量值。

同步发电机模型：本章采用的同步发电机模型为单轴模型。由于该模型在本节中用于

分析低频振荡特征，故忽略原动机及其调速系统，励磁系统采用一阶模型，则其动态微分方程可描述为

$$
\begin{cases}
\dfrac{\mathrm{d}\delta}{\mathrm{d}t} = \omega - \omega_b \\[2mm]
M\dfrac{\mathrm{d}\omega}{\mathrm{d}t} = P_m - P_e - K_D(\omega - \omega_b) \\[2mm]
T'_{d0}\dfrac{\mathrm{d}E'_q}{\mathrm{d}t} = -E'_q - (X_d - X'_d)I_d + E_{fd} \\[2mm]
T_A\dfrac{\mathrm{d}E_{fd}}{\mathrm{d}t} = -E_{fd} - K_A(U_{tref} - U_t)
\end{cases}
\tag{6-18}
$$

其中，δ 表示同步发电机的功角；ω 表示同步发电机的转速；P_m 表示机械转矩；P_e 表示电磁转矩；K_D 表示阻尼系数；T'_{d0} 表示 d 轴暂态开路时间常数；X_d 和 X'_d 表示定子 d 轴同步电抗和暂态电抗；K_A 和 T_A 表示励磁系统的增益以及时间常数；U_t 和 U_{tref} 表示同步发电机的极端电压及其参考值。

同步发电机的定子电压方程以及潮流平衡方程可描述为

$$
\begin{cases}
0 = U_t\sin(\delta - \theta_t) - X_q I_q \\[2mm]
0 = E'_q - U_t\cos(\delta - \theta_t) - X'_d I_d \\[2mm]
0 = -I_d U_t\sin(\delta - \theta_t) + I_q U_t\cos(\delta - \theta_t) + P_{Lt} - \displaystyle\sum_{j=1}^{n} U_t U_j Y_{tj}\cos(\theta_t - \theta_j - \alpha_{tj}) \\[2mm]
0 = -I_d U_t\cos(\delta - \theta_t) + I_q U_t\sin(\delta - \theta_t) + Q_{Lt} - \displaystyle\sum_{j=1}^{n} U_t U_j Y_{tj}\sin(\theta_t - \theta_j - \alpha_{tj})
\end{cases}
\tag{6-19}
$$

其中，X_q 表示 q 轴同步电抗；θ_t 和 U_t 表示机端母线节点电压的相角与幅值；I_d、I_q 表示定子电流的 d 轴和 q 轴分量。

双馈风机接入单机无穷大系统数学模型：图 6-4 为双馈风机接入单机无穷大系统的拓扑图。

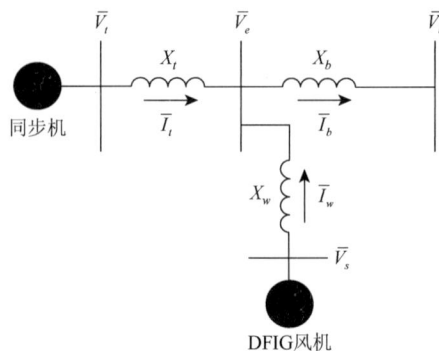

图 6-4　双馈风机接入单机无穷大系统拓扑图

由图 6-4 可得

$$
\begin{cases}
\overline{V}_t = \overline{V}_c + \mathrm{j}X_t\overline{I}_t \\
\overline{V}_c = \overline{V}_c - \mathrm{j}X_w\overline{I}_w \\
\overline{V}_b = \overline{V}_c - \mathrm{j}X_b(\overline{I}_t + \overline{I}_w)
\end{cases}
\tag{6-20}
$$

在 d-q 坐标轴下，式（6-20）可表示为

$$
\begin{cases}
V_{td} + \mathrm{j}V_{tq} = V_{sd} + \mathrm{j}X_{sq} - \mathrm{j}X_w(I_{wd} + \mathrm{j}I_{wq}) + \mathrm{j}X_t(I_{td} + \mathrm{j}I_{tq}) \\
V_{bd} + \mathrm{j}V_{bq} = V_{sd} + \mathrm{j}X_{sq} - \mathrm{j}X_w(I_{wd} + \mathrm{j}I_{wq}) - \mathrm{j}X_b(I_{td} + \mathrm{j}I_{tq} + I_{wd} + \mathrm{j}I_{wq})
\end{cases}
\tag{6-21}
$$

将式（6-21）中实部、虚部分开，可得

$$
\begin{cases}
V_{td} = V_{sd} + X_w I_{wq} - X_t I_{tq} \\
V_{bd} = V_{sd} + X_w I_{wq} + X_b(I_{tq} + I_{wq}) \\
I_{tq} = V_{sq} - X_w I_{wd} + X_t I_{td} \\
V_{bq} = V_{sq} - X_w I_{wd} - X_b(I_{td} + I_{wd})
\end{cases}
\tag{6-22}
$$

由图 6-5 可以得到

$$
\begin{cases}
V_{bd} = V_b\sin\delta, \quad V_{sd} = V_s\sin(\delta - \theta) \\
V_{bq} = V_b\cos\delta, \quad V_{sq} = V_s\cos(\delta - \theta)
\end{cases}
\tag{6-23}
$$

其中

$$
\begin{cases}
V_{td} = X_q I_{tq} \\
V_{tq} = E'_q - X'_d I_{td}
\end{cases}
\tag{6-24}
$$

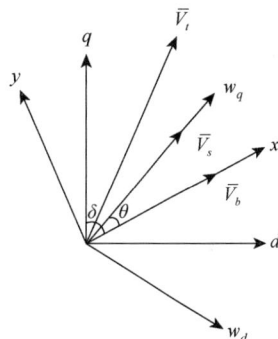

图 6-5　电压向量图

将式（6-22）和式（6-23）代入式（6-24），化简成矩阵形式：

$$
\begin{bmatrix} X_q + X_t + X_b & X_b \\ X_q + X_t & -X_w \end{bmatrix}
\begin{bmatrix} I_{tq} \\ I_{wq} \end{bmatrix} =
\begin{bmatrix} V_b\sin\delta \\ V_s\sin(\delta - \theta) \end{bmatrix}
$$

$$
\begin{bmatrix} X_b & X_w + X_b \\ X'_d + X_t + X_b & X_b \end{bmatrix}
\begin{bmatrix} I_{td} \\ I_{wd} \end{bmatrix} =
\begin{bmatrix} V_s\cos(\delta - \theta) - V_b\cos\delta \\ E'_q - V_b\cos\delta \end{bmatrix}
\tag{6-25}
$$

其中

$$
\begin{bmatrix} c_{11} & c_{12} \\ c_{21} & c_{22} \end{bmatrix} =
\begin{bmatrix} X_q + X_t + X_b & X_b \\ X_q + X_t & -X_w \end{bmatrix}^{-1}
$$

$$
\begin{bmatrix} d_{11} & d_{12} \\ d_{21} & d_{22} \end{bmatrix} =
\begin{bmatrix} X_b & X_w + X_b \\ X'_d + X_t + X_b & -X_b \end{bmatrix}^{-1}
\tag{6-26}
$$

式（6-26）即为双馈风机接入单机无穷大系统的接口方程。

图 6-6 中的线性化模型可表示为[5]

$$\begin{cases} \Delta\dot{\delta} = \omega_0\Delta\omega \\[2mm] \Delta\dot{\omega} = -\dfrac{1}{M}(K_1\Delta\delta + D\Delta\omega + K_2\Delta E'_q + K_{PQ}\Delta Q) \\[3mm] \Delta E'_q = -\dfrac{1}{T_{d0}}(K_4\Delta\delta + K_3\Delta E'_q - \Delta E'_{fd} + K_{EP}\Delta P + K_{EQ}\Delta Q) \\[3mm] \Delta E'_{fd} = -\dfrac{K_A}{T_A}\left(K_5\Delta\delta + K_6\Delta E'_q + \dfrac{\Delta E'_{fd}}{K_A} + K_{VP}\Delta P + K_{VQ}\Delta Q\right) \\[3mm] \Delta V_s = R_{VP}\Delta P + R_{VQ}\Delta Q + R_{V\delta}\Delta\delta + R_{VE}\Delta E' \\[2mm] \Delta P = G_P(s)\Delta V_s, \quad \Delta Q = G_Q(s)\Delta V_s \end{cases} \tag{6-27}$$

依据式（6-27）可以得到双馈风机接入单机无穷大系统的线性化图和菲利普斯-海佛容（Philips-Heffron）模型图，如图 6-6 和图 6-7 所示。

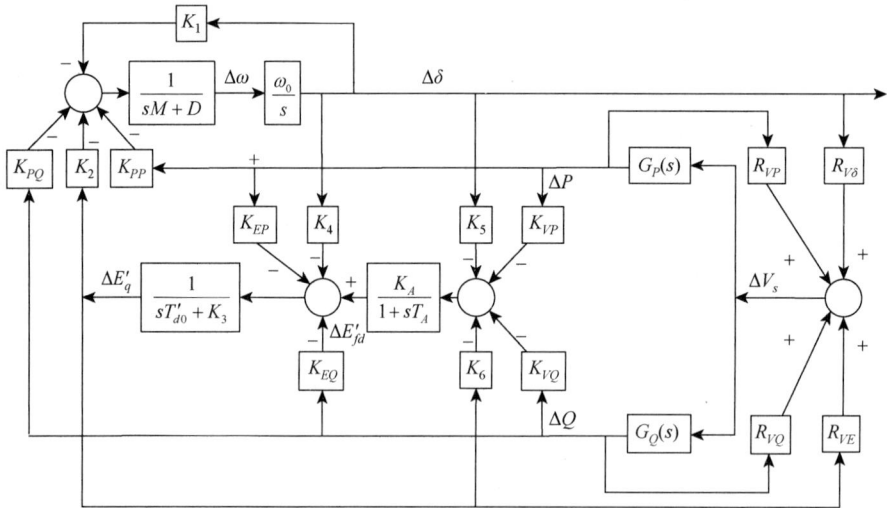

图 6-6　双馈风机接入单机无穷大系统线性化图

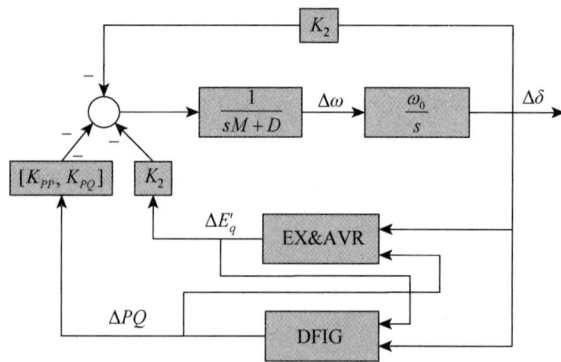

图 6-7　双馈风机接入单机无穷大系统菲利普斯-海佛容模型图

由图 6-7 可得

$$\begin{cases} \Delta T = K_2 \Delta E'_q + [K_{PP},\ K_{PQ}]\Delta PQ \\ \Delta E'_q = G_1 \Delta \delta + G_2 \Delta PQ \\ \Delta PQ = G_3 \Delta \delta + G_4 \Delta E'_q \end{cases} \tag{6-28}$$

其中，$\Delta PQ = [K_{PP},\ K_{PQ}]^T$；$G_1$、$G_2$、$G_3$、$G_4$ 可描述为

$$\begin{cases} G_1 = \dfrac{K_4(1+sT_A)+K_A K_5}{(sT_{d0}+K_3)(1+sT_A)+K_A K_6} \\[4mm] G_2 = \left[-\dfrac{K_{EP}(1+sT_A)+K_A K_{VP}}{(sT_{d0}+K_3)(1+sT_A)+K_A K_6},\ -\dfrac{K_{EQ}(1+sT_A)+K_A K_{VQ}}{(sT_{d0}+K_3)(1+sT_A)+K_A K_6} \right] \\[4mm] G_3 = \left[\begin{matrix} \dfrac{G_P R_{V\delta}(1-G_Q R_{VQ})+G_P R_{VQ} G_Q R_{V\delta}}{(1-G_P R_{VP})(1-G_Q R_{VQ})-G_P R_{VQ} G_Q R_{VP}} \\[3mm] \dfrac{G_P R_{V\delta}(1-G_Q R_{VQ})+G_P R_{VP} G_P R_{V\delta}}{(1-G_Q R_{VQ})(1-G_P R_{VP})-G_Q R_{VP} G_P R_{VQ}} \end{matrix} \right] \\[8mm] G_4 = \left[\begin{matrix} \dfrac{G_P R_{VE}(1-G_Q R_{VQ})+G_P R_{VQ} G_Q R_{VE}}{(1-G_P R_{VP})(1-G_Q R_{VQ})-G_P R_{VQ} G_Q R_{VP}} \\[3mm] \dfrac{G_P R_{VE}(1-G_P R_{VP})+G_Q R_{VP} G_P R_{VE}}{(1-G_Q R_{VQ})(1-G_P R_{VP})-G_Q R_{VP} G_P R_{VQ}} \end{matrix} \right] \end{cases} \tag{6-29}$$

若不考虑双馈风机的动态特性，即 $\Delta PQ = 0$，同步电机的励磁调压部分提供的电磁转矩可描述为

$$\Delta T_{ex} = K_2 G_1 \Delta \delta \tag{6-30}$$

基于 $s\Delta\delta = \omega_0 \Delta\omega$，式（6-30）可转化为

$$\Delta T_{ex} = \frac{\omega_0 K_2 G_1}{s} \Delta\omega \tag{6-31}$$

设置振荡角频率为 ω_s，则同步电机励磁调压提供的阻尼转矩系数可表示为

$$\Delta D_{ex} = \frac{\omega_0 K_2}{\omega_s} \operatorname{Im}(G_1) \tag{6-32}$$

考虑双馈风机接入时，即 $\Delta PQ \neq 0$，则 ΔPQ 会产生新的电磁转矩作用于机电振荡回路：

$$\Delta T_{\text{DFIG}} = ([K_{PP},\ K_{PQ}]+K_2 G_2)\Delta PQ \tag{6-33}$$

由式（6-28）和式（6-29）可得

$$\Delta PQ = (I - G_4 G_2)^{-1}(G_3 + G_4 G_1)\Delta\delta \tag{6-34}$$

将式（6-34）代入式（6-33）可得

$$\Delta T_{\text{DFIG}} = ([K_{PP},\ K_{PQ}]+K_2 G_2)(I-G_4 G_2)^{-1}(G_3 + G_4 G_1)\Delta\delta \tag{6-35}$$

将 $s\Delta\delta = \omega_0 \Delta\omega$ 代入式（6-35），式（6-35）可转化为

$$\Delta T_{\mathrm{DFIG}} = \frac{\omega_0}{s} ([K_{PP}, \ K_{PQ}] + K_2 G_2)(I - G_4 G_2)^{-1}(G_3 + G_4 G_1) \Delta \omega \qquad (6\text{-}36)$$

设置振荡角频率为 ω_s，则由双馈风机部分提供的阻尼转矩可表示为

$$\Delta T_{\mathrm{DFIG}} = \frac{\omega_0}{\omega_s} \mathrm{Im} \Big(([K_{PP}, \ K_{PQ}] + K_2 G_2)(I - G_4 G_2)^{-1}(G_3 + G_4 G_1) \Big) \qquad (6\text{-}37)$$

从式（6-37）可以看出，系数 K_{PP} 以及 K_{PQ} 为决定双馈风机阻尼转矩贡献大小的关键因素。已有研究表明，双馈风机中"有功功率控制"相较于"无功功率控制"的效果更加明显。换言之，比例系数 K_{PP} 相较于比例系数 K_{PQ} 更加关键。为此，本章主要通过分析参数 K_{PP} 来研究双馈风机接入对于电力系统低频振荡稳定性的影响。比例系数 K_{PP} 可表示为[6]

$$
\begin{aligned}
K_{PP} &= (X_q - X_d') I_{tq0} \frac{-d_{11} \sin(\delta_0 - \theta_0) I_{wd0}}{V_{s0}(c_{22} I_{wd0} \cos(\delta_0 - \theta_0) + d_{21} I_{wq0} \sin(\delta_0 - \theta_0) + V_{s0}^2 c_{22} d_{21})} \\
&\quad + (E_{q0}' + (X_q - X_d') I_{td0}) \frac{c_{12} \cos(\delta_0 - \theta_0) I_{wd0} + c_{12} d_{21} V_{s0}}{V_{s0}(c_{22} I_{wd0} \cos(\delta_0 - \theta_0) + d_{21} I_{wq0} \sin(\delta_0 - \theta_0) + V_{s0}^2 c_{22} d_{21})} \\
&= \frac{(E_{q0}' + (X_q - X_d') I_{td0}) c_{12} (\cos(\delta_0 - \theta_0) I_{wd0} + d_{21} V_{s0}) - (X_q - X_d') I_{tq0} d_{11} \sin(\delta_0 - \theta_0) I_{wd0}}{V_{s0}(c_{22} I_{wd0} \cos(\delta_0 - \theta_0) + d_{21} I_{wq0} \sin(\delta_0 - \theta_0) + V_{s0}^2 c_{22} d_{21})}
\end{aligned}
$$

$$(6\text{-}38)$$

分析式（6-38）可知，K_{PP} 系数的大小与系统中线路潮流情况以及风机的接入位置有关。换言之，由于风速的随机特性，双馈风机接入系统后输出功率具有波动特性，改变了系统潮流分布，使得其产生的阻尼力矩复杂多变。特别地，当系统运行到部分工况时，会使得 K_{PP} 系数为负，双馈风机将会向系统中提供负阻尼，对系统安全稳定运行造成威胁，在此情形下，则需要采取控制策略以平衡双馈风机所产生的负阻尼。

6.1.2 水电接入下电力系统超低频振荡特征分析与机理

超低频振荡系统数学模型：发电机可描述为如式（6-39）所示的转子运动方程，其反映了机械功率、电磁功率以及转速变量之间的耦合关系：

$$
\begin{cases}
\Delta \delta = \dfrac{\omega_0}{s} \left(\dfrac{1}{Ms + D} (\Delta T_m - \Delta T_e) \right) \\[2mm]
\Delta \omega = \dfrac{s \Delta \delta}{\omega_0}
\end{cases}
\qquad (6\text{-}39)
$$

其中，M 表示发电机惯性时间常数；ΔT_e 表示电磁转矩偏差值；ΔT_m 表示机械转矩偏差值；$\Delta \delta$ 表示发电机的角增量偏差值；D 表示发电机的阻尼系数，一般设置为 0。

原动机及其调速系统可表示为

$$
\begin{cases}
G_m(s) = \dfrac{\Delta P_m(s)}{-\Delta \omega(s)} = G_{\text{gov}}(s)G_t(s) \\[3mm]
G_{\text{gov}}(s) = \dfrac{K_d s^2 + K_p s + K_i}{b_p K_i + s}\dfrac{1}{1 + T_G s} \\[3mm]
G_t(s) = \dfrac{1 - T_w s}{1 + 0.5 T_w s}
\end{cases}
\tag{6-40}
$$

其中，K_p、K_i、K_d 表示调速器中的比例、积分、微分系数；b_p 表示调差系数；T_G 表示伺服系统时间常数；T_w 表示水锤效应时间常数。

基于阻尼转矩法，机械转矩部分 ΔP_m 可分解为[7]

$$
\begin{cases}
\Delta T_m = K_{md}\Delta \omega + K_{ms}\Delta \delta \\
K_{md} = \text{Re}(G_m(\mathrm{j}\omega_d)) \\
K_{ms} = \text{Im}(G_m(\mathrm{j}\omega_d))
\end{cases}
\tag{6-41}
$$

其中，$K_{md}\Delta \omega$ 和 $K_{ms}\Delta \delta$ 分别表示阻尼转矩以及同步转矩；K_{md} 和 K_{ms} 分别表示阻尼转矩系数以及同步转矩系数。

将式（6-41）代入式（6-39）中可得特征方程：

$$
s^2\Delta \delta + \frac{(D - K_{md})s - K_{ms}\omega_0}{M}\Delta \delta + \frac{\Delta T_e \omega_0}{M} = 0
\tag{6-42}
$$

若忽略励磁调节效应和电磁转矩 T_e 的变化，系统振荡的特征模式可描述为

$$
s_{1,2} = \frac{K_{md} \pm \mathrm{j}\sqrt{K_{md}^2 + 4MK_{ms}^2\omega_0^2}}{2M}
\tag{6-43}
$$

该特征模式的阻尼比可表示为

$$
\xi = \frac{K_{md}}{2\sqrt{M\omega_0 K_{ms}}}
\tag{6-44}
$$

从式（6-43）中不难看出，阻尼转矩系数 K_{md} 对于系统的振荡频率以及阻尼起到了决定性的作用。然而由图 6-8 可知，水轮机组由于受水锤效应时间常数的影响，随着 T_w 的增大，在超低频段发电机组呈现出较大的负阻尼转矩，使得 K_{md} 为负，该特性会使得系统的阻尼为负，从而产生超低频振荡现象。

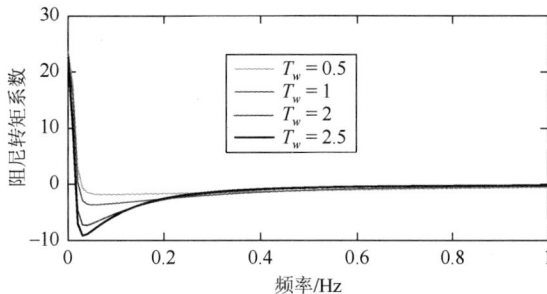

图 6-8　水轮机组在不同工况下的阻尼转矩特性（彩图扫二维码）

若忽略网损，负荷仅考虑频率调差效应，则有 $\Delta P_L = K_L \Delta \omega$，其中，$K_L$ 表示负荷频率调节效应系数。将其代入式（6-39）并结合拉普拉斯变换可得到发电机的传递函数为

$$G_{\mathrm{gen}}(s) = \frac{\Delta \omega(s)}{\Delta P_m(s)} = \frac{1}{T_J s + D + K_L} = \frac{1}{T_J s + D_s} \quad (6-45)$$

结合式（6-40）和式（6-45），则系统的闭环传递函数可表示为

$$(T_J s + D)(b_p K_I + s)(1 + T_G s)(1 + 0.5 T_w s) + (1 - T_w s)(K_D s^2 + K_P s + K_I) = 0 \quad (6-46)$$

式（6-46）可以简化为

$$s^4 + a_1 s^3 + a_2 s^2 + a_3 s + a_4 = 0 \quad (6-47)$$

$$a_1 = \frac{0.5 T_G T_w T_J b_p + 0.5 T_w T_J N_0 + T_G T_J N_0 + 0.5 T_G T_w D N_0 - T_w N_1}{0.5 T_G T_w T_J N_0}$$

$$a_2 = \frac{T_J b_p (0.5 T_w + T_G) + T_w (0.5 T_G D b_p - N_2) + N_0 (T_J + 0.5 T_w D + T_G D)}{0.5 T_G T_w T_J N_0} \quad (6-48)$$

$$a_3 = \frac{N_2 - T_w + b_p (T_J + 0.5 T_w D + T_G D) + D N_0}{0.5 T_G T_w T_J N_0}, \quad a_4 = \frac{1 + D b_p}{0.5 T_G T_w T_J N_0}$$

$$N_0 = 1 / K_i; \quad N_1 = K_d / K_i; \quad N_2 = K_p / K_i$$

$$b_1 = (a_1 a_2 - a_3) / a_1, \quad c_1 = (b_1 a_3 - a_1 b_2) / b_1 \quad (6-49)$$

基于劳斯判据准则，系统稳定的必要条件是 a_1、a_2、a_3、a_4、b_1 和 c_1 为正数。然而，由式（6-48）可以看出上述劳斯判据系数与水锤效应时间常数 T_w 相关。例如，$K_p = 4$，$K_i = 2.5$，$K_d = 0.5$，$T_J = 10$，$b_p = 0.05$，$D = 2$，$T_G = 0.2$；将这些参数代入式（6-48）可以得到劳斯判据系数随着水锤效应时间常数 T_w 的变化轨迹，如图 6-9（a）所示。可以看出随着 T_w 的增加，所有的劳斯判据系数均会相应减小，特别地，c_1 会变为负。这意味着系统变得不稳定，存在负阻尼振荡模式。

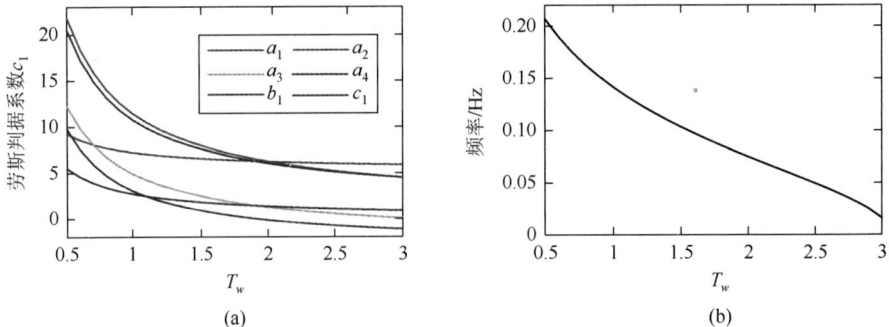

图 6-9　劳斯判据系数与振荡频率随 T_w 变化的轨迹（彩图扫二维码）

为此，式（6-47）可以写为以下形式：

$$(s - \lambda_1)(s - \lambda_2)(s + \sigma + \mathrm{j}\omega)(s + \sigma - \mathrm{j}\omega) = 0 \quad (6-50)$$

对式（6-47）进行转化，其可以变为

$$s^4 + (2\sigma - \lambda_1 - \lambda_2)s^3 + (\lambda_1\lambda_2 + \sigma^2 + \omega^2 - 2\sigma(\lambda_1 + \lambda_2))s^2$$
$$+((\sigma^2 + \omega^2)(\lambda_1 + \lambda_2) + 2\sigma\lambda_1\lambda_2)s + (\sigma^2 + \omega^2)\lambda_1\lambda_2 = 0 \tag{6-51}$$

其中，λ_1、λ_2 为闭环系统传递函数的极点，λ_1 和 λ_2 为两个实根或是一对共轭复数根。另外，$\sigma \pm \omega$ 为主导极点。当 $\sigma = 0$ 时，系统处于临界振荡状态，将其代入式（6-51）有

$$a_1 = -(\lambda_1 + \lambda_2), \quad a_3 = -\omega^2(\lambda_1 + \lambda_2) \tag{6-52}$$

基于式（6-52），振荡频率 ω 可以表示为

$$\omega = \sqrt{a_3 / a_1} \tag{6-53}$$

将式（6-48）代入式（6-53），可得

$$\omega = \sqrt{\frac{2(N_2 - T_w + b_p(T_J + 0.5T_wD + T_GD) + DN_0)}{T_GT_wT_Jb_p + T_wT_JN_0 + T_GT_JN_0 + T_GT_wDN_0 - 2T_wN_1}} \tag{6-54}$$

将 $\omega = 2\pi f$ 代入式（6-54）可以得到振荡频率随着 T_w 变化的动态轨迹，如图 6-9（b）所示。可以看出，随着 T_w 的增大，振荡频率逐渐减小，甚至小于 0.1Hz，表明振荡为超低频振荡事件。

此外，式（6-48）表明劳斯判据系数和调速器 PID 相关，因此可以通过调整调速器 PID 参数来使得劳斯判据系数为正，从而抑制超低频振荡，为此，本章测试了不同 PID 参数下，劳斯判据系数 c_1 随着水锤效应时间常数变化的轨迹，如图 6-10 所示。从图 6-10 中可以看出，通过调整调速器 PID 参数可以使得劳斯判据系数 c_1 为正，验证了基于优化 PID 参数抑制低频振荡的有效性。

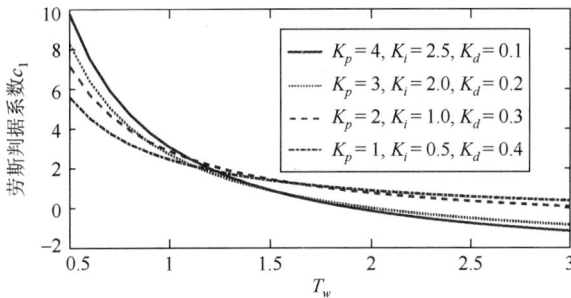

图 6-10　不同 PID 参数下劳斯判据系数 c_1 变化轨迹

6.2　计及风电接入的电力系统低频振荡抑制策略

电力系统的安全稳定运行一直以来都是电网研究人员关注的重点。在实际电网中为确保其稳定性，配置了各类型阻尼控制器以增强系统阻尼，提升系统抑制振荡的能力。然而随着风电的接入，风电的间歇性以及波动特性使得系统的不确定性提升，加剧了系统的非线性特性。传统的阻尼控制单元多是基于线性控制理论设计的，在此情形下不再适宜，极端情形下甚至可能存在失效风险，这极大地威胁到了电力系统的安全稳定运行。为此，本章提出了一种计及风电接入的电力系统低频振荡抑制策略。具体来说，本章首先基于灵敏

度理论将多机电力系统稳定控制器（power system stabilizer，PSS）自适应稀疏调参问题建模为一个非线性优化问题，并转化成马尔可夫决策过程（MDP）。引入强化学习算法训练智能体来求解 MDP 以获取最优的控制器稀疏调参策略，进而实现在线自适应更新 PSS 中与系统稳定性强相关参数，从而确保充分发挥控制器的性能，提升系统的稳定性。

6.2.1　多机 PSS 自适应协同优化建模

考虑到目前真实电力系统中应用最为广泛的依然为单分支的 PSS，其主要包括三部分：滤波器环节、增益环节、超前滞后环节。其传递函数可以描述为

$$\Delta u_{\text{PSS}} = K_{\text{STAB}} \frac{sT_{wf}}{1+sT_{wf}} \times \frac{1+sT_1}{1+sT_2} \times \frac{1+sT_3}{1+sT_4} \times \Delta x \tag{6-55}$$

其中，Δu_{PSS} 为 PSS 的输出信号；K_{STAB} 为控制器的增益；T_{wf} 为滤波器的时间常数；T_1、T_2、T_3 和 T_4 为超前滞后环节的时间常数；Δx 为 PSS 的输入信号。其中，T_1、T_2 和 T_{wf} 通常为预设的常数。本章中 $T_{wf}=10$，$T_2=0.05$，$T_4=0.05$。其他变量满足如式（6-56）所示的约束：

$$\begin{cases} K_{\text{STAB}}^{\min} \leqslant K_{\text{STAB}} \leqslant K_{\text{STAB}}^{\max} \\ T_1^{\min} \leqslant T_1 \leqslant T_1^{\max} \\ T_3^{\min} \leqslant T_3 \leqslant T_3^{\max} \end{cases} \tag{6-56}$$

针对上述的 PSS，可通过优化其中的控制变量 K_{STAB}、T_1 和 T_3 来实现系统稳定性提升。为量化评估系统稳定性，构建如式（6-57）所示的基于特征值的系统全局稳定性指标：

$$J_{\text{STB}-i} = \sum_{j=1}^n \sum_{\xi_{ij} < \xi_{\text{set}}} \left| \xi_{ij} - \xi_{\text{set}} \right| + \sum_{j=1}^n \sum_{\sigma_{ij} > \sigma_{\text{set}}} \left| \sigma_{ij} - \sigma_{\text{set}} \right| \tag{6-57}$$

另外有

$$\begin{cases} \Lambda_i = \text{diag}(\lambda_{i1}, \lambda_{i2}, \cdots, \lambda_{ij}, \cdots, \lambda_{in}) \\ \lambda_{ij} = \alpha_{ij} + \text{j}\sigma_{ij}, \quad \xi_{ij} = -\alpha_{ij} / \sqrt{\alpha_{ij}^2 + \sigma_{ij}^2} \end{cases} \tag{6-58}$$

其中，λ_{ij} 为系统在第 i 种运行方式下第 j 个特征值；α_{ij}、σ_{ij} 和 ξ_{ij} 为 λ_{ij} 的实部、虚部以及阻尼。通过最小化指标 $J_{\text{STB}-i}$ 可以使得特征值向稳定域（$\xi > \xi_{\text{set}}, \sigma < \sigma_{\text{set}}$）移动，其中 ξ_{set} 和 σ_{set} 表示阻尼和实部的期望值。当满足 $J_{\text{STB}-i} = 0$ 时，系统中全体特征值均位于稳定域内。

6.2.2　控制器参数灵敏度分析

随着电网规模的不断扩大，系统中配置的 PSS 数量大，待调节参数多。若同时调节全体控制器参数，则控制代价过高。事实上，系统中不同控制器参数对于系统稳定性影响存在明显差异，部分控制器参数对于系统稳定性影响较小，调节该类参数对于提升系统阻尼作用有限，调整与系统稳定性强相关的控制器参数往往也能达到预期的控制效果。为此，

本章引入灵敏度分析来量化不同控制器参数对于系统稳定性的影响，具体细节如下。

函数灵敏度是常用的灵敏度分析工具之一，为特定函数对于系统参数的偏导数，用于表征系统参数发生变化时特定函数的变化程度。在本章中，将其用于量化 PSS 参数对系统稳定性目标函数的影响，可定义如下[8]：

$$\frac{\partial J_{\text{STB-}i}(\theta_{\text{PSS-}ij})}{\partial \theta_{\text{PSS-}ij}} = \lim_{\Delta \theta_{\text{PSS-}ij} \to 0} \frac{J_{\text{STB-}i}(\theta_{\text{PSS-}ij} + \Delta \theta_{\text{PSS-}ij}) - J_{\text{STB-}i}(\theta_{\text{PSS-}ij})}{\Delta \theta_{\text{PSS-}ij}} \tag{6-59}$$

其中，$\partial J_{\text{STB-}i}(\theta_{\text{PSS-}ij}) / \partial \theta_{\text{PSS-}ij}$ 为系统全局稳定性指标对于参数 $\theta_{\text{PSS-}ij}$ 的偏导数；$\theta_{\text{PSS-}ij}$ 为第 i 种工况下第 j 个 PSS 参数；$\Delta \theta_{\text{PSS-}ij}$ 为摄动产生的偏差。式（6-59）值越大表明该参数对于系统稳定性影响越大。然而，对于真实的电力系统，难以直接通过式（6-59）来计算参数的灵敏度，本章中引入拉格朗日插值法，通过多次摄动获取插值点：

$$\begin{cases} \theta_{\text{PSS-}ij}^k = \theta_{\text{PSS-}ij} + \Delta \theta_{\text{PSS-}ij} \cdot k \\ J_k = J_{\text{STB-}i}(\theta_{\text{PSS-}ij}^k) \end{cases}, \quad k = 0, \pm 1, \pm 2, \cdots, \pm n \tag{6-60}$$

基于上述插值点可构造插值奇函数，如下所示：

$$L_k(\theta_{\text{PSS-}ij}) = \prod_{\substack{l=-n \\ l \neq k}}^{n} \frac{\theta_{\text{PSS-}ij} - \theta_{\text{PSS-}ij}^l}{\theta_{\text{PSS-}ij}^k - \theta_{\text{PSS-}ij}^l} \tag{6-61}$$

插值多项式可表示为

$$L(\theta_{\text{PSS-}ij}) = \sum_{k=-n}^{n} L_k(\theta_{\text{PSS-}ij}) \cdot J_k(\theta_{\text{PSS-}ij}^k) = \sum_{k=-n}^{n} \left(J_{\text{STB-}i}(\theta_{\text{PSS-}ij}^k) \cdot \prod_{\substack{l=-n \\ l \neq k}}^{n} \frac{\theta_{\text{PSS-}ij} - \theta_{\text{PSS-}ij}^l}{\theta_{\text{PSS-}ij}^k - \theta_{\text{PSS-}ij}^l} \right) \tag{6-62}$$

系统参数的函数灵敏度可表示为

$$\frac{\partial J_{\text{STB-}i}(\theta_{\text{PSS-}ij})}{\partial \theta_{\text{PSS-}ij}} = L(\theta_{\text{PSS-}ij})' = \sum_{k=-n}^{n} \left(J_{\text{STB-}i}(\theta_{\text{PSS-}ij}^k) \cdot \prod_{\substack{l=-n \\ l \neq k}}^{n} \frac{\theta_{\text{PSS-}ij} - \theta_{\text{PSS-}ij}^l}{\theta_{\text{PSS-}ij}^k - \theta_{\text{PSS-}ij}^l} \right)' \tag{6-63}$$

基于上述方法，可以计算每个 PSS 参数的灵敏度。随后，可使用阈值将 PSS 参数分类为高灵敏度参数和低灵敏度参数，如下所示：

$$\text{Se}(\theta_{\text{PSS-}ij}) = \begin{cases} 0, & \dfrac{\partial J_{\text{STB-}i}(\theta_{\text{PSS-}ij})}{\partial \theta_{\text{PSS-}ij}} \leqslant \sigma_{\text{set}} \\[3mm] 1, & \dfrac{\partial J_{\text{STB-}i}(\theta_{\text{PSS-}ij})}{\partial \theta_{\text{PSS-}ij}} > \sigma_{\text{set}} \end{cases} \tag{6-64}$$

其中

$$\sigma_{\text{set}} = \frac{1}{m} \sum_{j=1}^{m} \frac{\partial J_{\text{STB-}i}(\theta_{\text{PSS-}ij})}{\partial \theta_{\text{PSS-}ij}} \tag{6-65}$$

σ_{set} 为灵敏度参数分类的阈值，其在本章中设置为全体参数灵敏度的均值；m 为可调的 PSS

数量；$Se(\theta_{PSS-ij})$为参数 θ_{PSS-ij} 灵敏度标签，$Se(\theta_{PSS-ij})=1$ 表示该参数在当前运行方式下对系统稳定性影响大，可视为高灵敏度参数，$Se(\theta_{PSS-ij})=0$ 表示该参数在当前运行方式下对系统稳定性影响小，可视为低灵敏度参数。在针对系统的 PSS 进行实时调参时，仅需要对于其中的高灵敏度控制器参数进行调整即可。

6.2.3　马尔可夫决策过程建模

对于上述所示的多机 PSS 协同自调参问题，其本质上是一个不确定场景下的决策问题。本节将其建模为一个 MDP，主要包含以下几个部分。

智能体：强化学习中智能体被用于训练以学习最优控制策略，然后依据实时的状态信息提供相应的动作，本章中智能体被用于在每种工况下可识别系统中高灵敏度参数，并提供相应的参数信息，从而实现多机 PSS 的协同稀疏调参。

状态：表示智能体感知环境获得的信息，用于表征系统的状态，本章可定义为 $s_k=(P_{wind-k},P_{G-k},P_{Load-k},\xi_{k1},\cdots,\xi_{kj},\cdots,\xi_{k10})$。其中，$P_{wind-k}$ 为系统中风电场在 k 时刻的输出功率；P_{G-k} 为同步机在 k 时刻的输出功率；P_{Load-k} 为负荷在 k 时刻的功率；ξ_{kj} 为 k 时刻第 j 个特征值的阻尼比。

动作：为智能体的输出，本章中智能体的输出包含两大类，即控制器参数设置信息以及控制器参数灵敏度信息。为此，在本章中定义了两种神经元（Neuron-I 和 Neuron-II），其中 Neuron-I 用于输出 PSS 参数设置，Neuron-II 用于输出 PSS 的灵敏度标签，为 0 或 1。输出 0 表示该参数为低灵敏度参数，输出 1 表示该参数为高灵敏度参数。本章中其被定义为 $a_k=[\theta_{PSS-1k},\cdots,\theta_{PSS-mk};Se'(\theta_{PSS-1k}),\cdots,Se'(\theta_{PSS-mk})]$。其中，$\theta_{PSS-mk}$ 表示在步长 k 时，系统中的第 m 个控制器参数；$Se'(\theta_{PSS-mk})$ 表示智能体输出的控制器参数 θ_{PSS-mk} 的灵敏度标签。

奖励值：其用于评估智能体在每个步长所提供动作的性能。在本章中，奖励由两部分组成：用于评估高灵敏度 PSS 参数是否被准确识别的灵敏度函数和用于表征系统稳定性参数设置的稳定性函数。其定义如下：

$$r(s_k,a_k)=-(J_{STB-k}+\beta J_{SEN-k}) \tag{6-66}$$

其中，J_{STB-k} 为系统的稳定性目标函数；β 为权重系数；J_{SEN-k} 为系统的灵敏度函数，其可表示为

$$J_{SEN-k}=\sum_{i=1}^{m}f(Se(\theta_{PSS-ik}),Se'(\theta_{PSS-ik}))$$

$$f(Se(\theta_{PSS-ik}),Se'(\theta_{PSS-ik}))=\begin{cases}0, & Se(\theta_{PSS-ik})=Se'(\theta_{PSS-ik})\\1, & Se(\theta_{PSS-ik})\neq Se'(\theta_{PSS-ik})\end{cases} \tag{6-67}$$

结合式（6-57）、式（6-66）和式（6-67），奖励值函数可描述为

$$r(s_k, a_k) = \sum_{j=1}^{n} \sum_{\xi_{kj} < \xi_{set}} \left| \xi_{kj} - \xi_{set} \right| + \sum_{j=1}^{n} \sum_{\sigma_{kj} > \sigma_{set}} \left| \sigma_{kj} - \sigma_{set} \right| + \beta \sum_{i=1}^{m} f(\mathrm{Se}(\theta_{\mathrm{PSS}\text{-}ik}), \mathrm{Se}'(\theta_{\mathrm{PSS}\text{-}ik})) \tag{6-68}$$

事实上，上述的多机 PSS 的稀疏自适应控制是一个计及系统不确定环境下的最优决策问题。它可以被描述为 MDP，即在每个步骤 k，智能体感知系统实时的状态 s_k，并根据策略采取行动 a_k。然后，该动作和转移概率影响系统，使其转移到下一个状态 s_{k+1}。智能体同时收到相应的奖励。智能体会重复上述与系统的交互过程，直到其学习到最优稀疏自适应控制策略 π^*，可最大化预期折扣报酬，可表征为值函数：

$$Q^{\pi}(s_k, a_k) = E_{\pi}\left(R_k \big| s_k, a_k \right) \tag{6-69}$$

其中

$$R_k = r_k(s_k, a_k) + \gamma r_{k+1}(s_{k+1}, a_{k+1}) + \cdots = \sum_{i=k}^{\infty} \gamma^{i-k} r_i(s_i, a_i) \tag{6-70}$$

其中，γ 为折扣率，用于平衡即时奖励以及未来奖励的折扣。式（6-69）可被转换成贝尔曼方程：

$$Q^{\pi}(s_k, a_k) = E_{\pi}\left(R_k + \gamma E_{a_{k+1}: \pi}\left(Q^{\pi}(s_{k+1}, a_{k+1}) \right) \right) \tag{6-71}$$

因此，求解多机 PSS 协同稀疏自适应控制的关键在于训练智能体获取能最大化奖励值函数（6-71）的控制策略 π。

6.2.4　马尔可夫决策过程求解

本节将利用 DDPG 来求解上述 MDP 以学习多机 PSS 稀疏自适应控制策略 π，算法的具体架构见图 6-11。DDPG 算法主要包括策略网络以及评价网络。其中策略网络用于拟合控制策略 π，其以状态 s_k 作为输入，并输出动作 a_k。评价网络用于拟合值函数，其以状态-动作对 (s_k, a_k) 作为输入，并输出值函数的标量估计。在训练过程中，这两个网络会相互迭代来更新网络参数。具体而言，策略网络首先与系统交互以获得实时状态信息 s_k。然后，基于获得的状态，策略网络将产生相应的动作，其中 θ^{μ} 表示策略网络的参数。随后，评价网络评估该动作并提供估计的 Q 值，$Q^{\pi}(s_k, a_k | \theta^{Q})$（其为评价网络针对值函数的估计值）。为了提高估计的准确性，通过最小化损失函数来训练评价网络[9]：

$$L(\theta^{Q}) = E_{\mu'}\left((y_k - Q^{\pi}(s_k, a_k | \theta^{Q}))^2 \right) \tag{6-72}$$

其中

$$L(\theta^{Q}) = E_{\mu'}\left((y_k - Q^{\pi}(s_k, a_k | \theta^{Q}))^2 \right) \tag{6-73}$$

其中，θ^{Q} 表示评价网络的参数。评价网络的训练过程本质上是最小化 $Q^{\pi}(s_k, a_k | \theta^{Q})$ 与 y_k 的差值。其为一个有监督学习过程。

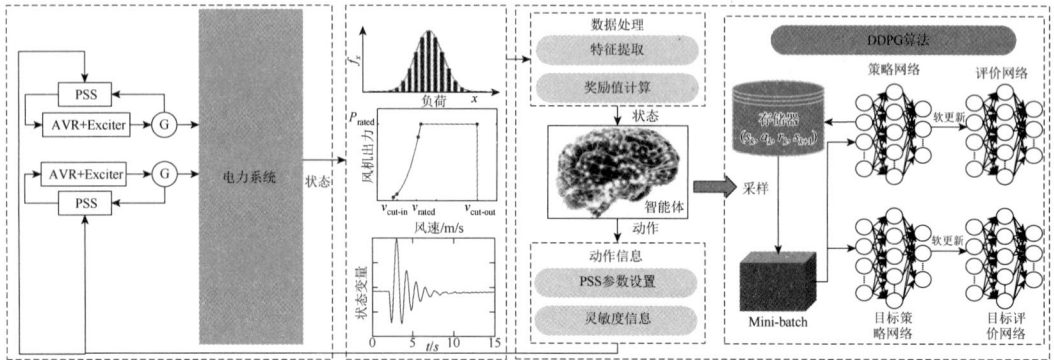

图 6-11 DDPG 算法训练框架

为了使得策略网络能够提供最大化估计 Q 值的动作，可以通过策略梯度定理更新动作网络的参数，即为

$$\nabla_{\theta^\mu} J(\theta^\mu) = \nabla_a Q(s,a\,|\,\theta^Q)\Big|_{s=s_k,a=\mu(s_k)} \nabla_{\theta^\mu} \mu(s\,|\,\theta^\mu)\Big|_{s=s_k} \tag{6-74}$$

定义

$$\mu'(s_k) = \mu(s_k\,|\,\theta_k^\mu) + N \tag{6-75}$$

其中，N 表示噪声，其被加入策略网络中来提升智能体探索的效果。

然而，如果策略网络和评价网络直接采用式（6-72）和式（6-74）进行训练，算法不易收敛。为此，DDPG 为策略网络和评价网络引入了目标网络（包含目标策略网络和目标评价网络）来辅助训练。此外，网络训练过程中引入经验回放机制。即在每个训练步长，智能体将产生的每一组信息 $e=(s_k,a_k,r_k,s_{k+1})$ 存储到经验回收池 $D=\{e_1,e_2,\cdots,e_M\}$。当存储容量超过经验回收池的上限时，新产生的数据会依据队列的形式替代老的数据。并从中随机抽取 Mini-batch 组数据进行网络训练。其中，评价网络的参数更新机制如下所示[10]：

$$\begin{cases} \nabla_{\theta^Q} L(\theta^Q) = \dfrac{1}{N}\sum_{i=1}^{N}(y_k - Q^\pi(s_k,a_k\,|\,\theta^Q))\nabla_{\theta^Q}Q^\pi(s_k,a_k\,|\,\theta^Q) \\ \theta_{k+1}^Q = \theta_k^Q + \alpha^Q \cdot \nabla_{\theta^\mu}L(\theta_k^Q) \end{cases} \tag{6-76}$$

其中，α^Q 为评价网络的学习率。

策略网络的参数更新机制如下所示[11]：

$$\nabla_{\theta^\mu} J(\theta^\mu) = \frac{1}{N}\sum_{i=1}^{N}\nabla_a Q(s,a\,|\,\theta^Q)\Big|_{s=s_k,a=\mu(s_k)}\nabla_{\theta^\mu}\mu(s\,|\,\theta^\mu)\Big|_{s=s_k}$$
$$\theta_{k+1}^\mu = \theta_k^\mu + \alpha^\mu \cdot \nabla_{\theta^\mu}J(\theta_k^\mu) \tag{6-77}$$

其中，α^μ 为评价网络的学习率。

目标网络可以通过软更新方式进行网络参数更新[12]：

$$\begin{cases} \theta^{Q'} \leftarrow \tau\theta^Q + (1-\tau)\theta^{Q'} \\ \theta^{\mu'} \leftarrow \tau\theta^\mu + (1-\tau)\theta^{\mu'} \end{cases} \tag{6-78}$$

其中，$\theta^{Q'}$ 和 $\theta^{\mu'}$ 分别为目标策略网络参数和目标动作网络参数；τ 为策略网络的软更新率，可设置为一个较小的正数。DDPG 的算法具体训练过程见表 6-1。

表 6-1　所提 DDPG 算法训练流程

算法：DDPG 算法的训练过程
输入：发电机的输出功率、负荷的功率
输出：高灵敏度控制器参数的设置信息

1. 分别初始化动作网络参数和策略网络参数：θ^μ 和 θ^Q
2. 更新目标策略网络参数和目标评价网络参数：$\theta^\mu \leftarrow \theta^\mu$，$\theta^Q \leftarrow \theta^Q$
3. 回合 $j = 1, 2, \cdots, N$
4. 　　初始化系统状态，并返回一个初始状态 s_1
5. 　　步长 $k = 1, 2, \cdots, 10$
6. 　　基于式（6-71）产生高灵敏度控制器参数设置信息 a_k
7. 　　将 a_k 传递至系统，计算奖励值 r_k，系统转移至下一个状态 s_{k+1}
8. 　　存储(s_t, a_t, r_t, s_{t+1})到经验回收池 D
9. 　　如果经验回收池已存满
10. 　　从经验回收池中随机采样 Mini-batch 组(s_k, a_k, r_k, s_{k+1})
11. 　　基于式（6-76）来更新评价网络参数
12. 　　基于式（6-77）来更新策略网络参数
13. 　　基于式（6-78）来更新目标策略网络参数和目标评价网络参数
15. 结束
16. 结束

6.2.5　仿真验证

本节引入 IEEE 10 机 39 节点系统作为测试系统，如图 6-12 所示。系统中同步机采用五阶模型，并配置有励磁和调速系统。PSS 被配置到与系统中主振荡模式相关的机组上，包括 G1、G2、G6 和 G8。此外，5×50 矩形风电场被附加到母线 9。该风电场的装机容量为 1250MW。风机的技术细节见表 6-2。系统中的模式分析结果表明，系统中存在 9 个机电振荡模态，其中两个振荡模态的阻尼较小，为主振荡模式，分别为−0.161 + j3.13（模式 1）和−0.302 + j5.23（模式 2）。此外，选取某地的年度风速数据作为本系统中风电

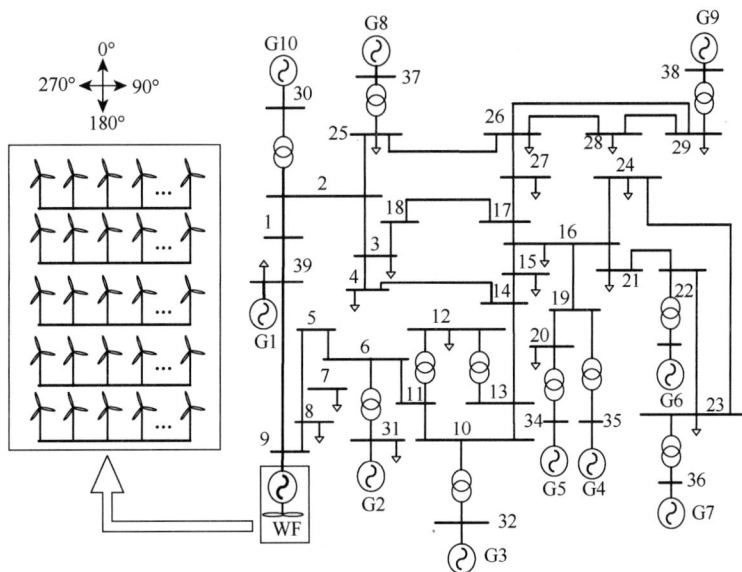

图 6-12　风机场接入的 IEEE 10 机 39 节点系统

场的历史数据，如图 6-13 所示。图中所示风速数据为每间隔 3 小时采样一次，共计 2920 条数据。此外，针对系统中的同步电机以及负荷，分别按照其额定功率的 0.8～1.2p.u.范围内随机选取 2920 个功率点与风速数据结合形成系统的历史数据集，以此来表征系统中潮流的不确定性。

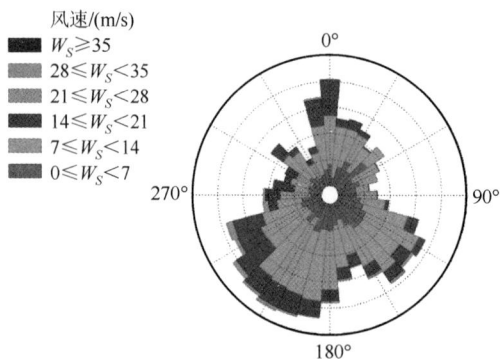

风速/(m/s)
- $W_S \geqslant 35$
- $28 \leqslant W_S < 35$
- $21 \leqslant W_S < 28$
- $14 \leqslant W_S < 21$
- $7 \leqslant W_S < 14$
- $0 \leqslant W_S < 7$

图 6-13　年度的历史风速数据（彩图扫二维码）

表 6-2　永磁自驱风机的技术参数

变量	数值	变量	数值
切入风速/(m/s)	4	切出风速/(m/s)	25
额定风速/(m/s)	11.4	叶轮直径/m	64
额定转速/(r/min)	12.1	额定功率/MW	5

本节中引入 DDPG 算法来训练智能体获取最优的 PSS 协同稀疏自适应控制策略。其中 DDPG 算法超参数设置如表 6-3 所示。DDPG 智能体训练过程中奖励的变化如图 6-14 所示。图中曲线和阴影区域分别表示奖励值变化的平均值和标准偏差。可以看出，在训练过程的初始阶段，智能体给出的动作所获得的奖励值较低。这是因为在训练的初始阶段，DDPG 中的神经网络的参数为随机赋值，未被优化，给出的 PSS 参数设置并不恰当，故无法充分发挥控制器的性能。然而，随着训练次数的不断增加，神经网络的参数根据策略梯度进行优化，智能体逐渐积累经验，累计奖励值迅速增加。表明智能体已经逐渐学习到了多机 PSS 的协同稀疏自适应控制策略以提升 PSS 的控制性能。在 3200 回合后，累计奖励值收敛到 0。这表明智能体已成功学习控制策略，能够依据系统的实时状态信息，给出合理的 PSS 参数设置，从而确保系统的安全稳定运行。

表 6-3　所提 DDPG 算法超参数设置

变量	数值	变量	数值
步长数	10	策略网络学习率	0.001
软更新系数	0.0001	评价网络学习率	0.002
记忆库容量	8000	训练样本批量	40

特别地，如图 6-15 所示的累计奖励由两部分组成：稳定性函数和灵敏度函数。可以看出，随着回合的增加，智能体尝试探索环境并获得经验。在 3200 回合后，稳定性函数和灵敏度函数的值都收敛到 0。这表明该智能体经过了良好的训练。在每个工况下，智能体可以准确识别系统的高灵敏度参数，并提供这些参数的最佳设置，以确保特征值处于稳定区域。

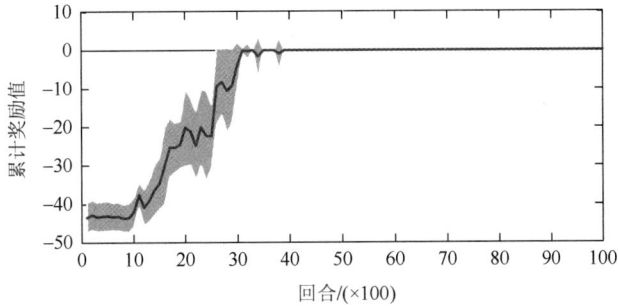

图 6-14　所提方法训练过程中奖励值变化情况

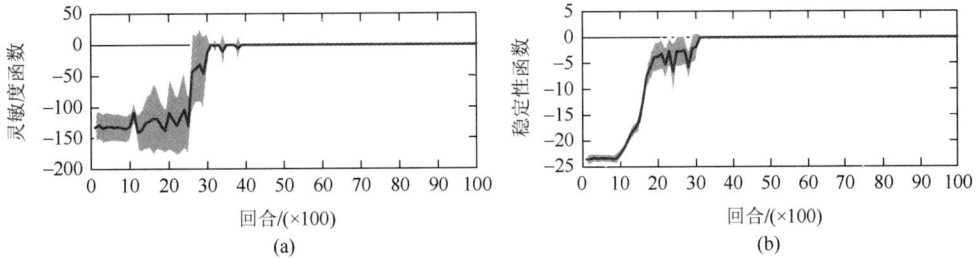

(a)　　　　　　　　　　　　　　　　(b)

图 6-15　所提方法训练过程中灵敏度函数和稳定性函数变化情况

为测试训练后智能体所提供的 PSS 参数设置的有效性，本章引入两种传统的参数设置方法进行对比分析。①鲁棒整定方法：上述方法用于多机 PSS 的参数设置的协同整定。具体而言，多 PSS 的参数设置整定问题可以建模为非线性优化问题。然后，通过优化信噪比函数，获得受工况变化影响较小的参数。②模型预测控制（model predictive control，MPC）方法：提出了一种基于人工神经网络的预测模型，用于提前一个时间步长预测系统状态。基于预测的状态数据，通过最小化临界阻尼指数来优化 PSS 的参数设置。

针对上述的两种方法和所提方法，在如表 6-4 所示的三种不同风速条件下进行测试。为了比较不同参数整定方法提供的参数设置的性能，在三种不同故障激励下进行时域仿真，其中三种故障均为三相短路故障，故障持续时间为 0.1s，故障母线分别为 3、8 和 24，分别命名为故障 1、故障 2 和故障 3。

表 6-4　测试的风速场景

场景	数值	场景	数值	场景	数值
场景 1	17m/s，301°	场景 2	17m/s，7°	场景 3	6.5m/s，170°

从图 6-16～图 6-18 可以观察到，在三种测试场景下，相较于其他两种参数整定方法，

所提出的基于 DDPG 的多机 PSS 协同稀疏控制策略可以使系统中发电机的功率偏差曲线在最短时间内达到稳态。这意味着，所提出的方法提供的 PSS 参数设置在不同的运行工况下具有更好的抑制振荡的能力，在变工况情况下显示出比鲁棒整定方法和模型预测控制方法更好的鲁棒性。

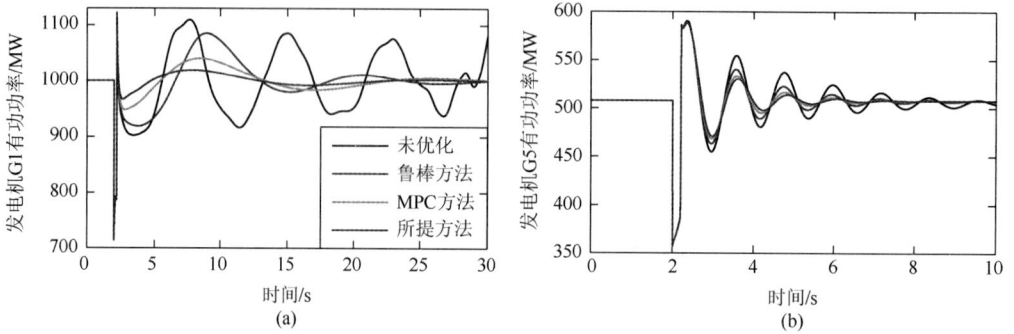

图 6-16　故障 1 激励下发电机在场景 1 的有功功率曲线（彩图扫二维码）

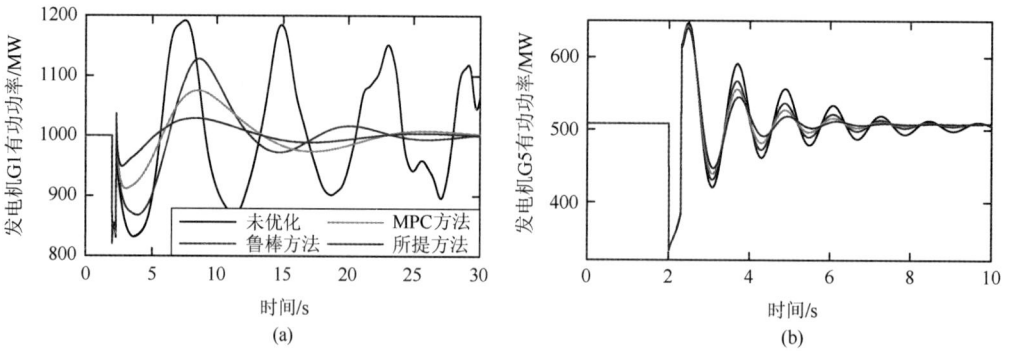

图 6-17　故障 2 激励下发电机在场景 2 的有功功率曲线（彩图扫二维码）

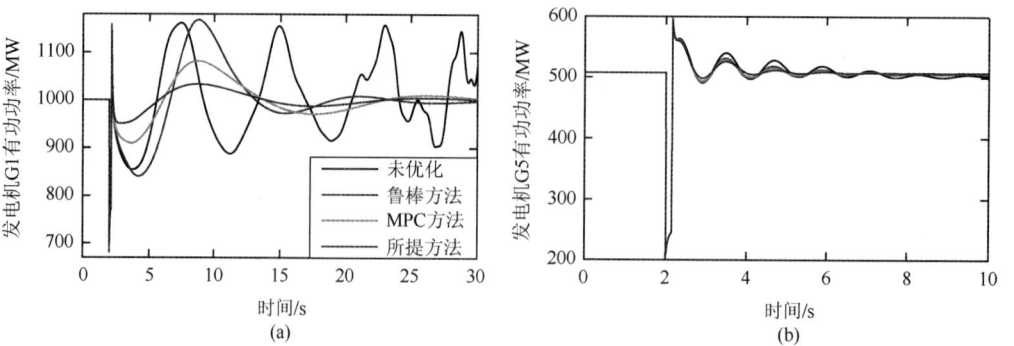

图 6-18　故障 3 激励下发电机在场景 3 的有功功率曲线（彩图扫二维码）

此外，三种策略下系统的模式分析结果如表 6-5 所示。从表中可以看出，三种方法均可提升系统的主振荡模式（模式 1、模式 2）的阻尼。而且，相较于其他两种参数整定方法，所提方法在三种场景下均可使得主振荡模式的阻尼比提升更大，表现出更强的鲁棒性。

表 6-5　不同策略下主振荡模式的分布

模式	方法	场景集		
		场景 1	场景 2	场景 3
		特征值（阻尼）	特征值（阻尼）	特征值（阻尼）
模式 1	鲁棒方法	$-0.179+\mathrm{j}\,3.20$（5.59%）	$-0.129+\mathrm{j}\,3.20$（4.04%）	$-0.021+\mathrm{j}\,3.11$（0.68%）
	模型预测	$-0.232+\mathrm{j}\,3.17$（8.43%）	$-0.180+\mathrm{j}\,3.03$（5.94%）	$-0.214+\mathrm{j}\,3.03$（6.93%）
	所提方法	$-0.263+\mathrm{j}\,3.11$（8.43%）	$-0.289+\mathrm{j}\,3.06$（9.40%）	$-0.251+\mathrm{j}\,3.10$（8.06%）
模式 2	鲁棒方法	$-0.343+\mathrm{j}\,3.03$（9.95%）	$-0.333+\mathrm{j}\,3.43$（9.65%）	$-0.315+\mathrm{j}\,3.43$（9.14%）
	模型预测	$-0.543+\mathrm{j}\,3.32$（16.14%）	$-0.863+\mathrm{j}\,3.39$（24.67%）	$-0.860+\mathrm{j}\,3.39$（24.58%）
	所提方法	$-0.982+\mathrm{j}\,3.30$（28.55%）	$-0.982+\mathrm{j}\,3.31$（28.47%）	$-0.981+\mathrm{j}\,3.10$（28.42%）

　　为了进一步测试所提出方法在不同风速条件下的鲁棒性，从测试集中随机选择 150 个场景作为测试场景。对于每种场景，计算模式 1 及其概率密度函数，并在复平面中绘制，如图 6-19 所示。其中，从图 6-19（a）和（b）中可以看出，部分场景下模式 1 的阻尼比小于 5%，表明这些模式并不位于稳定区域，这意味着系统具有振荡的风险。图 6-19（c）显示了基于所提方法下系统模式 1 的分布。在所有场景下，模式 1 都位于实轴的左平面内。由此可得，与鲁棒方法和模型预测控制方法相比，所提出的方法使模式 1 向左移动更大，表明所提方法能够使得系统具有更大的稳定裕度。

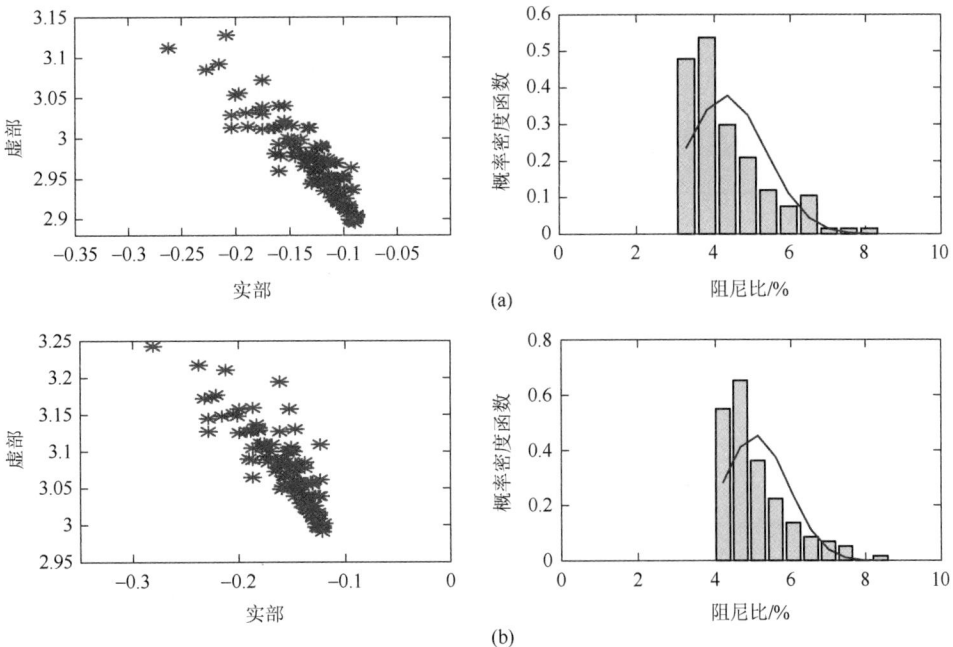

(a)

(b)

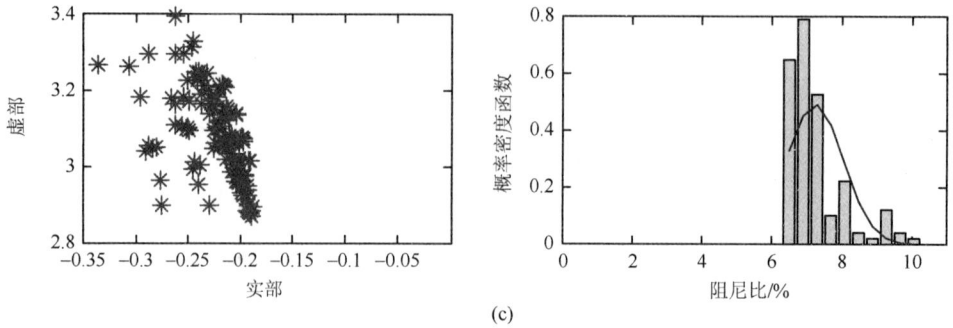

(c)

图 6-19　不同风速条件下模式 1 的特征值及其概率密度函数

　　为进一步测试所提出方法的成本控制，从测试数据库中选择了 200 个测试场景。随后，这 200 个测试场景被分成 20 个集合，每个集合包含 10 个测试场景。图 6-20 显示了智能体在每个集合中识别的高灵敏度 PSS 参数的数量（图 6-20 中的每个直方图代表一个集合）。从图 6-20 可以看出，所训练的智能体仅调整少数 PSS 参数即可提高系统的稳定性。此外，利用在线运用策略将进一步减少 PSS 参数调整的次数。对于选取的全体测试场景，计算 PSS 参数的总调整次数，并在表 6-6 中列出。值得注意的是，所提出的方法可以减少 PSS 参数的调整次数，降低比例为 74.17%。这表明所提出的方法具有低得多的控制成本。

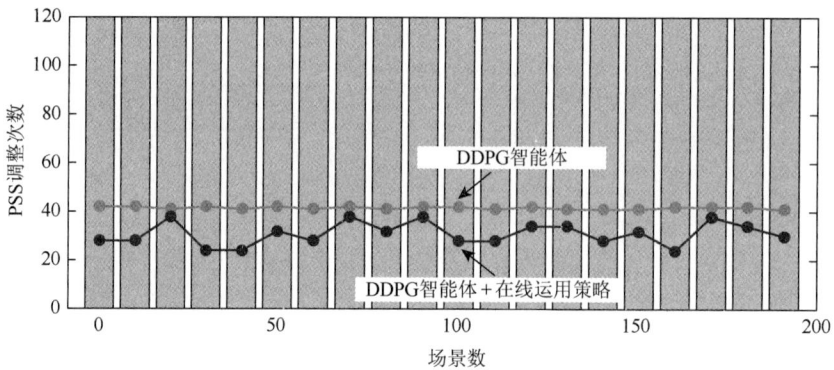

图 6-20　不同策略下 PSS 参数的调整次数

表 6-6　全体测试场景下 PSS 参数调整次数及降低比例

不同策略	调整次数	降低比例/%
最大值	2400	—
DDPG 智能体	831	65.37
DDPG 智能体 + 在线运用策略	620	74.17

6.3　计及水电接入的电力系统超低频振荡抑制策略

随着水电在系统中占比的不断提升，系统的超低频振荡风险日益增加，有别于传统的低频振荡，超低频振荡是由水轮机组调速器的一次调频的小扰动不稳定所引起的，而非系统的励磁系统，属于频率稳定问题，也并非功角稳定问题。这使得传统的低频振荡抑制策略，包括 6.2 节中所提到的方法均难以有效抑制超低频振荡。为此，本节提出一种为基于调速器 PID 鲁棒优化的超低频振荡抑制策略，其中将调速器 PID 参数优化问题建模为 min-max 双层优化模型，并将其内层模型用强化学习智能体进行代替，将双层优化问题转化成单层的非线性优化问题，再引入启发式算法进行求解，从而得到计及极端工况情形的抑制超低频振荡的 PID 参数设置。

6.3.1　调速器 PID 鲁棒优化问题建模

针对调速器 PID 参数优化问题，如前所述，为得到适宜的 PID 参数，优化过程中应满足三个原则：①保留调速器的调频性能，以往的研究表明仅以抑制超低频振荡为目标优化所得的 PID 参数会降低调速器的调频性能，为确保水轮机组满足调频考核指标，在通过优化调速器 PID 参数抑制超低频振荡时，应尽可能地保留调速器的调频性能；②对于其他低频振荡模式影响小，确保优化后的 PID 参数并不会降低其他低频振荡模式的阻尼，从而诱发低频振荡；③变工况下的鲁棒性，考虑到真实场景下水轮机组的运行工况复杂多变，优化后的调速器 PID 参数应当能够适应极端工况情形，从而确保系统在变工况下的稳定性。为此，该问题可建模为一个 min-max 双层优化模型：

$$\begin{cases} \min J^{\text{upper}}(K_{p-i}, K_{i-i}, K_{d-i}, T^*_{w-i}) \\ K^{\min}_{p-i} \leqslant K_{p-i} \leqslant K^{\max}_{p-i} \\ K^{\min}_{i-i} \leqslant K_{i-i} \leqslant K^{\max}_{i-i} \\ K^{\min}_{d-i} \leqslant K_{d-i} \leqslant K^{\max}_{d-i} \\ T^*_{w,i} = \arg\max y^{\text{lower}}_z(K_{p-i}, K_{i-i}, K_{d-i}) \\ T^{\min}_{w-i} \leqslant T_{w-i} \leqslant T^{\max}_{w-i} \\ \xi'_j(K_{p-i}, K_{i-i}, K_{d-i}, T_{w-i}) > \xi_0 \\ i = 1, 2, \cdots, N \end{cases} \quad (6\text{-}79)$$

其中，$T^*_{w,i}$ 为第 i 个调速器水锤效应时间常数，表征调速器的运行工况；ξ'_j 为系统中除超低频模式外第 j 个振荡模式的阻尼；ξ_0 为振荡模式的期望阻尼比，本节设置为 0.05；N 为系统中水轮机组的数量。另外，定义 $J^{\text{upper}}(K_{p,i}, K_{i,i}, K_{d,i}, T_{w,i})$ 为该优化问题的目标函数，可表示为

$$\begin{cases} J^{\text{upper}}(K_{p,i}, K_{i,i}, K_{d,i}, T_{w,i}) = J_{\text{STB}} + J_{\text{ITAE}} \\ J_{\text{STB}} = \sum_{\xi_{\text{ULFO}} < \xi_{\text{set}}} \left| \xi_{\text{ULFO}} - \xi_{\text{set}} \right| + \sum_{\sigma_{\text{ULFO}} > \sigma_{\text{set}}} \left| \sigma_{\text{ULFO}} - \sigma_{\text{set}} \right| \\ J_{\text{ITAE}} = \sum_{i=1}^{N} \left(\int_{0}^{T} t \cdot \left| L^{-1}\left(\frac{1}{s} G_{mi}(s) \right) - \Delta P_i^{\infty} \right| \mathrm{d}t \right) \end{cases} \tag{6-80}$$

其中，J_{STB} 表示系统的稳定性目标函数；J_{ITAE} 表示水轮机组调速器的一次调频性能函数；σ_{set} 和 ξ_{set} 表示超低频振荡模式的实部与阻尼比预设值；L^{-1} 表示拉普拉斯变换；$G_{mi}(s)$ 表示第 i 个水轮机的原动机传递函数；ΔP_i^{∞} 表示在单位阶跃输入下原动机稳态值。

6.3.2　min-max 双层鲁棒优化模型求解方法

对于上述的 min-max 双层优化模型，本节将下层模型转化为 MDP，并通过 DDPG 算法求解。随后，利用训练好的智能体辅助 PSO 算法求解上层模型以获得最优解。

基于强化学习的下层优化模型求解：双层模型的下层模型核心函数可描述为

$$T_{w,i}^{*} = \arg\max y_z^{\text{lower}}(K_{p-i}, K_{i-i}, K_{d-i})$$

$$\begin{cases} T_{w-i}^{\min} \leqslant T_{w-i} \leqslant T_{w-i}^{\max} \\ \xi_j'(K_{p-i}, K_{i-i}, K_{d-i}, T_{w-i}) > \xi_0 \\ i = 1, 2, \cdots, N \end{cases} \tag{6-81}$$

事实上，下层模型的功能主要是针对上层模型所提供的每组 PID 参数设置，搜寻该组 PID 参数设置所对应的极端工况，即该组 PID 参数设置在此种工况下性能最差。下层模型的求解本质上是找到每组 PID 参数设置与其对应的极端工况之间的非线性映射关系，其可表示为 $T_{w-i}^{*} = \pi^{*}(K_{p-i}, K_{i-i}, K_{d-i})$。为求解该问题可将上述过程建立成 MDP，然后引入强化学习方法进行求解，具体步骤如下所述。

状态：用于表征系统的实时信息，本节中状态可定义为系统中水轮机组调速器 PID 参数设置，$s_k = (K_{p-1}, K_{i-1}, K_{d-1}, \cdots, K_{p-N}, K_{i-N}, K_{d-N})$。

动作：为智能体依据实时的状态所做出的决策，本节中可定义为水轮机组的运行工况，$a_k = (T_{w-1}, \cdots, T_{w-N})$。

奖励值：用于评估智能体在每个步长下所做出的决策的优劣。在本章研究中，奖励定义如下：

$$r(s_k, a_k) = J(K_{p,i}^k, K_{i,i}^k, K_{d,i}^k, T_{w,i}^k) + \sum_{j=1}^{m} \sum_{\xi_0 < \xi_j'} (\xi_0 - \xi_j'(K_{p,i}^k, K_{i,i}^k, K_{d,i}^k, T_{w,i}^k)) \tag{6-82}$$

在时刻 k，智能体获取系统的实时状态 s_k，并执行决策 a_k，获得奖励值 r_k，完成后系统转移至下一个状态 r_{k+1}。上述过程会不断重复直至智能体学到相应的策略 $\pi^{*}(a_k | s_k)$，能够最大化累计奖励值。

6.3.3　基于 PSO 算法的上层优化模型求解

经过训练后，智能体能够依据上层模型给出的实时水轮机组调速器 PID 参数设置，提供其相应的极端工况，即有

$$T_{w-i}^* = \mu(K_{p-i}, K_{i-i}, K_{d-i} \mid \theta^\mu), \quad i = 1, 2, \cdots, N \tag{6-83}$$

因此，可以将训练后的智能体来替代下层模型，相较于原有的下层模型，训练良好的智能体可以根据水轮机组调速器 PID 参数设置立即提供相应的极端工况，无须再进行迭代优化计算，这将极大地提高整个双层模型的求解效率，如此，双层优化模型就转化成了单层的非线性优化问题，表示如下：

$$\begin{cases} \min J(K_{p-i}, K_{i-i}, K_{d-i}, T_{w-i}^*) \\ K_{p-i}^{\min} \leqslant K_{p-i} \leqslant K_{p-i}^{\max} \\ K_{i-i}^{\min} \leqslant K_{i-i} \leqslant K_{i-i}^{\max} \\ K_{d-i}^{\min} \leqslant K_{d-i} \leqslant K_{d-i}^{\max} \\ T_{w-i}^* = \mu(K_{p-i}, K_{i-i}, K_{d-i} \mid \theta^\mu) \\ i = 1, 2, \cdots, N \end{cases} \tag{6-84}$$

针对如式（6-84）所示的非线性优化问题，启发式算法是解决这一问题的好选择，本节采用了 PSO 算法。优化模型的具体求解过程如下所述。

（1）定义解空间和适应度函数：本节使用 PSO 算法搜索水轮机组调速器的最佳 PID 参数设置。其中，粒子位置被设计为 PID 参数设置（K_{p-i}、K_{i-i}、K_{d-i}）。适应度函数用于评估给定解的特性，即为上述的目标函数，如式（6-80）所示。

（2）初始化种群中各个粒子的位置和速度：基于水轮机组调速器 PID 参数的上下限随机初始化每个粒子的位置信息，并完成粒子在每个回合的运动方向以及步长的初始化。

（3）计算种群中每个粒子的适应度：将粒子所携带的 PID 参数信息传递给训练后的智能体。随后，智能体可依据接收到的 PID 参数信息为每个粒子提供相应的极端工况信息。基于上述信息以及式（6-80），可以计算相应粒子的适应度函数。

（4）更新粒子位置和速度：粒子的速度和位置更新方式如下：

$$\begin{cases} v_{i+1}^d = \omega v_i^d + c_1 r_1 (p_i^d - x_i^d) + c_2 r_2 (p_g - x_i^d) \\ x_{i+1}^d = x_i^d + v_i^d \end{cases} \tag{6-85}$$

其中，v_i^d 为第 d 个粒子在第 i 个训练回合的速度；x_i^d 为第 d 个粒子在第 i 个训练回合的位置；p_i^d 为第 d 个粒子截至第 i 次迭代时的最佳位置；p_g 为种群中所有粒子截至第 p_g 次迭代时搜寻到的最佳位置。

（5）迭代搜索最优的结果：重复步骤（2）和（3），直到满足算法终止条件，输出最终结果作为上述优化问题的解。

PSO 算法的训练过程如表 6-7 所示。

表 6-7　PSO 算法的训练过程

算法：PSO 算法的训练过程
1. 初始化粒子群
2. **for** i = 1 to 粒子数 do：
3.　　　初始化粒子的位置和速度
4.　　　计算粒子的适应度值
5.　　　更新粒子的最优位置和全局最优位置
6. **end for**
7. **while**（未达到停止条件）do
8.　　**for** i = 1 to 粒子数 do
9.　　　更新粒子的位置和速度
10.　　　计算粒子的适应度值
11.　　　更新粒子的最优位置和全局最优位置
12.　　**end for**
13. **end while**

6.3.4　仿真测试

在本节中，引入 IEEE 10 机 39 节点系统作为测试系统以验证所提出方法的有效性，系统拓扑如图 6-21 所示。系统中全体发电机均采用五阶模型和简化励磁系统。特征值分析结果表明系统中存在 ULFO 模式 0.00045 + j0.55。与该模式密切相关的发电机组包括 G1、G2、G5 和 G8。为了抑制超低频振荡，考虑对于上述超低频振荡强相关机组的调速器 PID 参数进行优化，将其建模为一个双层 PID 参数设置优化模型。然后，将 DDPG 和 PSO 算法结合起来求解该模型。

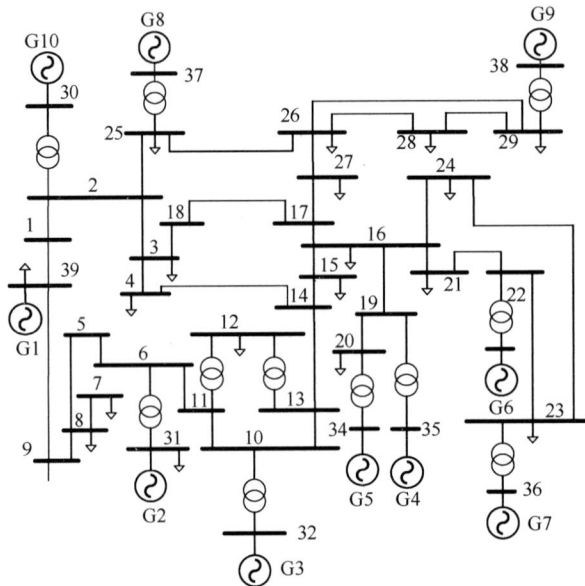

图 6-21　IEEE 10 机 39 节点系统拓扑图

对于 DDPG 算法，其中四个网络均采用了三层隐藏层结构，神经元个数分别为128、64、64。本节中 DDPG 算法采取的超参数与表 6-3 一致。在智能体的训练过程中为了使其能够学会策略 $T_{w-i}^* = \mu(K_{p-i}, K_{i-i}, K_{d-i} \mid \theta^\mu)$，构建了大量场景进行训练。具体而言，本节基于每个水轮机组的 PID 参数设置的上下限进行随机采样来生成场景集。然后基于这些场景集进行智能体的训练。DDPG 算法的训练过程如图 6-22 所示，其中实线和阴影区域分别表示平均累计奖励值和奖励值的标准偏差。图示结果表明在训练过程开始时，由于 DDPG 中网络的参数被随机初始化，智能体无法学习到满足所有约束的最优策略，导致累计奖励值较低。然而，随着训练过程的不断推进，智能体与系统交互不断优化 DDPG 中网络参数，累计奖励值逐渐增加。大约 5000 个训练回合后，算法获得的累计奖励值收敛。

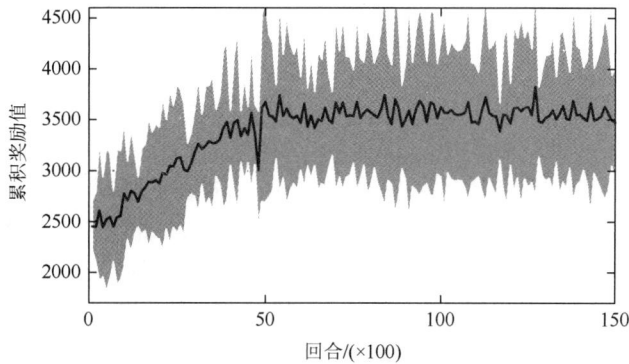

图 6-22　累计奖励值随训练回合的变化

经过训练后，智能体可以为每组 PID 参数情形下提供相应的极端工况情形。然后其可以用来辅助 PSO 算法求解上层模型。此外，本节引入遗传算法和模拟退火算法进行比较，这三种算法的收敛曲线如图 6-23 所示。可以观察到，随着迭代次数的增加，粒子的适应度值迅速降低。在 400～500 次迭代后，所有三种算法均收敛。其中，与其他两种算法相比，本章所提出的算法可以找到更好的 PID 参数设置，获得更小的目标函数。

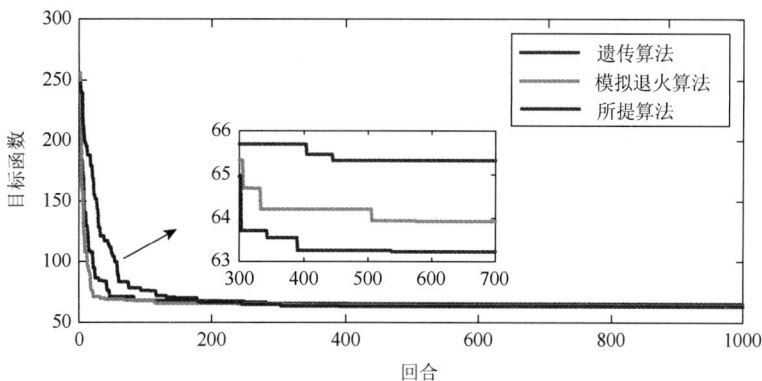

图 6-23　不同启发式算法的收敛曲线（彩图扫二维码）

为进一步比较三种启发式算法的有效性，本节将利用上述三种算法获得的 PID 参数设置更新至测试系统，并分别计算三种不同 PID 参数设置下的目标函数。计算结果如表 6-8 所示。从表中可以观察到，与其他两种算法相比，所提算法可以获得更小的目标函数，表明搜寻到的解更加准确。

表 6-8　不同振荡抑制策略下目标函数

PID 参数组	算法		
	遗传算法	模拟退火算法	所提算法
1	39.42	42.81	46.97
2	58.52	58.28	53.49
3	62.48	59.37	58.18

为了测试所提出算法的有效性，本节通过调节水轮机组水锤效应时间常数形成五种场景，见表 6-9。并引入其他两种 PID 参数优化方法作为比较方法，命名为鲁棒方法 I 以及鲁棒方法 II。分别将三种方法优化得到的 PID 参数配置到测试系统，并进行时域仿真以验证 PID 参数的控制性能。以 G1 和 G2 为例，在母线 3 处从 2.0s 开始附加双相短路故障，持续到 2.2s，命名为故障 1。发电机组在故障 1 激励下的动态响应如图 6-24 所示。此外，本节采用 prony 方法识别不同 PID 参数下的超低频振荡模式阻尼，识别结果如表 6-10 所示。从表 6-10 和图 6-24 可以看出，在 PID 参数优化之前，系统中存在超低频振荡现象，长时间无法恢复到稳态。而在 PID 参数优化后，超低频振荡模式的阻尼得到增强，振荡得到抑制。然而，不同方法优化的 PID 参数显示出不同的振荡抑制性能。与其他两种鲁棒优化方法相比，所提方法实现了超低频振荡模式的最佳阻尼比，并使得发电机功率偏差曲线在最短时间内达到稳态。

表 6-9　不同场景下水锤效应时间常数设置

PID 参数组	场景 1	场景 2	场景 3	场景 4	场景 5
G1	0.5	2.5	1.5	1.5	2.5
G2	1.5	1.5	2.5	0.5	0.5
G3	0.5	1.5	1.5	1.5	0.5
G4	2.5	2.5	2.5	1.5	1.5
G5	1.5	2.5	0.5	1.5	0.5
G6	1.5	0.5	0.5	1.5	2.5
G7	0.5	1.5	0.5	0.5	2.5
G8	0.5	0.5	1.5	1.5	1.5
G9	1.5	2.5	1.5	2.5	1.5
G10	2.5	0.5	1.5	0.5	2.5

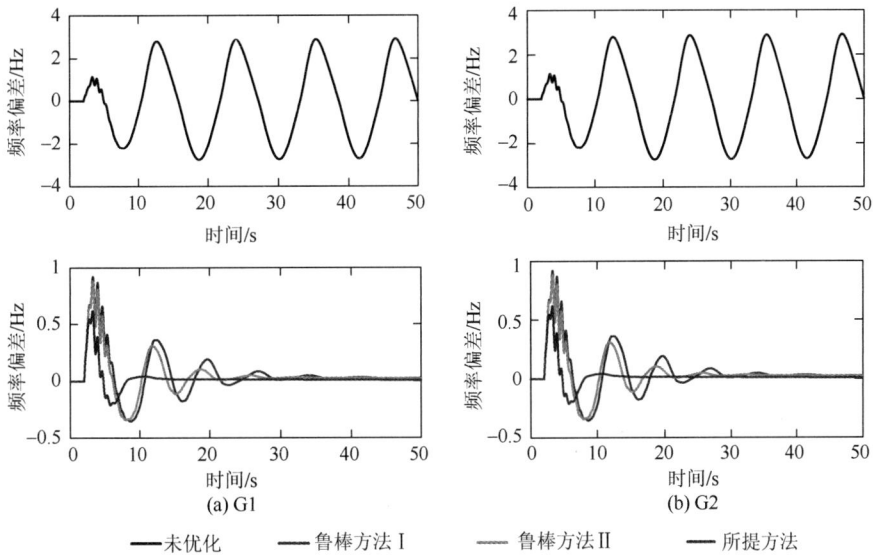

图 6-24　故障 1 激发下发电机频率偏差（彩图扫二维码）

表 6-10　不同 PID 参数优化策略下超低频振荡模式分布

优化方法	实部	虚部	阻尼比/%
未优化	0.00045	0.55	−0.082
鲁棒方法 I	−0.038	0.57	6.72
鲁棒方法 II	−0.056	058	9.63
所提方法	−0.090	0.53	16.93

　　图 6-25 和图 6-26 展示了 G1 和 G2 的阻尼特性曲线和阶跃响应，以分析所优化的 PID 参数的动态调频能力。图示结果表明，原始参数使机组获得最佳动态响应，但超低频稳定性最差。通过三种优化方法优化的 PID 参数可以改善超低频振荡的阻尼特性，但会降低调速器的动态特性。其中，相较于其他两种 PID 参数优化方法，所提方法不仅改善了调速器的阻尼特性，而且保持了比其他两种方法更好的动态响应性能。

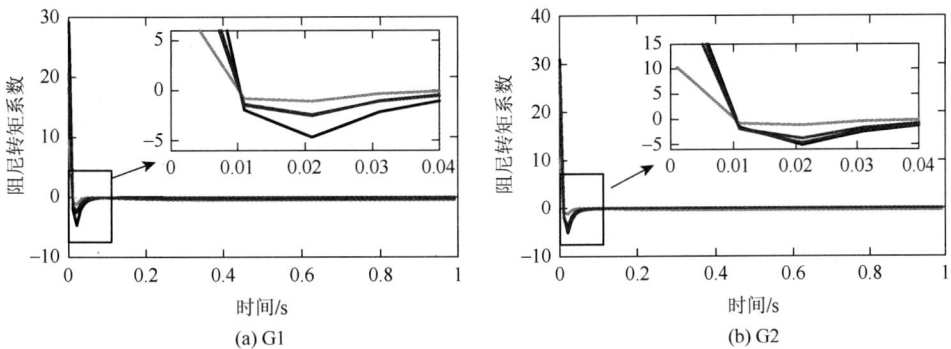

图 6-25　发电机的阻尼特性曲线（彩图扫二维码）

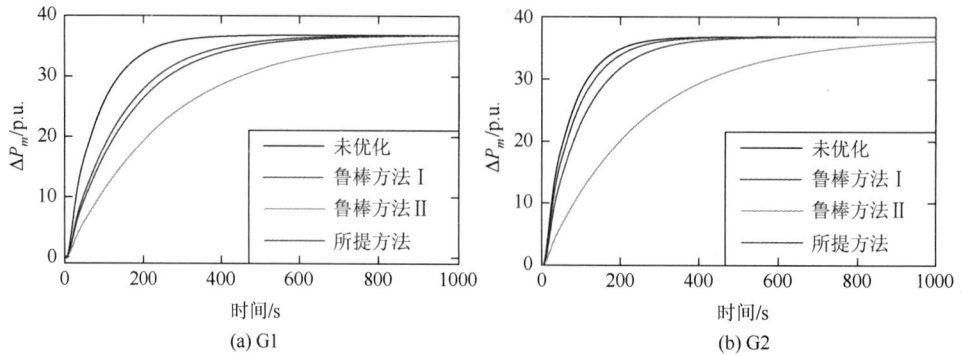

图 6-26　发电机阶跃响应下的响应曲线（彩图扫二维码）

　　为了测试所有三种方法在不同扰动下的鲁棒性，引入四种不同的两相短路故障，故障持续时间均为 100ms，故障母线分别为 8、16、23 和 25，分别命名为故障 2、故障 3、故障 4 和故障 5。仿真结果如图 6-27 所示。可以看出，三种优化方法得到的 PID 参数设置均可以抑制振荡。然而，与其他两种鲁棒方法相比，所提优化方法得到的 PID 参数能用最短的时间来抑制振荡，振荡幅度也是最小的，表明所提方法能在不同故障下展示出更好的超低频振荡抑制效果。

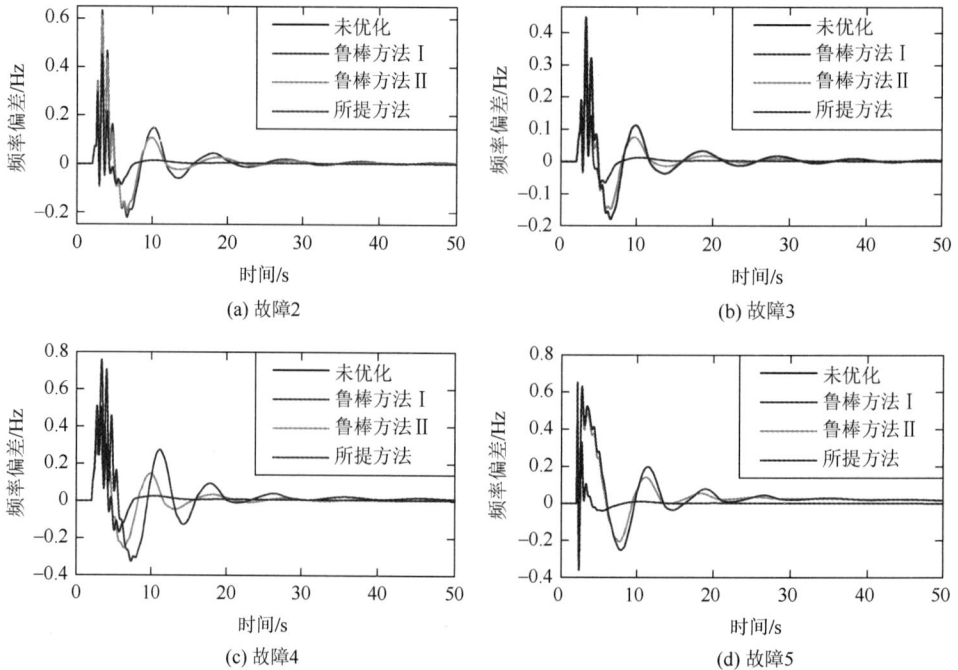

图 6-27　不同故障激励下发电机 G1 的动态响应（彩图扫二维码）

　　此外，本节同样测试三种 PID 参数优化在如表 6-9 所示不同场景下的鲁棒性，仿真结果如图 6-28 所示。图示结果表明，与其他两种优化方法相比，通过提出的方法优化的 PID 参数在四种工况均能实现更好的振荡抑制效果，针对变工况情形展示出更好的鲁棒性。

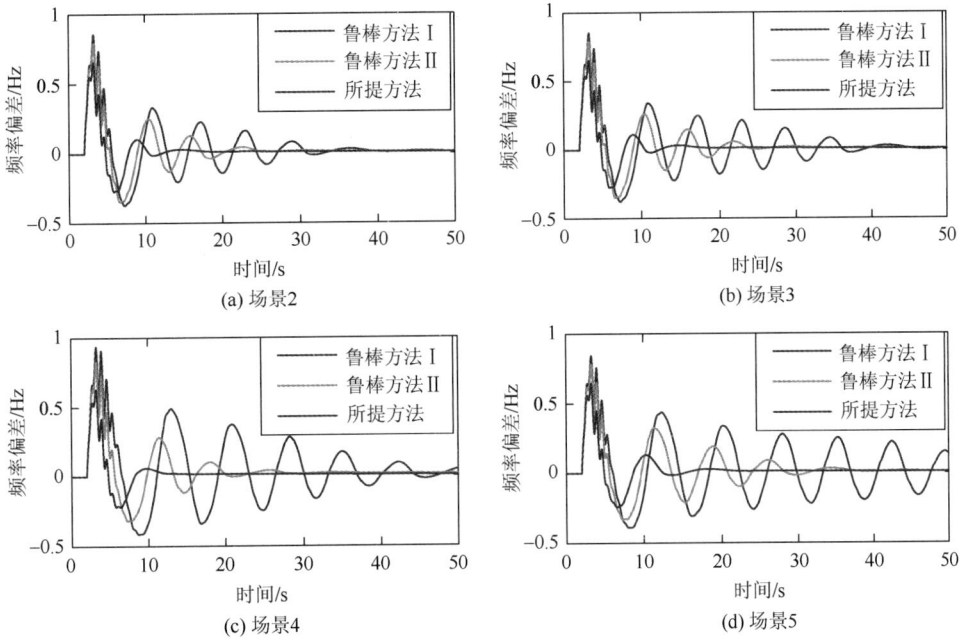

图 6-28　故障 1 激励下发电机 G1 的动态响应

　　为了进一步分析所提方法在变工况下的性能，本节针对每台水轮机的水锤效应时间常数 T_w 进行采样，正交生成 300 个测试场景。对于每一个场景，在复平面中计算并绘制超低频振荡模式。此外，还计算了超低频振荡模式的概率密度函数，见图 6-29。图示结果表明，对 PID 参数优化前，在某些情况下，超低频振荡模式的阻尼小于 0，这意味着在系统运行过程中存在超低频振荡的风险。图 6-29（b）～（d）显示了系统在配置不同优化方法所得的 PID 参数设置后的超低频振荡模式的分布情况。此外，表 6-11 还列出了相关的统计假设指标。结果表明，与其他两种 PID 参数鲁棒优化方法相比，所提方法可以使超低频振荡模式的阻尼实现更好的均值和更小的标准差，从而产生更大的稳定裕度。

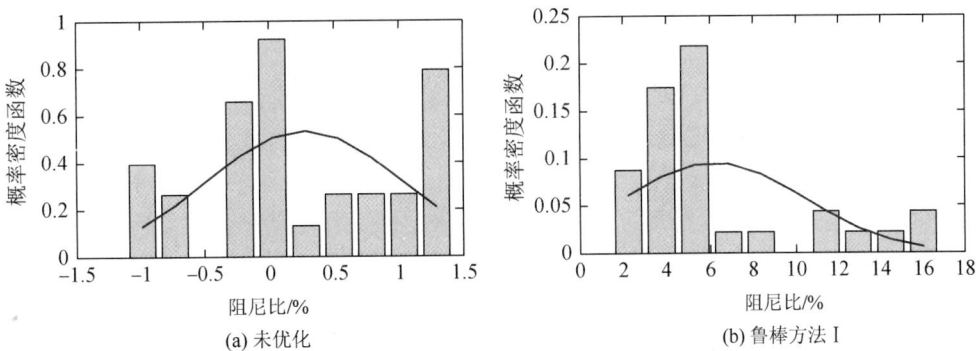

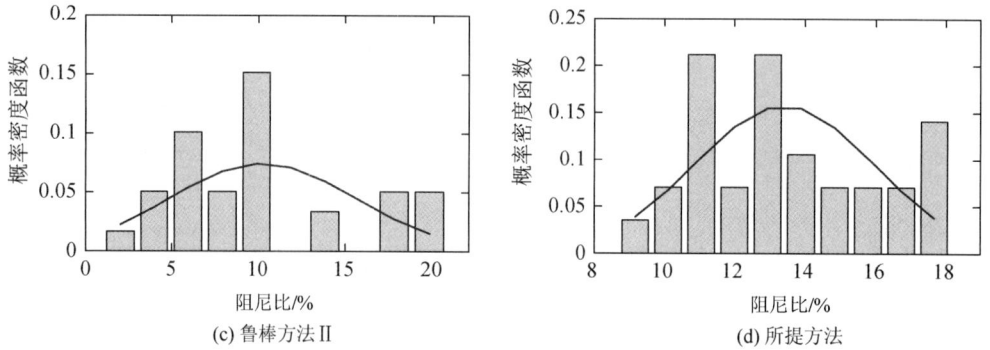

(c) 鲁棒方法Ⅱ　　　　　　　　　　　　(d) 所提方法

图 6-29　不同振荡抑制策略下系统超低频振荡模式分布

表 6-11　测试场景集下超低频振荡模式的阻尼比统计性指标

优化方法	均值	方差
未优化	0.0027	0.0075
鲁棒方法Ⅰ	0.0618	0.0420
鲁棒方法Ⅱ	0.1025	0.0536
所提方法	0.1378	0.0213

6.4　本 章 小 结

以水电和风电为代表的可再生能源不断接入电网，深刻改变了电力系统的稳定特征和运行特性，给系统的机理分析与稳定控制提出了更高的要求，本章针对水电和风电接入电网后所引发的系统低频振荡、超低频振荡以及低频与超低频耦合振荡问题展开研究。首先，构建了风机接入无穷大系统模型，并对其进行线性化后得到相应的菲利普斯-海佛容模型。基于复转矩系数法分析线性化模型，发现风机接入系统后会产生一个阻尼力矩。特别地，当系统处于特定工况下时，该阻尼转矩会变为负，使得风机会向系统中提供负阻尼，威胁系统安全稳定运行。其次，引入劳斯判据对于水轮机调速系统进行分析，明确了水轮机组的水锤效应使得系统在超低频段产生一个较大的负阻尼转矩，从而使得系统产生超低频振荡现象。而且进一步分析表明，调节水轮机组调速器 PID 参数有助于缓解该现象，故可考虑通过优化调速器 PID 参数抑制超低频振荡。然后，为提升风电接入下系统的低频振荡稳定特性，本章提出多机 PSS 在线稀疏自适应控制，即通过将多机 PSS 的协同自适应调参问题建模为马尔可夫决策过程，引入强化学习算法训练智能体来求解该模型，并在训练过程中引入灵敏度分析理论，使得智能体学习到多机 PSS 的稀疏自适应调参策略。最后，为提升水电接入下系统超低频振荡稳定特性，提出基于调速器 PID 鲁棒优化策略，即为了确保系统在极端工况情形下的稳定性，将水轮机组调速器 PID 优化问题建模为一个 min-max 双层优化模型。为解决传统双层优化问题求解效率不足的问题，将内层模型建模为马尔可夫决策过程，并引入强化学习训练智能体来代替内层模型，将双层优化问题转化成单层非线性优化问题，再结合启发式算法进行求解，从而提升了模型的求解效率。

参 考 文 献

[1] Zhang G Z, Hu W H, Cao D, et al. A data-driven approach for designing STATCOM additional damping controller for wind farms[J]. International Journal of Electrical Power & Energy Systems, 2020, 117: 105620.

[2] 关宏亮. 大规模风电场接入电力系统的小干扰稳定性研究[D]. 保定: 华北电力大学, 2008.

[3] 陈谦, 唐国庆, 胡铭. 采用 dq0 坐标的 VSC-HVDC 稳态模型与控制器设计[J]. 电力系统自动化, 2004, 28(16): 61-66.

[4] 廖凯. 抑制电力系统低频振荡的双馈风电机组控制策略研究[D]. 成都: 西南交通大学, 2016.

[5] 杨玲玲. 双馈风电并网对电力系统小干扰稳定性影响[D]. 北京: 华北电力大学, 2017.

[6] 姚亦章. 双馈风机的接入对电力系统小干扰稳定性的影响[D]. 北京: 华北电力大学, 2016.

[7] 史华勃, 陈刚, 丁理杰, 等. 兼顾一次调频性能和超低频振荡抑制的水轮机调速器 PID 参数优化[J]. 电网技术, 2019, 43(1): 221-226.

[8] Wang P, Zhang Z Y, Huang Q, et al. Improved wind farm aggregated modeling method for large-scale power system stability studies[J]. IEEE Transactions on Power Systems, 2018, 33(6): 6332-6342.

[9] Zhang G Z, Hu W H, Cao D, et al. A novel deep reinforcement learning enabled sparsity promoting adaptive control method to improve the stability of power systems with wind energy penetration[J]. Renewable Energy, 2021, 178: 363-376.

[10] Yan Z M, Xu Y. Data-driven load frequency control for stochastic power systems: A deep reinforcement learning method with continuous action search[J]. IEEE Transactions on Power Systems, 2019, 34(2): 1653-1656.

[11] Hadidi R, Jeyasurya B. Reinforcement learning based real-time wide-area stabilizing control agents to enhance power system stability[J]. IEEE Transactions on Smart Grid, 2013, 4(1): 489-497.

[12] Ye Y J, Qiu D W, Sun M Y, et al. Deep reinforcement learning for strategic bidding in electricity markets[J]. IEEE Transactions on Smart Grid, 2020, 11(2): 1343-1355.

第7章　人工智能在双有源全桥调制中的应用

电力电子涉及电力的传输、转换、控制、电力供应以及为电子设备供电等相关技术领域。当前，电力电子变换器是最为重要的能量置换装置，处理着世界上一半以上的电力能源，且这一比例将持续快速增长。未来，将有超过 80% 的电力能源通过电力电子变换器进行处理。因此，提升电力电子变换器的效率是提高电力能源传输效率和实现零碳排放的关键。

近年来，随着电力系统电力电子化的发展，基于新能源的直流微网系统成为研究的热点。为实现新能源的收集、变换和传输，双有源全桥（dual active bridge，DAB）双向 DC-DC 电源变换器成为一个关键的能量变换装置。作为目前最为流行的双向拓扑之一，因为其结构简单、软开关范围宽、性能可靠、功率密度高等优势，被广泛应用于可再生能源发电系统、固态变压器、储能系统、电动汽车和航空航天等领域。

然而，包括 DAB DC-DC 变换器在内的电力电子变换器普遍存在以下几个问题：①电力电子变换器包含大量有源元件和无源元件，使得变换器的数学模型非常复杂；②电力电子变换器的相关参数和外部电路环境可能会随着运行工况的改变而发生变化，传统的数学建模方式难以对其进行精确的建模；③电力电子变换器模型中存在较多可调的控制变量，加剧了变换器效率优化求解的计算量和复杂度。新一代人工智能（AI）技术，在处理数据量大、建模复杂、存在不确定性的系统优化决策、高维度复杂系统的优化求解问题时具有明显的优势，且已经在电气工程的其他领域（如电力系统领域、电力市场）展现了优越的寻优和决策性能。本章将以 DAB DC-DC 三重移相（triple phase shift，TPS）变换器为例，介绍强化学习（RL）在解决这类复杂的电力电子变换器的优化调制问题中的应用，以提高电力电子变换器的效率，降低电力系统的传输损耗，助力实现节能减排的目标。

7.1　电力电子变换器的调制建模分析

人工智能技术服务于 DAB DC-DC 变换器以提高变换器的效率，因此对 DAB DC-DC 变换器的调制建模分析尤为重要。本节将分析 DAB DC-DC 变换器的线性分段时域模型，并对各个模态下的关键波形、电感电流表达式、零电压开关（zero voltage switching，ZVS）特性、功率传输特性等进行详细的描述。此外，本节还将分析 DAB DC-DC 变换器的统一谐波分析模型，将电压、电流和无功功率等通过傅里叶级数分解简化为频域的谐波级数形式。

7.1.1　DAB DC-DC 变换器的线性分段时域模型分析

如图 7-1 所示为 DAB DC-DC 变换器的电路拓扑图和等效电路图。从图 7-1（a）可以看出，DAB DC-DC 变换器是由两个对称的全桥（全桥 1 和全桥 2）、一个串联电感 L_r 和

一个隔离变压器 T_r 组成的。其中，每个全桥包含四个开关管，电感 L_k 表示外部串联电感和变压器漏电感的等效电感。变压器的匝数比为 $n:1$，v_{AB} 表示变压器初级侧的交流电压，v_{CD} 为变压器次级侧的交流电压，i_{L_k} 为经过等效电感 L_k 的电流。一般来说，DAB DC-DC 变换器的励磁电感被认为比漏电感大得多，励磁电流与负载电流相比可以忽略不计。因此在 T 型变压器等效电路中，带有励磁电感的支路可以看作开路。参考二次侧的电路参数，可以得到如图 7-1（b）所示的简单等效电路。v'_{CD} 为变压器次级侧的交流电压 v_{CD} 等效到初级侧的值，且 $v'_{CD} = n \times v_{CD}$。

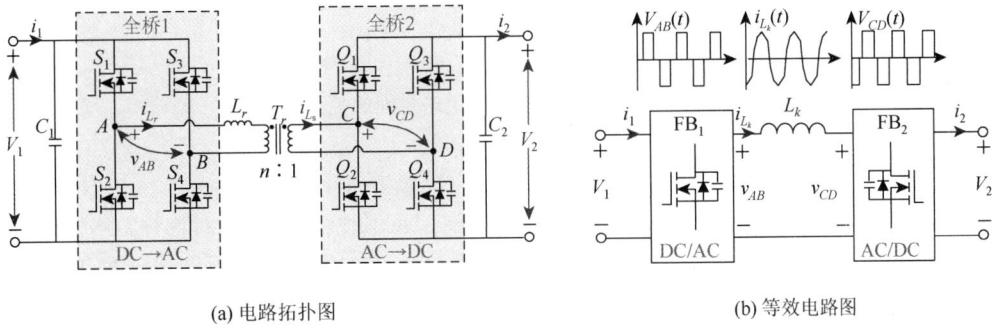

(a) 电路拓扑图　　　　　　　　　　　　　　　(b) 等效电路图

图 7-1　DAB DC-DC 变换器的电路拓扑图和等效电路图

如图 7-2 所示为采用 TPS 调制时 DAB DC-DC 变换器的相关电压和电流波形。图 7-2 包含了三个移相角（D_1、D_2、D_3），其中，D_1 表示开关管 S_1 与开关管 S_4 之间相重叠的移相角，D_2 为开关管 Q_1 与开关管 Q_4 之间相重叠的移相角，D_3 为初级侧与次级侧交流电压

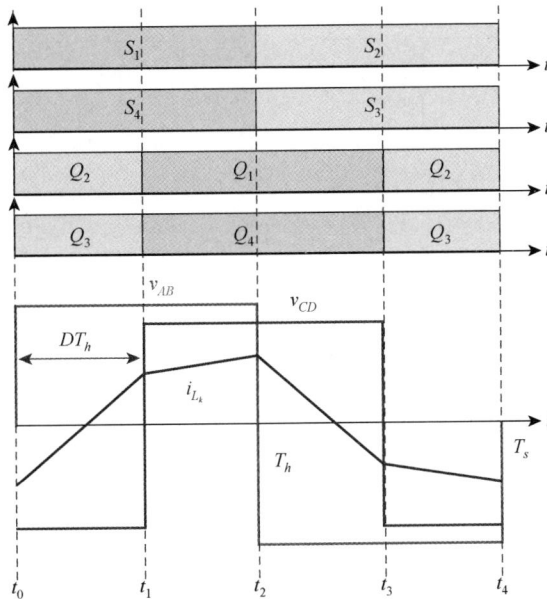

图 7-2　TPS 调制策略的关键波形

上升沿之间的移相角。如图 7-3 所示，单移相（single phase shift，SPS）调制、扩展移相（extended phase shift，EPS）调制和双重移相（dual phase shift，DPS）调制都可以视为 TPS 调制的特殊情况，因此 TPS 调制包含了 DAB DC-DC 变换器中移相调制的所有可能性。

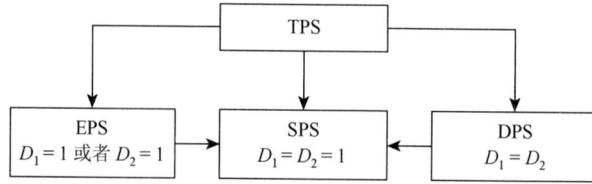

图 7-3　各种移相调制策略之间的关系

通过运用线性分段时域法，在不同的运行模式和不同的时间段下，可建立 DAB DC-DC 变换器的线性分段时域模型。由于 DAB DC-DC 变换器结构的对称性，移相角（D_1，D_2，D_3）下的工作模式可以相应地转换为移相角（D_1'、D_2'、D_3'）下的另一种工作模式。根据移相角（D_1，D_2，D_3）的完全重叠、部分重叠和无重叠的不同组合，在 TPS 调制下，DAB DC-DC 变换器存在 6 个不同的工作模式和对应的 6 个互补工作模式[1, 2]。DAB DC-DC 变换器的 12 种工作模式所对应的关键模型波形和各个模式的移相角约束如图 7-4 所示。

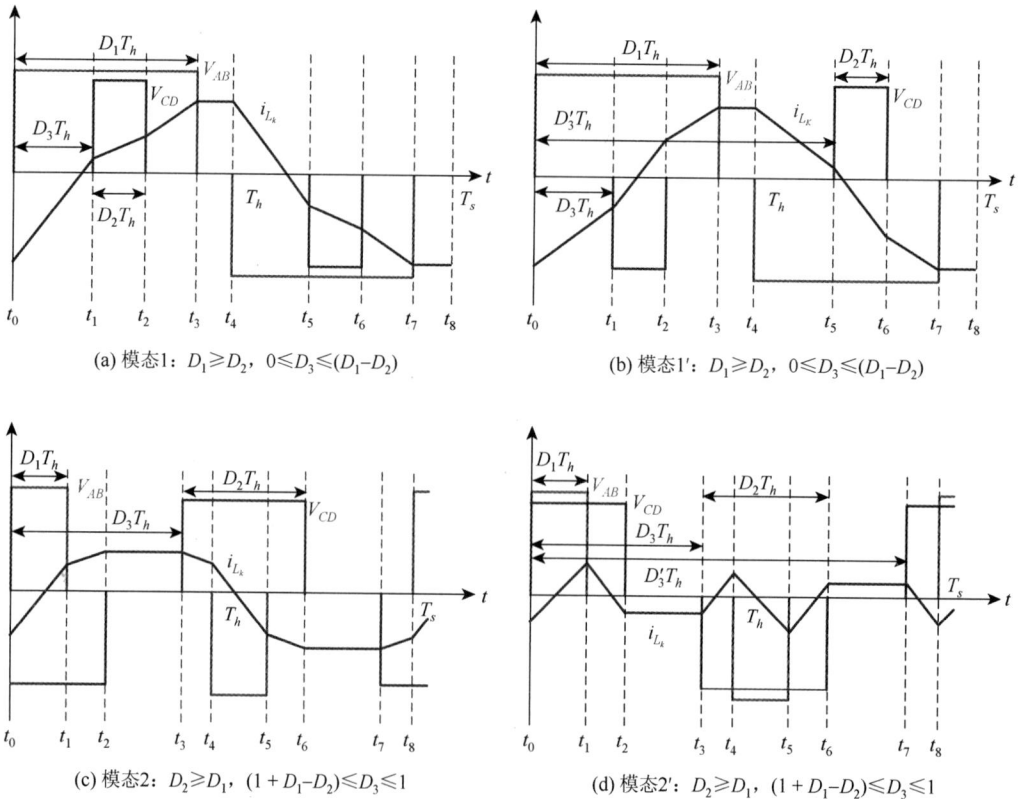

(a) 模式1：$D_1 \geqslant D_2$，$0 \leqslant D_3 \leqslant (D_1 - D_2)$

(b) 模式1′：$D_1 \geqslant D_2$，$0 \leqslant D_3 \leqslant (D_1 - D_2)$

(c) 模式2：$D_2 \geqslant D_1$，$(1 + D_1 - D_2) \leqslant D_3 \leqslant 1$

(d) 模式2′：$D_2 \geqslant D_1$，$(1 + D_1 - D_2) \leqslant D_3 \leqslant 1$

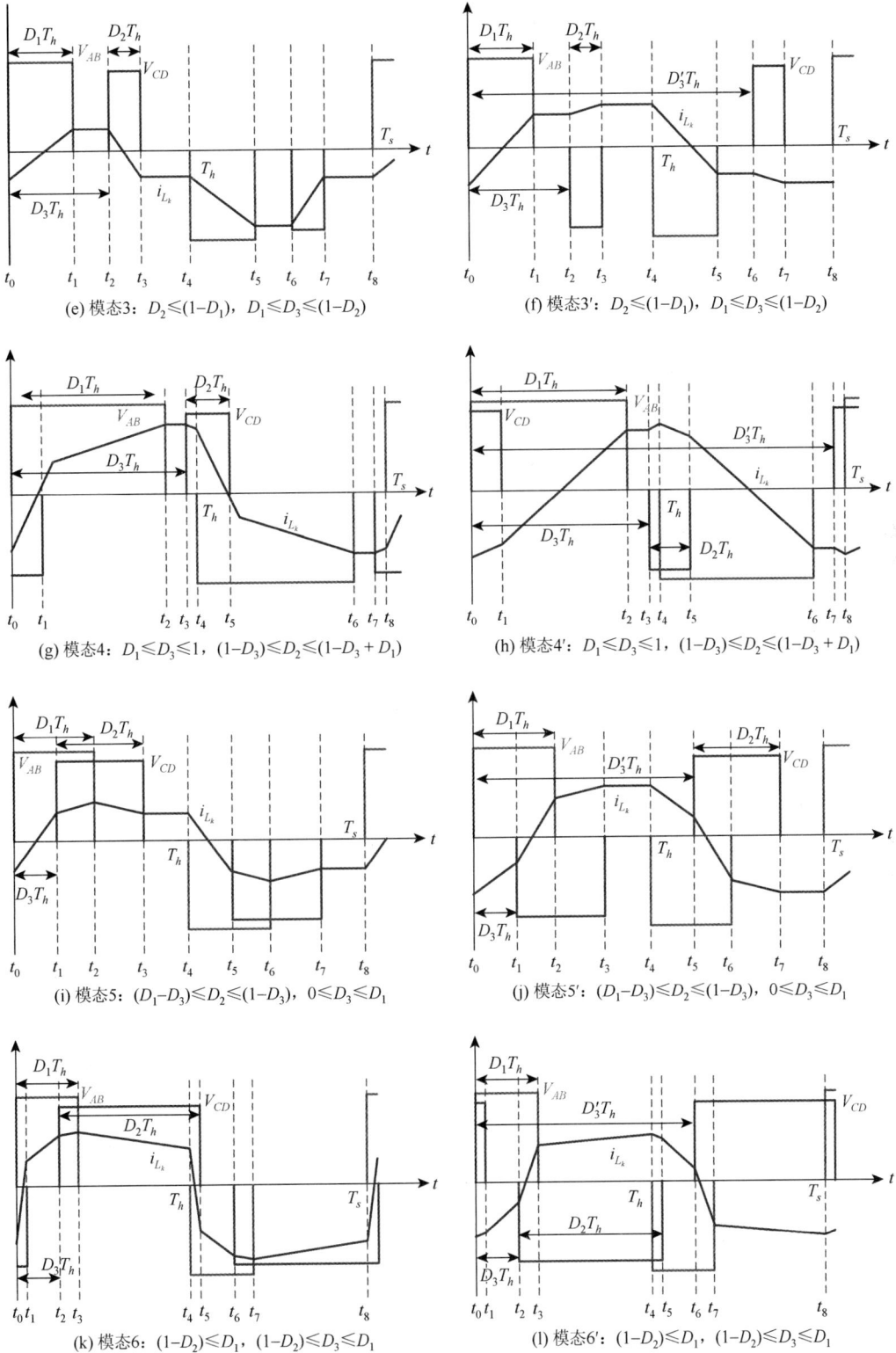

(e) 模态3：$D_2 \leqslant (1-D_1)$，$D_1 \leqslant D_3 \leqslant (1-D_2)$

(f) 模态3′：$D_2 \leqslant (1-D_1)$，$D_1 \leqslant D_3 \leqslant (1-D_2)$

(g) 模态4：$D_1 \leqslant D_3 \leqslant 1$，$(1-D_3) \leqslant D_2 \leqslant (1-D_3+D_1)$

(h) 模态4′：$D_1 \leqslant D_3 \leqslant 1$，$(1-D_3) \leqslant D_2 \leqslant (1-D_3+D_1)$

(i) 模态5：$(D_1-D_3) \leqslant D_2 \leqslant (1-D_3)$，$0 \leqslant D_3 \leqslant D_1$

(j) 模态5′：$(D_1-D_3) \leqslant D_2 \leqslant (1-D_3)$，$0 \leqslant D_3 \leqslant D_1$

(k) 模态6：$(1-D_2) \leqslant D_1$，$(1-D_2) \leqslant D_3 \leqslant D_1$

(l) 模态6′：$(1-D_2) \leqslant D_1$，$(1-D_2) \leqslant D_3 \leqslant D_1$

图 7-4　DAB DC-DC 变换器 12 种工作模态

由图 7-1（b）可知，由于 DAB DC-DC 变换器的对称性，其平均传输功率可以通过初级侧全桥交流电压 v_{AB} 或者次级侧全桥交流电压 v_{CD}，与流过等效电感 L_k 的电流 i_{L_k} 在半个周期内的积分进行计算，具体计算公式如下：

$$P = \frac{1}{T_h}\int_0^{T_h} v_{AB}i_{L_k}\mathrm{d}t = \frac{1}{T_h}\int_0^{T_h} n\cdot v_{CD}i_{L_k}\mathrm{d}t \tag{7-1}$$

对于 DAB DC-DC 变换器，在 SPS 调制下且其移相角 $D = 0.5$ 时能够传输最大功率 $P_{o\mathrm{max}}$，具体计算公式如下：

$$P_{o\mathrm{max}} = \frac{nV_1V_2}{8f_sL_k} \tag{7-2}$$

其中，n 表示变压器的匝数比；V_1 表示输入侧直流电压；V_2 表示输出侧直流电压；f_s 表示 DAB DC-DC 变换器的开关频率。其归一化传输功率 P_{on} 可以定义为

$$P_{\mathrm{on}} = P_o / P_{o\mathrm{max}} \tag{7-3}$$

如图 7-4 所示的关键波形，每个模态下都对应单独的传输功率计算公式和传输功率范围。对于某个特定的传输功率，可以采用几种不同的工作模态来满足功率要求。如表 7-1 所示为各个工作模态所对应的传输功率范围和计算公式。

表 7-1　DAB DC-DC 变换器中各个工作模态所对应的传输功率范围和计算公式

工作模态	功率范围/p.u.	传输功率计算公式
模态 1	$-0.5\sim0.5$	$P_{\mathrm{pu}} = 2(D_2^2 - D_1D_2 + 2D_2D_3)$
模态 1′	$-0.5\sim0.5$	$P_{\mathrm{pu}} = -2(D_2^2 - D_1D_2 + 2D_2D_3)$
模态 2	$-0.5\sim0.5$	$P_{\mathrm{pu}} = 2(D_1^2 - D_1D_2 + 2D_1 - 2D_1D_3)$
模态 2′	$-0.5\sim0.5$	$P_{\mathrm{pu}} = -2(D_1^2 - D_1D_2 + 2D_1 - 2D_1D_3)$
模态 3	$0\sim0.5$	$P_{\mathrm{pu}} = 2D_1D_2$
模态 3′	$-0.5\sim0$	$P_{\mathrm{pu}} = -2D_1D_2$
模态 4	$0\sim0.67$	$P_{\mathrm{pu}} = 2(-D_2^2 - D_3^2 + 2D_2 + 2D_3 - 2D_2D_3 + D_1D_2 - 1)$
模态 4′	$-0.67\sim0$	$P_{\mathrm{pu}} = -2(-D_2^2 - D_3^2 + 2D_2 + 2D_3 - 2D_2D_3 + D_1D_2 - 1)$
模态 5	$0\sim0.667$	$P_{\mathrm{pu}} = 2(-D_1^2 - D_3^2 + D_1D_2 + 2D_1D_3)$
模态 5′	$-0.667\sim0$	$P_{\mathrm{pu}} = -2(-D_1^2 - D_3^2 + D_1D_2 + 2D_1D_3)$
模态 6	$0\sim1$	$P_{\mathrm{pu}} = 2(-D_1^2 - D_2^2 - 2D_3^2 + 2D_3 - 2D_2D_3 + D_1D_2 + 2D_1D_3 + 2D_2 - 1)$
模态 6′	$-1\sim0$	$P_{\mathrm{pu}} = -2(-D_1^2 - D_2^2 - 2D_3^2 + 2D_3 - 2D_2D_3 + D_1D_2 + 2D_1D_3 + 2D_2 - 1)$

为了分析 DAB DC-DC 变换器中各个工作模态的稳态性能指标（如功率损耗、软开关性能、均方根电流、峰值电流等），需要给出电感电流的精确表达式。由于 DAB DC-DC 变换器的对称性，其正半周期和负半周期的电流和电压波形是关于横坐标半波对称的，因此只需分析 DAB DC-DC 变换器正半周期的相关电压和电流即可。基于此，如表 7-2 所示

为 DAB DC-DC 变换器中各个工作模式中不同时刻的归一化电流计算公式，如表 7-3 所示为 DAB DC-DC 变换器中各个工作模式中归一化均方根电流 $I_{\mathrm{rms\_}n}$ 计算公式。表 7-2 和表 7-3 中的瞬时电流和均方根电流都归一化为 $nV_2/(4f_sL_k)$。

表 7-2　DAB DC-DC 变换器中各个工作模式下不同时刻的电流计算公式（归一化为 $nV_2/(4f_sL_k)$）

工作模式	$i_{L_k\_n}(t_0)$	$i_{L_k\_n}(t_1)$	$i_{L_k\_n}(t_2)$	$i_{L_k\_n}(t_3)$
模态 1	$-kD_1+D_2$	$-kD_1+2kD_3+D_2$	$-kD_1+2kD_2+2kD_3-D_2$	kD_1-D_2
模态 1′	$-kD_1-D_2$	$-kD_1+2kD_3-D_2$	$-kD_1+2kD_2+2kD_3+D_2$	kD_1+D_2
模态 2	$-kD_1+2-D_2-2D_3$	$kD_1+2D_1-D_2+2-2D_3$	kD_1+D_2	kD_1+D_2
模态 2′	$-kD_1-2+D_2+2D_3$	$kD_1-2D_1+D_2-2+2D_3$	kD_1-D_2	kD_1-D_2
模态 3	$-kD_1+D_2$	kD_1+D_2	kD_1+D_2	kD_1-D_2
模态 3′	$-kD_1-D_2$	kD_1-D_2	kD_1-D_2	kD_1+D_2
模态 4	$-kD_1+2-D_2-2D_3$	$-kD_1-2k+2kD_2+2kD_3+D_2$	kD_1+D_2	kD_1+D_2
模态 4′	$-kD_1-2+D_2+2D_3$	$-kD_1-2k+2kD_2+2kD_3-D_2$	kD_1-D_2	kD_1-D_2
模态 5	$-kD_1+D_2$	$-kD_1+2kD_3+D_2$	$kD_1-2D_1+D_2+2D_3$	kD_1-D_2
模态 5′	$-kD_1-D_2$	$-kD_1+2kD_3-D_2$	$kD_1+2D_1-D_2-2D_3$	kD_1+D_2
模态 6	$-kD_1-D_2-2D_3+2$	$-kD_1+2kD_2+2kD_3+D_2-2k$	$-kD_1+2kD_3+D_2$	$kD_1-2D_1+D_2+2D_3$
模态 6′	$-kD_1+D_2+2D_3-2$	$-kD_1+2kD_2+2kD_3-D_2-2k$	$-kD_1+2kD_3-D_2$	$kD_1+2D_1-D_2-2D_3$

表 7-3　DAB DC-DC 变换器中各个工作模式的均方根电流计算公式（归一化为 $nV_2/(4f_sL_k)$）

工作模式	归一化电感均方根电流 $I_{\mathrm{rms\_}n}$
模态 1	$\sqrt{i_{L_k}^2(t_3)(1-D_1)+\dfrac{2f_sL_k}{3}\left(\dfrac{i_{L_k}^3(t_1)-i_{L_k}^3(t_0)}{V_1}+\dfrac{i_{L_k}^3(t_2)-i_{L_k}^3(t_1)}{V_1-nV_2}+\dfrac{i_{L_k}^3(t_3)-i_{L_k}^3(t_2)}{V_1}\right)}$
模态 1′	$\sqrt{i_{L_k}^2(t_3)(1-D_1)+\dfrac{2f_sL_k}{3}\left(\dfrac{i_{L_k}^3(t_1)-i_{L_k}^3(t_0)}{V_1}+\dfrac{i_{L_k}^3(t_2)-i_{L_k}^3(t_1)}{V_1+nV_2}+\dfrac{i_{L_k}^3(t_3)-i_{L_k}^3(t_2)}{V_1}\right)}$
模态 2	$\sqrt{i_{L_k}^2(t_2)(1-D_2)+\dfrac{2f_sL_k}{3}\left(\dfrac{i_{L_k}^3(t_1)-i_{L_k}^3(t_0)}{V_1+nV_2}+\dfrac{i_{L_k}^3(t_2)-i_{L_k}^3(t_1)}{nV_2}+\dfrac{i_{L_k}^3(t_0)+i_{L_k}^3(t_3)}{nV_2}\right)}$
模态 2′	$\sqrt{i_{L_k}^2(t_2)(1-D_2)+\dfrac{2f_sL_k}{3}\left(\dfrac{i_{L_k}^3(t_1)-i_{L_k}^3(t_0)}{V_1-nV_2}-\dfrac{i_{L_k}^3(t_2)-i_{L_k}^3(t_1)}{nV_2}-\dfrac{i_{L_k}^3(t_0)+i_{L_k}^3(t_3)}{nV_2}\right)}$
模态 3	$\sqrt{i_{L_k}^2(t_1)(D_3-D_1)+i_{L_k}^2(t_3)(1-D_2-D_3)+\dfrac{2f_sL_k}{3}\left(\dfrac{i_{L_k}^3(t_1)-i_{L_k}^3(t_0)}{V_1}-\dfrac{i_{L_k}^3(t_3)-i_{L_k}^3(t_2)}{nV_2}\right)}$
模态 3′	$\sqrt{i_{L_k}^2(t_1)(D_3-D_1)+i_{L_k}^2(t_3)(1-D_2-D_3)+\dfrac{2f_sL_k}{3}\left(\dfrac{i_{L_k}^3(t_1)-i_{L_k}^3(t_0)}{V_1}+\dfrac{i_{L_k}^3(t_3)-i_{L_k}^3(t_2)}{nV_2}\right)}$
模态 4	$\sqrt{i_{L_k}^2(t_3)(D_3-D_1)+\dfrac{2f_sL_k}{3}\left(\dfrac{i_{L_k}^3(t_1)-i_{L_k}^3(t_0)}{V_1+nV_2}+\dfrac{i_{L_k}^3(t_2)-i_{L_k}^3(t_1)}{V_1}+\dfrac{i_{L_k}^3(t_3)+i_{L_k}^3(t_0)}{nV_2}\right)}$

续表

工作模态	归一化电感均方根电流 I_{rms_n}
模态 4′	$\sqrt{i_{L_k}^2(t_3)(D_3-D_1)+\dfrac{2f_sL_k}{3}\left(\dfrac{i_{L_k}^3(t_1)-i_{L_k}^3(t_0)}{V_1-nV_2}+\dfrac{i_{L_k}^3(t_2)-i_{L_k}^3(t_1)}{V_1}-\dfrac{i_{L_k}^3(t_3)+i_{L_k}^3(t_0)}{nV_2}\right)}$
模态 5	$\sqrt{i_{L_k}^2(t_3)(1-D_2-D_3)+\dfrac{2f_sL_k}{3}\left(\dfrac{i_{L_k}^3(t_1)-i_{L_k}^3(t_0)}{V_1}+\dfrac{i_{L_k}^3(t_2)-i_{L_k}^3(t_1)}{V_1-nV_2}-\dfrac{i_{L_k}^3(t_3)-i_{L_k}^3(t_2)}{nV_2}\right)}$
模态 5′	$\sqrt{i_{L_k}^2(t_3)(1-D_2-D_3)+\dfrac{2f_sL_k}{3}\left(\dfrac{i_{L_k}^3(t_1)-i_{L_k}^3(t_0)}{V_1}+\dfrac{i_{L_k}^3(t_2)-i_{L_k}^3(t_1)}{V_1+nV_2}+\dfrac{i_{L_k}^3(t_3)-i_{L_k}^3(t_2)}{nV_2}\right)}$
模态 6	$\sqrt{\dfrac{2f_sL_k}{3}\left(\dfrac{i_{L_k}^3(t_1)-i_{L_k}^3(t_0)}{V_1+nV_2}+\dfrac{i_{L_k}^3(t_2)-i_{L_k}^3(t_1)}{V_1}+\dfrac{i_{L_k}^3(t_3)-i_{L_k}^3(t_2)}{V_1-nV_2}+\dfrac{i_{L_k}^3(t_0)+i_{L_k}^3(t_3)}{nV_2}\right)}$
模态 6′	$\sqrt{\dfrac{2f_sL_k}{3}\left(\dfrac{i_{L_k}^3(t_1)-i_{L_k}^3(t_0)}{V_1-nV_2}+\dfrac{i_{L_k}^3(t_2)-i_{L_k}^3(t_1)}{V_1}+\dfrac{i_{L_k}^3(t_3)-i_{L_k}^3(t_2)}{V_1+nV_2}-\dfrac{i_{L_k}^3(t_0)+i_{L_k}^3(t_3)}{nV_2}\right)}$

由表 7-2 可知，DAB DC-DC 变换器的峰值电流即为正半周期内各时刻电流绝对值的最大值。因此，每个模态的电流峰值 I_p 可以定义如下：

$$I_p=\max\left(\left|i_{L_k}(t_0)\right|,\left|i_{L_k}(t_1)\right|,\left|i_{L_k}(t_2)\right|,\left|i_{L_k}(t_3)\right|\right)\tag{7-4}$$

对于 DAB DC-DC 变换器而言，开关管的 ZVS 性能是十分重要的。如果开关管没有实现零电压开通，那么在开通瞬间会带来一定的电压尖峰和电压振荡，进而导致一定的开通损耗。为了使开关管获得 ZVS 性能，流过开关管的漏源电流在其开通之前必须小于等于零。根据图 7-2 中电压和电流波形，可知开关管（$S_1\sim S_4$，$Q_1\sim Q_4$）的 ZVS 约束可表示如下：

$$\begin{cases}i_{L_k}\big|_{t=\text{turn on}}\leqslant0,&\text{For}:S_1,S_2,Q_1,Q_2\\i_{L_k}\big|_{t=\text{turn on}}>0,&\text{For}:S_3,S_4,Q_3,Q_4\end{cases}\tag{7-5}$$

当开关管开通、漏源电流等于零时，该开关管实现了临界 ZVS，这也会导致一定的开通损耗。但是，同一桥臂的另一个开关管会实现零电流关断，即实现了 ZVS 关断。

由图 7-4 所示的各模态电压和电流波形可知，DAB DC-DC 变换器的每个模态中若要所有的开关管实现 ZVS 或者临界 ZVS，对应的各个时刻的电感电流均需要单独分析。如表 7-4 所示为 DAB DC-DC 变换器中各个工作模态所对应的 ZVS 约束条件。

表 7-4　DAB DC-DC 变换器中各个工作模态所对应的 ZVS 约束条件

工作模态	ZVS 约束条件
模态 1	$i_{L_k}(t_0)\leqslant0,\ i_{L_k}(t_1)=0,\ i_{L_k}(t_2)=0$
模态 1′	$i_{L_k}(t_0)\leqslant0,\ i_{L_k}(t_1)\leqslant0,\ i_{L_k}(t_2)\geqslant0$
模态 2	$i_{L_k}(t_0)\leqslant0,\ i_{L_k}(t_1)\geqslant0,\ i_{L_k}(t_2)\geqslant0$

工作模式	ZVS 约束条件
模态 2′	$i_{L_k}(t_0) \leq 0, i_{L_k}(t_1) \geq 0, i_{L_k}(t_2) \leq 0$
模态 3	$i_{L_k}(t_0) = 0, i_{L_k}(t_1) \geq 0$
模态 3′	$i_{L_k}(t_0) \leq 0, i_{L_k}(t_1) = 0$
模态 4	$i_{L_k}(t_0) \leq 0, i_{L_k}(t_1) \geq 0, i_{L_k}(t_2) \geq 0$
模态 4′	$i_{L_k}(t_0) \leq 0, i_{L_k}(t_1) \leq 0, i_{L_k}(t_2) = 0$
模态 5	$i_{L_k}(t_0) = 0, i_{L_k}(t_1) \geq 0, i_{L_k}(t_2) \geq 0$
模态 5′	$i_{L_k}(t_0) \leq 0, i_{L_k}(t_1) \leq 0, i_{L_k}(t_2) \geq 0$
模态 6	$i_{L_k}(t_0) \leq 0, i_{L_k}(t_1) \geq 0, i_{L_k}(t_2) \geq 0, i_{L_k}(t_3) \geq 0$
模态 6′	$i_{L_k}(t_0) \leq 0, i_{L_k}(t_1) \leq 0, i_{L_k}(t_2) \leq 0, i_{L_k}(t_3) \geq 0$

7.1.2　DAB DC-DC 变换器的统一谐波分析模型

如图 7-5 所示为基于 DAB DC-DC 变换器统一谐波分析模型的 TPS 调制关键波形。SPS 调制、EPS 调制和 DPS 调制都可以用此统一形式进行分析[3-5]，因此图 7-5 包含了 DAB DC-DC 变换器移相调制的所有可能性。如图 7-5 所示，D_1 为开关管 S_1 与开关管 S_4 之间的移相角，D_2 为开关管 Q_1 与开关管 Q_4 之间的移相角，D_φ 为初级侧与次级侧交流电压中心点之间的移相角，其他相关变量的定义与 7.1.1 节类似。

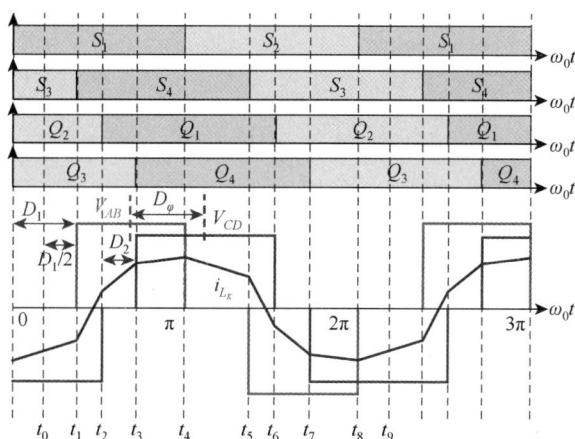

图 7-5　基于 DAB DC-DC 变换器统一谐波分析模型的 TPS 调制关键波形

统一谐波分析法在 DAB DC-DC 变换器的统一建模方法基础上，运用傅里叶级数分解方法，将电路中的电流、电压、功率等整理为统一谐波的形式进行分析。因此，初级侧交流电压 V_{AB} 与次级侧交流电压 V_{CD} 可以用如下公式进行计算：

$$\begin{cases} V_{AB}(t) = \sum_{n=1,3,5,\cdots} \dfrac{4V_1}{n\pi}\cos\left(n\dfrac{D_1}{2}\right)\sin(n\omega_0 t) \\ V_{CD}(t) = \sum_{n=1,3,5,\cdots} \dfrac{4V_2}{n\pi}\cos\left(n\dfrac{D_2}{2}\right)\sin(n\omega_0 t - D_\varphi) \end{cases} \tag{7-6}$$

其中，$\omega_0 = 2\pi f_s$，且 f_s 表示 DAB DC-DC 变换器的开关频率。

对于流过等效串联电感的电流 i_{L_k}，其计算公式如下：

$$i_{L_k}(t) = \int_{t_0}^{t} \frac{V_{AB}(t) - V_{CD}(t)}{L_k}\,\mathrm{d}t + i_{L_k}(t_0) \tag{7-7}$$

根据电感的伏秒平衡原理，等效串联电感两端的电压在一个开关周期中积分为零。因此，进一步计算可得流过等效串联电感的电流 i_{L_k} 如下：

$$i_{L_k}(t) = \sum_{n=1,3,5,\cdots} \frac{4}{n^2\pi\omega_0 L_k}\sqrt{A^2 + B^2}\,\sin\left(n\omega_0 t + \arctan\frac{A}{B}\right) \tag{7-8}$$

其中，A 与 B 可以通过如下公式计算：

$$\begin{cases} A = V_2\cos\left(n\dfrac{D_2}{2}\right)\cos(nD_\varphi) - V_1\cos\left(n\dfrac{D_1}{2}\right) \\ B = V_2\cos\left(n\dfrac{D_2}{2}\right)\sin(nD_\varphi) \end{cases} \tag{7-9}$$

根据式（7-8），可进一步计算得到等效串联电感的均方根电流值 I_{rms}，具体可通过如下公式进行计算：

$$I_{\mathrm{rms}} = \sqrt{\sum_{n=1,3,5,\cdots}\left(\frac{2\sqrt{2}}{n^2\pi\omega_0 L_k}\sqrt{A^2 + B^2}\right)^2} \tag{7-10}$$

对于 DAB DC-DC 变换器而言，其一个周期内传输的平均功率即为其有功功率，相应的表达式可以通过如下公式进行计算：

$$P_o = \frac{1}{T_s}\int_0^{T_s} V_{AB}(t)i_{L_k}(t)\,\mathrm{d}t \tag{7-11}$$

根据三角形的正交性，不同频率谐波电压电流之间产生的有功功率为零。基于此，DAB DC-DC 变换器传输的有功功率可以进一步计算为如下表达式：

$$P_o = \sum_{n=1,3,5,\cdots} \frac{8V_1 V_2}{n^3\pi^2\omega_0 L_k}\cos\left(n\frac{D_1}{2}\right)\cos\left(n\frac{D_2}{2}\right)\sin(nD_\varphi) \tag{7-12}$$

根据式（7-2）所示的最大传输功率 $P_{o\max}$ 可推导出归一化有功功率 P_{o_n}，其计算公式如下：

$$P_{o\_n} = \sum_{n=1,3,5,\cdots} \frac{32}{n^3\pi^3}\cos\left(n\frac{D_1}{2}\right)\cos\left(n\frac{D_2}{2}\right)\sin(nD_\varphi) \tag{7-13}$$

DAB DC-DC 变换器中的无功功率主要包括基波、同频率和不同频率电压和电流之间产生的无功功率。因此，无功功率 Q 的表达式可总结如下：

$$
\begin{cases}
Q_{n=1,3,5,\cdots} = \sum_{n=1,3,5,\cdots} \dfrac{8V_1\sqrt{A^2+B^2}}{n^3\pi^2\omega_0 L_k}\cos\left(n\dfrac{D_1}{2}\right)\sin\left(-\arctan\dfrac{A}{B}\right) \\[4mm]
Q_{m\neq n=1,3,5,\cdots} = \sum_{m\neq n=1,3,5,\cdots} \dfrac{8V_1\cos\left(m\dfrac{D_1}{2}\right)}{mn^2\pi^2\omega_0 L_k}\sqrt{A^2+B^2}
\end{cases}
\tag{7-14}
$$

运用最大传输功率 $P_{o\max}$ 可推导归一化无功功率 M，其计算公式如下：

$$
\begin{cases}
M_{n=1,3,5,\cdots} = \sum_{n=1,3,5,\cdots} \dfrac{32}{n^3\pi^3}\cos\left(n\dfrac{D_1}{2}\right)\left(k\cos\left(n\dfrac{D_1}{2}\right)-\cos\left(n\dfrac{D_2}{2}\right)\cos(nD_\varphi)\right) \\[4mm]
M_{m\neq n=1,3,5,\cdots} = \sum_{m\neq n=1,3,5,\cdots} \dfrac{32\sqrt{A^2+B^2}}{mn^2\pi^3 V_2}\cos\left(m\dfrac{D_1}{2}\right)
\end{cases}
\tag{7-15}
$$

根据式（7-5）所示的 ZVS 约束条件，结合图 7-5 所示的关键波形，可得出在统一谐波分析模型中 DAB DC-DC 变换器的 ZVS 约束条件如下：

$$
\begin{cases}
\text{初级侧第一个桥臂：}(S_1,S_2):\ i_{L_k}\left(\omega_0 t=\pi-\dfrac{D_1}{2}\right)\geqslant 0 \\[3mm]
\text{初级侧第二个桥臂：}(S_3,S_4):\ i_{L_k}\left(\omega_0 t=\dfrac{D_1}{2}\right)\leqslant 0 \\[3mm]
\text{次级侧第一个桥臂：}(Q_1,Q_2):\ i_{L_k}\left(\omega_0 t=D_\varphi-\dfrac{D_2}{2}\right)\geqslant 0 \\[3mm]
\text{次级侧第二个桥臂：}(Q_3,Q_4):\ i_{L_k}\left(\omega_0 t=D_\varphi+\dfrac{D_2}{2}\right)\geqslant 0
\end{cases}
\tag{7-16}
$$

7.2　基于强化学习＋人工神经网络的三重移相优化调制方案设计

对于 DAB DC-DC 变换器而言，当其电感的峰值电流增加时，将会导致设备的器件成本增加，如在高输入电压和轻载条件下需要更大的磁芯。过大的电流应力可能会导致效率降低，甚至会损坏功率器件等。从 DAB DC-DC 变换器的损耗方面来分析，当其电感的峰值电流增加时，相应的开关器件在开通或者关断时刻所导致的开关损耗会增加。此外，与峰值电流相对应的均方根电流也可能会增加，DAB DC-DC 变换器中开关管和磁性元件的导通损耗与均方根电流的平方成正比，对应的导通损耗会随着均方根电流的增加而呈现指数增长趋势。因此，峰值电流是 DAB DC-DC 变换器的重要性能指标，降低其峰值电流对于提高 DAB DC-DC 变换器的传输效率具有重要意义。

在 7.1.1 节已经讨论了 DAB DC-DC 变换器的线性时域模型，在本节将会基于强化学习＋人工神经网络（artificial neural network，ANN）的 TPS 调制策略，以降低 DAB DC-DC 变换器的电流应力。具体来说，运用 Q-learning 算法和 BP 神经网络分别进行两次训练，以获得最小电流应力所对应的 TPS 调制策略。具体的优化设计过程和分析将在 7.2.1 节～7.2.6 节中给出。

7.2.1 强化学习＋人工神经网络结构分析

如图 7-6 所示为基于 RL＋ANN 的 DAB DC-DC 变换器最小电流应力方案的完整工作流程图。由图 7-6 可以看出，主要包括优化阶段和拟合阶段两个部分。

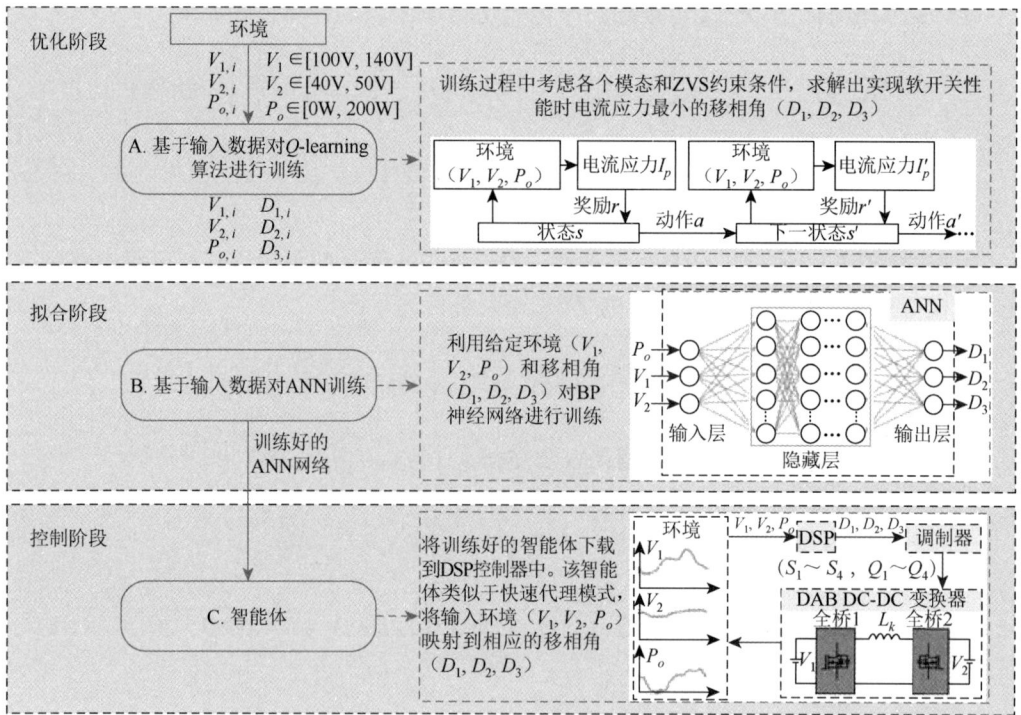

图 7-6　基于 RL＋ANN 的 DAB DC-DC 变换器最小电流应力方案的完整工作流程

第一个阶段为优化阶段。运用强化学习中的经典算法 Q-learning 算法根据不同的输入参数（V_1, V_2, P_o）以最小电流应力为目标进行离线训练，并将相应的训练结果存储到对应的 Q-table 中，使其可以在不同的传输功率和电压转换比 k（$k = V_1/(nV_2)$）下降低峰值电流，提高传输效率。在 Q-learning 算法训练过程中同时考虑了 ZVS 约束和每种有效的运行模态，以每个功率开关都可以在整个工作范围内获得软开关性能条件下的最小电流应力为目标进行训练。

第二个阶段为拟合阶段。利用 ANN 方法来拟合 Q-learning 算法的训练结果，以减少实际控制中的计算时间和内存分配。对于给定的环境（V_1, V_2, P_o）和移相角（D_1, D_2, D_3）对 BP 神经网络进行训练。基于此，将训练好的智能体下载到微处理器中，如数字信号处理器（digital signal processor，DSP）。该智能体类似于一个快速代理预测器，可以在整个连续的运行范围内为 DAB DC-DC 变换器提供实时的优化调制策略。

接下来，将对 Q-learning 算法的算法结构、训练过程中对应的目标函数和奖励函数的选取与详细的训练过程，以及 ANN 的算法结构、训练过程和相应的训练结果进行分析。

7.2.2　*Q*-learning 算法分析

　　Q-learning 算法是一种典型的强化学习算法，它具有最简单的 *Q* 函数，并通过 *Q* 值表来记录学到的经验。因此，*Q*-learning 算法适用于解决 DAB DC-DC 变换器的电流应力优化问题。本小节运用 *Q*-learning 算法求解最小电流应力所对应的优化调制策略。相应的状态空间定义为 *S*、动作空间定义为 *A*、奖励函数 $r(s, a)$ 和 *Q* 值的更新方式定义如下。

　　（1）状态空间 *S*：对于 DAB DC-DC 变换器而言，其环境状态通常由输入直流电压 V_1、输出电压 V_2 和传输功率 P_o 组成。对于某一环境状态，对应的峰值电流 I_p 由变换器的移相角（D_1, D_2, D_3）决定。本小节的目的是利用 *Q*-learning 算法获得峰值电流最小时的移相角度。因此，将状态空间 *S* 定义为

$$S = [D_1, D_2, D_3] \tag{7-17}$$

　　（2）动作空间 *A*：根据马尔可夫决策过程（MDP）的定义，在强化学习方法中上一时刻的动作决定了当前时刻状态的变化，利用 *Q*-learning 算法求解 DAB DC-DC 变换器最优调制量的过程实质是从当前状态 *s* 通过一定的动作策略到达最优控制状态 s^* 的过程。系统状态取决于 D_1、D_2、D_3 的变化，通过改变 D_1、D_2、D_3 的值可以实现状态之间的转移。由于 D_1、D_2、D_3 在区间内是连续变化的，因此，需要根据传输功率与移相角之间的灵敏度来量化状态 *s* 的值。将变量空间 C_{D_i} 定义为

$$C_{D_i} = [0, \pm 1] \times \delta, \quad i = 1, 2, 3 \tag{7-18}$$

其中，δ 为状态的变化量。D_1、D_2、D_3 每次的变化量可表示为

$$\Delta D \in C_{D_i} \tag{7-19}$$

因此，将系统的动作空间 *A* 定义为

$$A = \{C_{D_1}, C_{D_2}, C_{D_3}\} \tag{7-20}$$

　　由式（7-20）可知，整个系统的动作空间包含 27 种动作。在执行动作 *a* 后，更新为下一个状态：

$$s' = s + a \tag{7-21}$$

　　例如，在执行动作 $a = \{0, 0, 0\}$ 后，系统保持原来的状态不变；在执行动作 $a = \{\delta, -\delta, 0\}$ 后，系统从状态 $s = [D_1, D_2, D_3]$ 转移至状态 $s' = [D_1 + \delta, D_2 - \delta, D_3]$。

　　（3）奖励函数 $r(s, a)$：*Q*-learning 算法的目的是找到最小峰值电流所对应的移相角（D_1, D_2, D_3），因此目标函数 $g(x)$ 可定义为

$$g(x) = \min(I_p) \tag{7-22}$$

其中，I_p 为当前状态下对应的移相角（D_1, D_2, D_3）计算得到的电流峰值，如式（7-4）所示。根据 DAB DC-DC 变换器的工作原理和运行模式，对应的约束条件可定义为

$$\begin{cases} P_o = P_o' \\ D_1 \in [-1, 1] \\ D_2 \in [-1, 1] \\ D_3 \in [-1, 1] \end{cases} \tag{7-23}$$

其中，P_o 是训练过程中计算得到的传输功率；P_o' 是期望的传输功率。由于存在非线性等式约束 $P_o' = P_o$，所以将传输功率误差 $\mu(D_1, D_2, D_3)$ 定义为

$$\mu(D_1, D_2, D_3) = |P_o' - P_o| \tag{7-24}$$

为了得到最小的功率误差和最小的峰值电流，将目标函数 $G(D_1, D_2, D_3)$ 定义如下：

$$G(D_1, D_2, D_3) = \beta \cdot I_p(D_1, D_2, D_3) + \lambda \cdot \mu(D_1, D_2, D_3) \tag{7-25}$$

其中，β 和 λ 是对应的惩罚系数。在 Q-learning 算法的训练中，如果当前移相角（D_1, D_2, D_3）满足表 7-4 中的 ZVS 约束，则 β 的值取为 1；否则，β 的值应选取大一些，以避免 Q-learning 算法学习的动作无法实现 ZVS 开通。基于此，一旦无法满足 ZVS 约束条件，β 的值就选择为 10。如果 λ 值选得太小会导致较大的功率误差，而 λ 值选得太大会导致电流应力性能变差。在此基础上，针对不同的训练过程，采用试错法将 λ 设置为 50。

基于此，DAB DC-DC 变换器的性能可以通过目标函数 G 来评估，目标函数 G 的值越小，表示其性能越好。为了评价所选动作的好坏，定义一个奖励函数 $r(s, a)$：

$$r(s, a) = \begin{cases} 20, & G_c \leqslant G_{\min} \\ -\left| \dfrac{\Delta G}{G_{ref}} \right|, & G_{ref} > \Delta G \geqslant 0 \\ 1, & \Delta G < 0 \\ -1, & \text{其他情况} \end{cases} \tag{7-26}$$

其中，G_c 为当前状态下的损耗；G_{ref} 为目标函数 G 所对应的参考值，并且 G_{ref} 的值大于 0；$G_{\min}$ 为目标函数 G 所对应的最小值；ΔG 表示相邻两个状态的目标函数的差，其表达式为

$$\Delta G = G_c - G_p \tag{7-27}$$

其中，G_p 为上一状态的损耗。由式（7-27）可知，系统的奖励函数取决于损耗的增量。当 $\Delta G > 0$ 时，说明当前状态的峰值电流大于上一状态的峰值电流，此时给该动作一个负的奖励值，并且增量越大，奖励值越小。当 $\Delta G < 0$ 时，说明在执行该动作后对应的峰值电流减小，此时给予该动作一个正的奖励值。当系统的电流应力小于定义的最小损耗值 $G_{\min}$ 时，给予一个很大的奖励值，表明已从初始状态达到最佳的状态。

（4）Q-table 的更新和动作的选取：作为一种增量动态规划算法，Q-learning 算法的最优策略是通过逐步迭代确定的。对于策略 π，Q 值可以通过式（7-28）进行计算：

$$Q^\pi(s, a) = R_s(a) + \gamma \sum_{s'} P_{ss'}(\pi(s)) V^\pi(s') \tag{7-28}$$

其中，$R_s(a)$ 为在状态 s 获得的平均奖励值；$P_{ss}(\pi(s))$ 为策略 π 下的状态转移概率；$V^\pi(s)$ 为状态 s 时经过策略 π 的期望值。学习过程结束后，$V^\pi(s')$ 将收敛于 $V^*(s)$，其中 $V^*(s)$ 的表达式为

$$V^*(s_k) = \max_a \left(R_s(a) + \gamma \sum_{s'} P_{ss'}(a) V^{\pi^*}(s') \right) \tag{7-29}$$

其中，k 代表迭代的次数。事实上，智能体的状态转移过程可以看作马尔可夫决策过程。所以，Q-table 的更新可通过如下公式计算：

$$Q^{k+1}(s, a) = Q^k(s, a) + \alpha(r^k + \gamma \max_{a' \in A} Q^k(s', a') - Q^k(s, a)) \tag{7-30}$$

其中，α 表示学习率；γ 表示折扣因子；$Q^k(s,a)$ 表示状态 s 和动作 a 下的 Q 值。

为了使 DAB DC-DC 变换器获得最小电流应力下的移相角，基于 ε-greedy 策略选择动作。在尽可能多地采用探索策略时，尝试探索新的运行策略，并保留每个策略下的最优状态。

每一阶段训练的 G_{min} 为上一阶段训练获得的最低电流应力状态。在 N 次学习后，选择最小的 G_{min} 值作为式（7-21）中的参数，运用最大 Q 值进行动作选择，直到学习到的策略收敛，如式（7-31）所示：

$$a' = \arg\max_{a \in A} Q(s,a) \tag{7-31}$$

7.2.3　Q-learning 算法的训练

Q-learning 算法的主要目标是在 DAB DC-DC 变换器的整个运行范围内求解最小电流应力所对应的最优调制策略，因此 Q-learning 算法的关键训练参数选择是非常重要的。如表 7-5 所示为本章中 DAB DC-DC 变换器的关键电路参数，后面章节的相关研究也是基于此电路参数。

表 7-5　DAB DC-DC 变换器的关键电路参数

关键参数	数值
额定功率 P_{base}/W	200
输入电压范围 V_1/V	100～140
输出电压范围 V_2/V	40～50
初级侧开关管型号（$S_1 \sim S_4$）	IPB17N25S3-100（250 VDC，17A）
次级侧开关管型号（$Q_1 \sim Q_4$）	IRL530NPBF（100 VDC，17A）
变压器匝数比（$n:1$）	1:1
开关频率 f_s/kHz	50
串联电感 L_k/μH	41

如表 7-6 所示为 Q-learning 算法的关键训练参数。一般来说，α 的值较小会减慢训练速度。因此，α 的取值范围通常为 0.8～1。γ 的取值范围通常为 0～1，当动作对当前状态产生较大的影响时，应选择较大的 γ 值。基于此，运用网格搜索（grid search）方法将 α 和 γ 的值都设置为 0.9[6]。

表 7-6　Q-learning 算法的关键训练参数

参数	数值
学习率（α）	0.9
折扣因子（γ）	0.9
状态量（δ）	5×10^{-4}
目标函数 G 的参考值（G_{ref}）	15
最大训练回合数（N_T）	10^5

续表

参数	数值
每个优化过程的训练次数（N_i）	5000
前一状态目标函数 G 的最小参考值（G_{min}）	20
基于 ε-greedy 法的探索次数（M）	10^4

在 DAB DC-DC 变换器中，其传输效率和相应的稳态性能对移相角（D_1, D_2, D_3）的值很敏感，这表明移相角（D_1, D_2, D_3）的微小变化可能会对其性能产生较大的影响。因此，状态量 δ 设置为 5×10^{-4}，这确保了训练过程中移相角（D_1, D_2, D_3）的足够精度。每个优化过程的训练次数 N_i 设置为 5000，以避免 Q-learning 算法陷入错误的探索方向并尽快跳出。最大训练次数 N_T 设置为 10^5，以保证 Q-learning 算法在训练过程中能够得到充分的探索。目标函数 G 的参考值 G_{ref} 的作用是将相邻两个状态的目标函数的差 ΔG 的值映射到 0～1 的范围内。根据表 7-5 中所列 DAB DC-DC 变换器的关键设计参数，将 G_{ref} 设置为 15。将前一状态目标函数 G 的最小参考值 G_{min} 粗略估计为 20。G_{min} 的值将在训练过程中不断地被更新。

Q-learning 算法的训练过程如下：

```
(1)    初始化 Q-learning 参数 G_min, P, V_1, V_2
(2)    创建状态空间，动作空间和 Q 值表
(3)    设置 N_T, α, γ, G_ref, M_cont=0
(4)    for each episode do
(5)        初始化 D_1, D_2, D_3
(6)        基于 初始化状态 s，选择动作 a
(7)        设置 N_i=0
(8)            while (not meet episode end condition) do
(9)                运用式（7-26）计算上一状态 s 执行动作 a 后的奖励值
                   r(s,a)
(10)               运用式（7-21）计算下一状态 s'
(11)               运用式（7-30）更新 Q 值表
(12)                   if M_cont<M do
(13)                       基于 ε-greedy 策略，选择动作 a
(14)                   Else do
(15)                       运用式（7-31）选择动作 a'
(16)                   End if
(17)               更新状态和动作：s=s', a=a'
(18)               N_i=N_i+1
(19)           end while
(20)       M_cont=M_cont+1
(21) end for
```

上面提到的算法包括两个过程。在第一个过程中，通过 ε-greedy 策略得到 $G_{\min}$ 的最小值。第二个过程的主要目的是寻找获得最优状态的动作策略。由于动作 a 最终取决于最大 Q 值，因此选取基于最大 Q 值的动作作为第二个过程的准则，以减轻训练负担，提高学习速度。在 Q-learning 算法的学习过程中，定义了两个终止条件：①连续 M 次满足 $G_c \leqslant G_{\min}$ 条件时，认为算法收敛，结束训练；②当达到最大训练次数 N_T 时，结束训练。

在 Q-learning 算法的训练完成后，训练结果会存储在一个 Q-table 中。查询该 Q-table 时，对应的查询输入值包括输入电压 V_1、输出电压 V_2 和传输功率 P_o。输入值的相应范围如表 7-5 所示，其中输入电压 V_1 从 100V 变化到 140V，输出电压 V_2 的范围为 40~50V，传输功率 P_o 从 0W 变化到 200W。并将输入电压 V_1、输出电压 V_2 和传输功率 P_o 的间隔设为 0.5，在保证相应精度下减小表格的体积。在实际应用中，当检测到相应的输入量（V_1，V_2，P_o）时，首先对其进行量化，然后直接从该表格中找到相应的行动策略（D_1，D_2，D_3）。

综上所述，本小节采用 Q-learning 算法来求解 DAB DC-DC 变换器的电流应力优化调制策略。在训练过程中，利用奖励函数 $r(s, a)$ 来寻找目标函数 G 的最小值。通过建立相应的算法模型，选择合适的训练参数，可以得到整个运行范围内最小电流应力所对应的最佳移相角（D_1，D_2，D_3）。

7.2.4　BP 神经网络算法及训练

Q-learning 算法的训练结果需要保存在相应的 Q-table 中，当 DAB DC-DC 变换器的运行范围较大时，会导致该表格所存储的数据量也非常大。通常微处理器的内存和速度都有限，为了减小 Q-table 的内存，如果将输入电压 V_1、输出电压 V_2 和传输功率 P_o 的训练间隔设置过大，会降低控制精度。此外，这种表格也无法实现连续的控制。

为了解决这个问题，本小节将 Q-learning 算法训练后得到的最优移相角（D_1，D_2，D_3）用于训练一个神经网络，以减少存储生成数据所需的计算时间和内存分配。人工神经网络具有并行机制，因此具有计算速度快的优点。这样，经过 ANN 的训练，可以直接在整个连续运行范围内得到相应的移相角（D_1，D_2，D_3）。

ANN 通常由输入层、隐藏层和输出层组成，如图 7-6 所示。作为典型的 ANN 算法，BP 神经网络作为一种按照误差逆向传播算法训练的多层前馈神经网络，具有强大的非线性映射能力和灵活的网络结构。选用均方差（mean square error，MSE）作为 BP 神经网络输出和目标输出之间的价值函数。使用输入和输出数据点执行 BP 神经网络的训练，其中输入数据包含状态量（V_1，V_2，P_o），输出数据为对应的移相角（D_1，D_2，D_3）。更具体地说，在 BP 神经网络的训练过程中，随机选择总样本的 90%作为训练数据，而将其他 10%的样本作为验证数据。

在 BP 神经网络的设计中，包含 1 个输入层、2 个隐藏层和 1 个输出层，其中输入层包含三个变量（V_1，V_2，P_o），输出层包含三个变量（D_1，D_2，D_3）。将 sigmoid 激活函数用于隐藏层和输出层。在训练过程中，使用随机梯度下降（stochastic gradient descent，SGD）法来逐步调整各层间的输入权重和偏置，以防止训练时数据的过拟合。

　　BP 神经网络的主要超参数是学习率以及每个隐藏层的神经元数量。为了选择适合的超参数，使用了网格搜索方法。学习率 α_4 的范围设置为 0.1~10^{-6}，并且在每次尝试中将其值减小到 1/10。每个隐藏层神经元的范围设置为 10~100，步长设置为 5。运用网格搜索方法，最终将 BP 神经网络的学习率 α_4 设置为 0.01，两个隐藏层神经元的个数均设置成 50。最大训练次数设置为 100000，目标均方差选择为 5×10^{-6}。

　　BP 神经网络的训练结束后，训练好的智能体可以在整个连续运行范围内为 DAB DC-DC 变换器提供优化的调制策略（D_1, D_2, D_3）。训练效果可以通过相关系数 $r(X, Y)$ 来评估，具体计算公式如下所示：

$$r(X,Y) = \frac{\text{Cov}(X,Y)}{\sqrt{\text{Var}(X)\cdot\text{Var}(Y)}} \tag{7-32}$$

其中，$\text{Cov}(X, Y)$ 表示 BP 神经网络的输出 X 和目标输出 Y 之间的协方差；$\text{Var}(X)$ 表示 BP 神经网络输出 X 的方差；$\text{Var}(Y)$ 表示目标输出 Y 的方差。经过 100000 个回合的训练，得到的相关系数 $r(X, Y)$ 高达 99.99%。

　　如图 7-7 所示为 BP 神经网络训练过程中的均方差曲线，其中蓝色曲线表示训练误差，绿色曲线表示验证误差，红色曲线表示测试误差。由图 7-7 可以看出，验证误差曲线与训练误差曲线几乎一致。当训练到 100000 回合时达到最小均方差，即为 8.3025×10^{-5}。因此，经过训练的 BP 神经网络很好地拟合了 Q-learning 算法的训练结果。

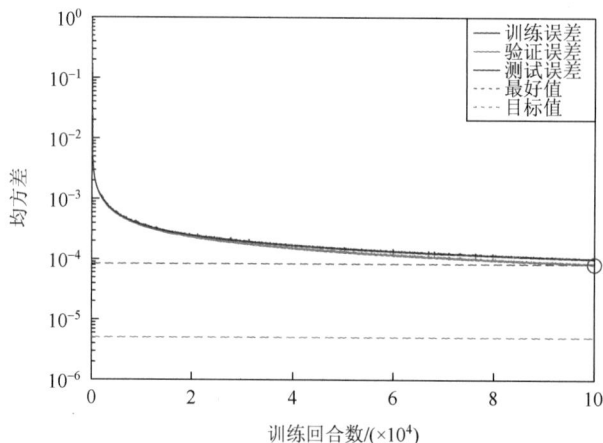

图 7-7　BP 神经网络训练过程中的均方差曲线（彩图扫二维码）

　　整个训练过程结束后，训练好的智能体将被存储在一个微处理器中，如 DSP。当微处理器检测到 DAB DC-DC 变换器的运行环境（V_1, V_2, P_o）时，经过训练的 BP 神经网络智能体类似于一个快速代理预测模型，它能将输入参数（V_1, V_2, P_o）映射到相应的移相角（D_1, D_2, D_3），该移相角对应最小电流应力下的优化调制策略。

7.2.5　性能评价和比较

　　本节所提出的基于 RL＋ANN 优化的三重移相调制策略（RL＋ANN optimized TPS

modulation，RAPS）的主要目的是在整个运行范围内，为 DAB DC-DC 变换器提供最优的移相角（D_1, D_2, D_3），以使得变换器的电流应力最低。通过 MATLAB 仿真对本节所提出的 RAPS 方法进行了评估和比较。仿真参数如表 7-5 所示，其中电感 L_k 设置为 41μH。下面给出详细的性能评价和比较。

如图 7-8 所示为经过 RL＋ANN 算法训练后相应的移相角（D_1, D_2, D_3）随电压转换比 k 和归一化传输功率 P_{on} 变化的曲线，其中电压转换比 $k = V_1/(nV_2)$。图 7-8（a）所示为电压转换比 $k = 2.5$ 时，移相角（D_1, D_2, D_3）随归一化传输功率 P_{on} 变化的曲线；图 7-8（b）所示为电压转换比 $k = 3.5$ 时，移相角（D_1, D_2, D_3）随归一化传输功率 P_{on} 变化的曲线；图 7-8（c）所示为归一化传输功率 $P_{on} = 0.4$ 时，移相角（D_1, D_2, D_3）随电压转换比 k 变化的曲线；图 7-8（d）所示为归一化传输功率 $P_{on} = 0.8$ 时，移相角（D_1, D_2, D_3）随电压转换比 k 变化的曲线。从图 7-8（a）和图 7-8（b）中可以看出，随着归一化传输功率 P_{on} 的增加，移相角 D_1、D_2 和 D_3 均单调增加。并且在轻载条件下为 TPS 调制，当传输功率超过一定临界功率时为 EPS 调制。由图 7-8（c）可知，在轻载条件下采用了 TPS 调制，移相角 D_1 随着电压转换比 k 的增加而减小，而移相角 D_2 的变化趋势与移相角 D_1 相反。

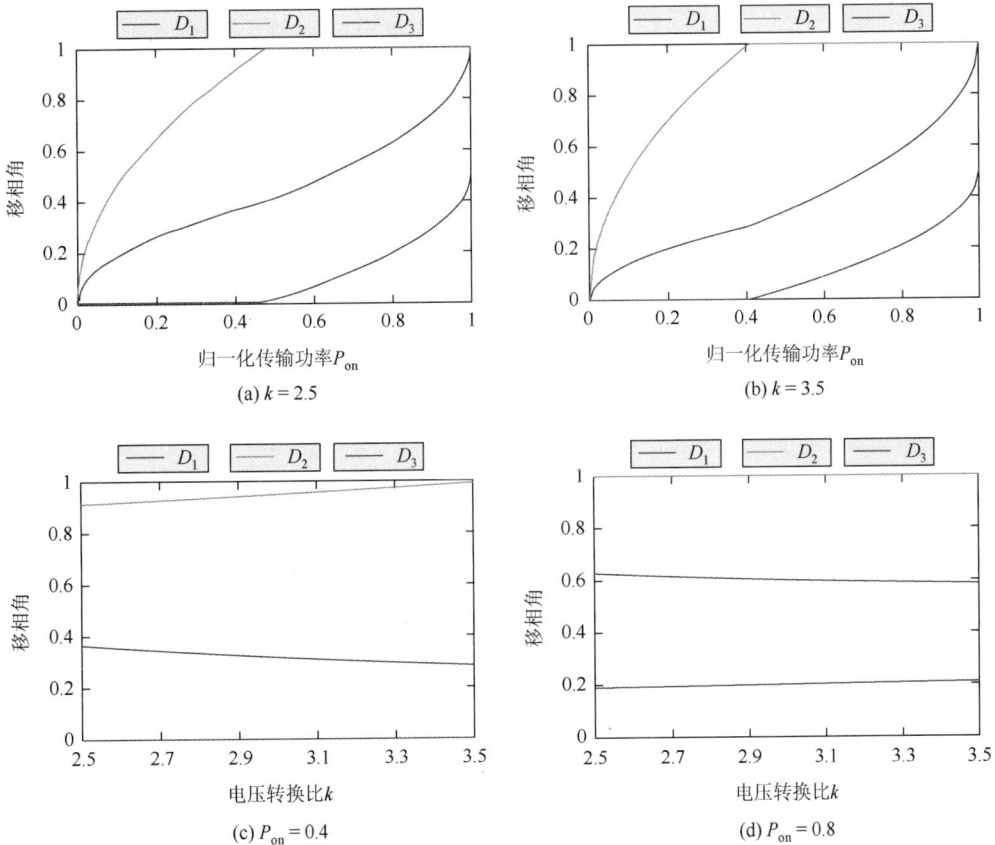

图 7-8　不同归一化传输功率 P_{on} 和电压转换比 k 情况下移相角度（D_1, D_2, D_3）的变化曲线

由图 7-8（d）可知，在重载条件下采用了 EPS 调制，移相角 D_1 随着电压转换比 k 的增加而减小，而移相角 D_3 的变化趋势与移相角 D_1 相反。

如图 7-9 所示为 SPS 调制[7]、DPS 调制[8]、EPS 调制[9]和本节所提出的 RAPS 方法下归一化峰值电流 I_{pn} 随电压转换比 k 和归一化传输功率 P_{on} 变化的曲线。其中，图 7-9（a）为电压转换比 $k = 2.5$ 时，归一化峰值电流 I_{pn} 随归一化传输功率 P_{on} 变化的曲线；图 7-9（b）为电压转换比 $k = 3.5$ 时，归一化峰值电流 I_{pn} 随归一化传输功率 P_{on} 变化的曲线；图 7-9（c）为归一化传输功率 $P_{on} = 0.4$ 时，归一化峰值电流 I_{pn} 随电压转换比 k 变化的曲线；图 7-9（d）为归一化传输功率 $P_{on} = 0.8$ 时，归一化峰值电流 I_{pn} 随电压转换比 k 变化的曲线。从图 7-9（a）和图 7-9（b）可以看出，在相同的电压转换比 k 下，四种调制策略的电流应力都随着归一化传输功率 P_{on} 的增大而增大。如图 7-9（c）和图 7-9（d）所示，在相同的归一化传输功率 P_{on} 情况下，四种调制方式的电流应力都随着电压转换比 k 的增加而增加。从图 7-9 可以看出，在整个工作范围内，DPS 调制、EPS 调制和本节所提出的 RAPS 方法中的电流应力都小于 SPS 调制。由于 DPS 调制和 EPS 调制方法容易陷入局部最优难以实现电流应力最小化控制，所以本节所提出的 RAPS 方法中电流应力均小于 DPS 调制和 EPS 调制。

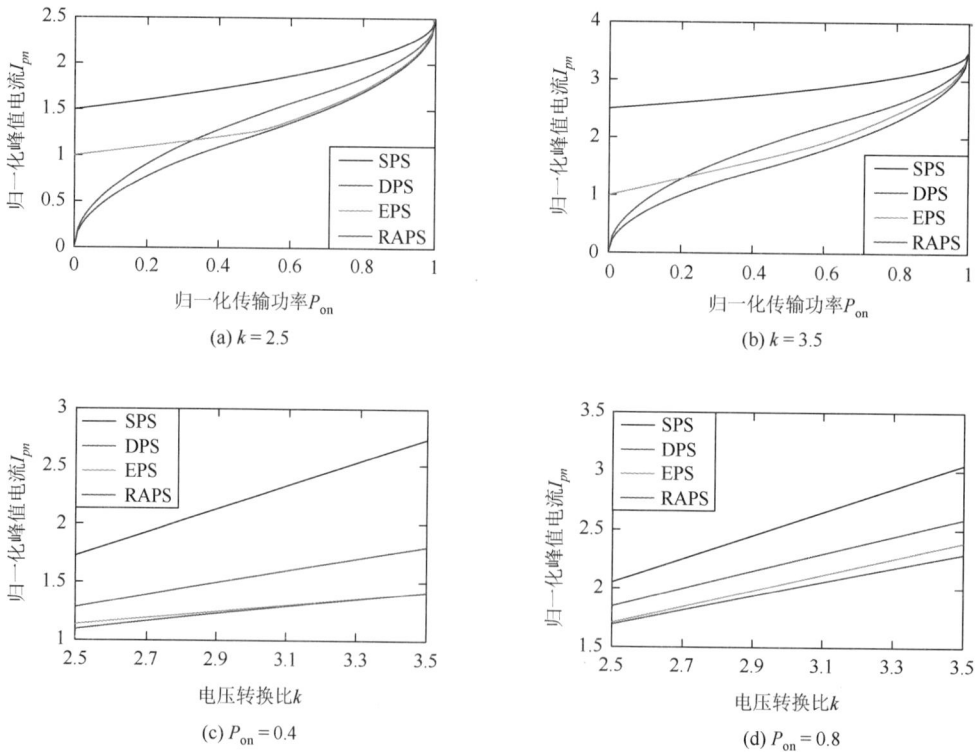

图 7-9　不同归一化传输功率 P_{on} 和电压转换比 k 情况下归一化峰值电流 I_{pn} 的变化曲线（彩图扫二维码）

如图 7-10 所示为 SPS 调制[7]、DPS 调制[8]、EPS 调制[9]和本节所提出的 RAPS 方法的归一化均方根电流 I_{rms_n} 随电压转换比 k 和归一化传输功率 P_{on} 变化的曲线。其中，图 7-10

（a）为电压转换比 $k=2.5$ 时，归一化均方根电流 I_{rms_n} 随归一化传输功率 P_{on} 变化的曲线；图 7-10（b）为电压转换比 $k=3.5$ 时，归一化均方根电流 I_{rms_n} 随归一化传输功率 P_{on} 变化的曲线；图 7-10（c）为归一化传输功率 $P_{on}=0.4$ 时，归一化均方根电流 I_{rms_n} 随电压转换比 k 变化的曲线；图 7-10（d）为归一化传输功率 $P_{on}=0.8$ 时，归一化均方根电流 I_{rms_n} 随电压转换比 k 变化的曲线。由图 7-10 可以看出，归一化均方根电流 I_{rms_n} 曲线与图 7-9 具有相似的变化趋势，这说明本节所提出的 RAPS 方法也可以有效地减小 DAB DC-DC 变换器中的均方根电流。

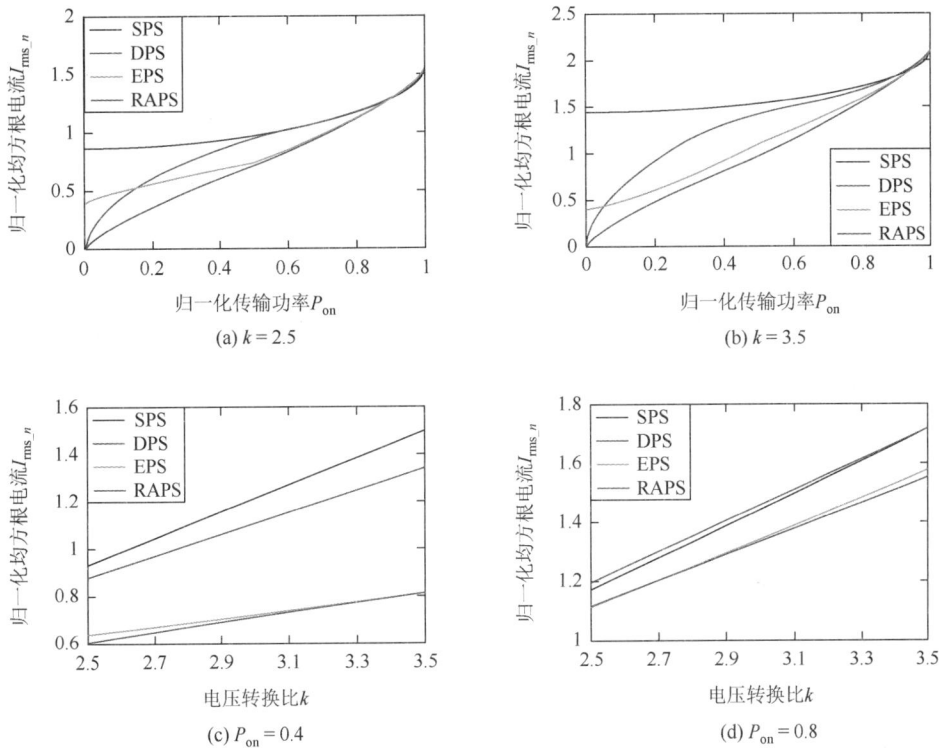

图 7-10　不同归一化传输功率 P_{on} 和电压转换比 k 情况下归一化均方根电流 I_{rms_n} 的变化曲线（彩图扫二维码）

基于上述分析，本节所提出的 RAPS 方法可以在整个运行范围内实现 DAB DC-DC 变换器的最小电流应力调制；与此同时，也有效地降低了电感上的均方根电流。因此，本节所提出的 RAPS 方法可以有效地降低 DAB DC-DC 变换器的功率损耗，进而提升其传输效率。

7.2.6　实验验证

通过 7.2.1 节～7.2.5 节的理论分析和仿真验证，本节提出了可以提高 DAB DC-DC 变换器传输效率且具有良好稳态性能的优化策略。为了进一步验证本节所提出的 RAPS 方法的可行性和有效性，搭建了一套 DAB DC-DC 变换器的实验样机，并进行相应的实验验证。如图 7-11 所示为本章所搭建的 DAB DC-DC 变换器实验平台和对应的样机照片。后面内容的相关实验验证也是基于该实验平台。

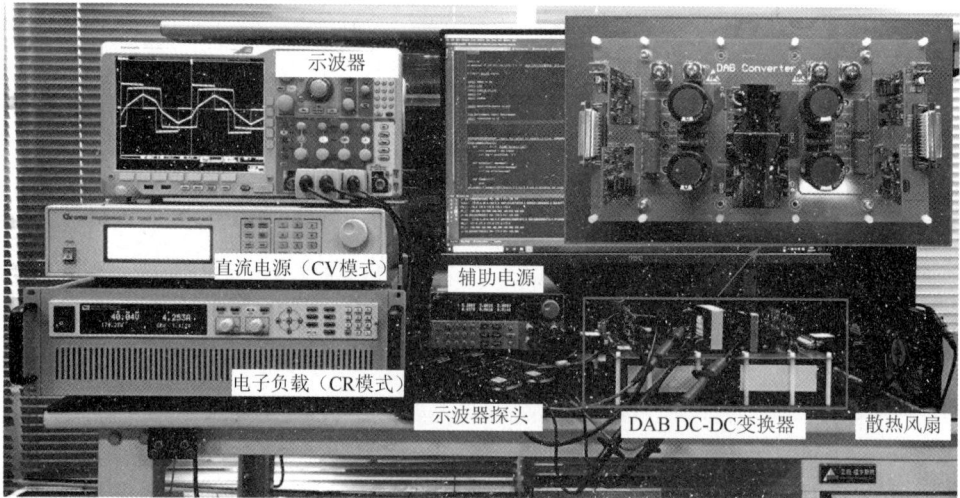

图 7-11　DAB DC-DC 变换器实验平台和对应的样机照片

实验平台主要设计指标如表 7-5 所示。其中，输入电压 V_1 在 100～140V 变化，以模拟需要输入电压有较宽变化范围的应用场合，输出电压 V_2 的范围为 40～50V，额定传输功率设置为 200W。因此，在本章的实验验证中，初级侧开关管的型号选为 IPB17N25S3-100（250VDC，17A），次级侧开关管的型号选为 IRL530NPBF（100VDC，17A）。

如图 7-11 所示，DAB DC-DC 变换器的功率电路主要分为由高频电感和变压器组成的交流隔离环节以及由开关管组成的两个全桥结构。其中，高频电感和变压器的设计对于功率电路尤为重要。本实验平台中间的交流环节采用高频变压器和串联高频电感的形式来实现能量的传输，主要考察高电压转换比（k 的范围为 2.5～3.5）情况下的性能。

在高频变压器的制作过程中，尽量保持其漏感很小，而励磁电感较大。变压器的漏感和附加的串联电感一起组成等效串联电感 L_k。由于等效串联电感 L_k 应具备能够传递最大传输功率 $P_{o\max}$ 的能力，根据式（7-2），等效串联电感 L_k 应满足如下不等式：

$$L_k \leqslant \frac{nV_1V_2}{8f_sP_{o\max}} \tag{7-33}$$

为了保留 20% 的最大传输功率裕量，最大传输功率 $P_{o\max}$ 应满足

$$P_{o\max} = 1.2P_{base} = 240\text{W} \tag{7-34}$$

因此，根据表 7-5 中所列出的关键设计参数，由式（7-33）和式（7-34）计算等效串联电感 L_k 应满足如下不等式：

$$L_k \leqslant 41.67\mu\text{H} \tag{7-35}$$

由于 DAB DC-DC 变换器的启动电流随着等效串联电感 L_k 的减小而增大，所以当满足式（7-35）时，等效串联电感 L_k 应尽量选取得足够大。因此，等效串联电感 L_k 的值选为 41μH。在具体的变压器和电感绕制中，变压器 T_r 的漏感为 1.5μH，因此，电路中外部串联电感 L_r 应该选为 39.5μH。

在 DAB DC-DC 变换器的变压器设计中，选用锰锌铁氧体作为磁芯材料，并且采用 AP 法选择变压器的磁芯。所谓 AP 法是指先计算出磁芯的窗口面积 A_w 和磁芯的有效截面积 A_e 的乘积 A_p，A_p 即代表磁芯的体积和可能转换的功率，进而根据容量选择磁芯。根据 AP 法的设计规则，并留有一定的安全余量，选择型号为 PQ5050 的磁芯。串联电感同样采用 AP 法进行计算，串联电感的磁芯同样选择锰锌铁氧体磁芯。根据 AP 法设计规则，选择型号为 PQ3535 的磁芯绕制串联电感。

根据开关管所承受的最大峰值电压、最大平均电流和最大电流峰值，留有一定的安全余量。如表 7-5 所示，根据 DAB DC-DC 变换器的运行情况，初级侧全桥的四个开关管（$S_1 \sim S_4$）选用 IPB17N25S3-100（250VDC，17A）型号的功率 MOSFET，次级侧全桥的四个开关管（$Q_1 \sim Q_4$）选用 IRL530NPBF（100VDC，17A）型号的功率 MOSFET。

为了验证本节所提的效率自优化策略的有效性和正确性，运用如图 7-11 所示的 DAB DC-DC 变换器实验平台进行相应的实验验证。接下来给出相应的实验结果并对实验结果进行分析。

图 7-12～图 7-14 为本节所提出的 RAPS 方法在正向功率流时的动态实验波形及变化前后的稳态实验波形。其中，绿色的实线圆圈表示初级侧第一个桥臂（S_1、S_2）的软开关情况，绿色的虚线圆圈表示初级侧第二个桥臂（S_3、S_4）的软开关情况，蓝色的实线圆圈表示次级侧第一个桥臂（Q_1、Q_2）的软开关情况，蓝色的虚线圆圈表示次级侧第二个桥臂（Q_3、Q_4）的软开关情况。

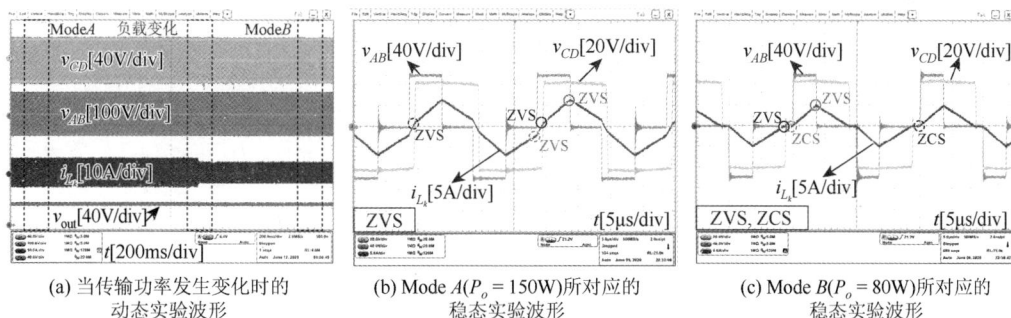

(a) 当传输功率发生变化时的
动态实验波形

(b) Mode $A(P_o = 150W)$所对应的
稳态实验波形

(c) Mode $B(P_o = 80W)$所对应的
稳态实验波形

图 7-12　当输入电压 $V_1 = 100V$，输出电压 $V_2 = 40V$ 时正向功率传输下的动态实验波形（彩图扫二维码）

如图 7-12 所示为当输入电压 $V_1 = 100V$，输出电压 $V_2 = 40V$ 时正向功率传输下的动态实验波形。从图 7-12（a）可以看出，传输功率 P_o 从 150W 变为 80W 后，电感电流 i_{L_k} 迅速恢复并保持稳定。图 7-12（b）为传输功率变化前的放大实验波形，可以看出所有的开关管（$S_1 \sim S_4$，$Q_1 \sim Q_4$）在重载条件下都实现了 ZVS 开通。图 7-12（c）为传输功率变化后的放大实验波形，可以看出开关管 S_3、S_4 和 $Q_1 \sim Q_4$ 均实现零电流开关（zero current switching，ZCS）关断；开关管 S_1 和 S_2 实现了 ZVS 开通。

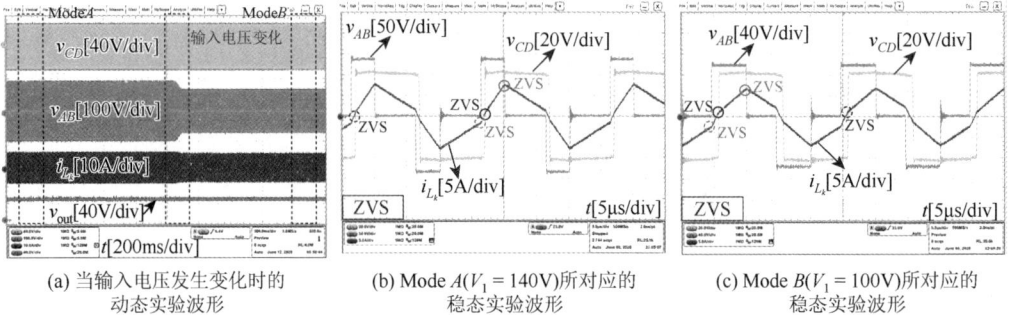

(a) 当输入电压发生变化时的
动态实验波形

(b) Mode $A(V_1 = 140\text{V})$ 所对应的
稳态实验波形

(c) Mode $B(V_1 = 100\text{V})$ 所对应的
稳态实验波形

图 7-13 当输出电压 $V_2 = 40\text{V}$，传输功率 $P_o = 150\text{W}$ 时正向功率传输下的动态实验波形

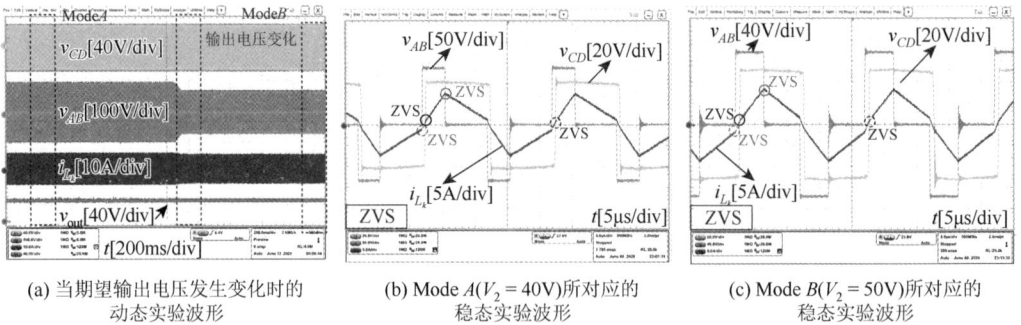

(a) 当期望输出电压发生变化时的
动态实验波形

(b) Mode $A(V_2 = 40\text{V})$ 所对应的
稳态实验波形

(c) Mode $B(V_2 = 50\text{V})$ 所对应的
稳态实验波形

图 7-14 当输入电压 $V_1 = 140\text{V}$，负载 $R_{\text{load}} = 10.7\Omega$ 时正向功率传输下的动态实验波形

如图 7-13 所示为当输出电压 $V_2 = 40\text{V}$，传输功率 $P_o = 150\text{W}$ 时正向功率传输下的动态实验波形。从图 7-13（a）可以看出，当输入电压 V_1 从 140V 切换到 100V 时，电感电流 i_{L_k} 能够快速恢复并保持稳定。如图 7-14 所示为当输入电压 $V_1 = 140\text{V}$，负载 $R_{\text{load}} = 10.7\Omega$ 时正向功率传输下的动态实验。从图 7-14（a）可以看出，当期望输出电压从 40V 增加到 50V 时，输出电压 V_{out} 很快恢复到 50V 并保持稳定。从图 7-13（b）、图 7-13（c）、图 7-14（b）和图 7-14（c）可以看出放大后的实验波形，说明所有的开关管均实现了 ZVS 开通。

如图 7-15 所示为当功率反向流动时的稳态实验波形，其中图 7-15（a）表示输入电压 $V_1 = 100\text{V}$，输出电压 $V_2 = 40\text{V}$，传输功率 $P_o = 150\text{W}$ 时的波形；图 7-15（b）表示输入电压 $V_1 = 140\text{V}$，输出电压 $V_2 = 40\text{V}$，传输功率 $P_o = 150\text{W}$ 时的波形；图 7-15（c）表示输入电压 $V_1 = 140\text{V}$，输出电压 $V_2 = 50\text{V}$，传输功率 $P_o = 150\text{W}$ 时的波形。由图 7-15 可知，当功率反向流动时的软开关性能与如图 7-12～图 7-14 所示的功率正向流动时的稳态波形类似。由图 7-12～图 7-15 可知，在各种运行工况下 DAB DC-DC 变换器均实现了软开关。

(a) $V_1 = 100\text{V}$，$V_2 = 40\text{V}$，$P_o = 150\text{W}$ (b) $V_1 = 140\text{V}$，$V_2 = 40\text{V}$，$P_o = 150\text{W}$ (c) $V_1 = 140\text{V}$，$V_2 = 50\text{V}$，$P_o = 150\text{W}$

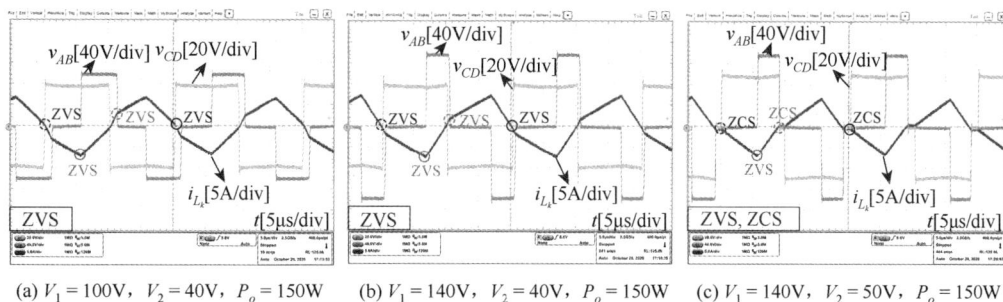

图 7-15 当功率反向流动时的稳态实验波形

为了进一步证明本节所提出的 RAPS 方法在传输效率和稳态性能方面提升的能力，接下来与现有的调制策略进行对比，如 SPS 调制[7]、DPS 调制[8]、EPS 调制[9]、基于粒子群优化的 TPS 调制（PSO optimized TPS modulation，PTPS）[9]和基于强化学习优化的 TPS 调制（RL optimized TPS modulation，RTPS）。与 RTPS 方法相比较，本节所提出的 RAPS 方法增加了 ANN 算法来拟合 RL 算法的训练结果，以减少实际控制中的计算时间和内存分配。

如图 7-16 所示为实验测量得到的不同方法的峰值电流曲线图，其中图 7-16（a）为输入电压 $V_1 = 100\text{V}$，输出电压 $V_2 = 40\text{V}$ 时，峰值电流随传输功率的变化曲线；图 7-16（b）为输入电压 $V_1 = 140\text{V}$，输出电压 $V_2 = 40\text{V}$ 时，峰值电流随传输功率的变化曲线；图 7-16（c）为输出电压 $V_2 = 40\text{V}$，传输功率 $P_o = 80\text{W}$ 时，峰值电流随输入电压的变化曲线；图 7-16（d）为输出电压 $V_2 = 40\text{V}$，传输功率 $P_o = 150\text{W}$ 时，峰值电流随输入电压的变化曲线。由图 7-16（a）和图 7-16（b）可知，峰值电流 I_p 随着传输功率 P_o 的增加而增大；由图 7-16（c）和图 7-16（d）可知，峰值电流 I_p 随着输入电压 V_1 的升高而增大。这些实验结果验证了上述关于电流峰值随传输功率 P_o 和输入电压 V_1 变化的理论分析。如图 7-16 所示的实验对比结果表明，在整个运行范围内，PTPS、RTPS 和本节所提出的 RAPS 方法

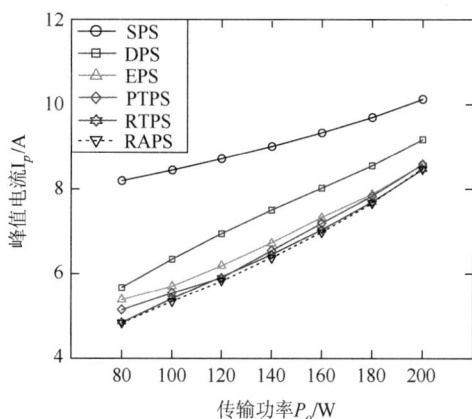

(a) $V_1 = 100\text{V}$，$V_2 = 40\text{V}$

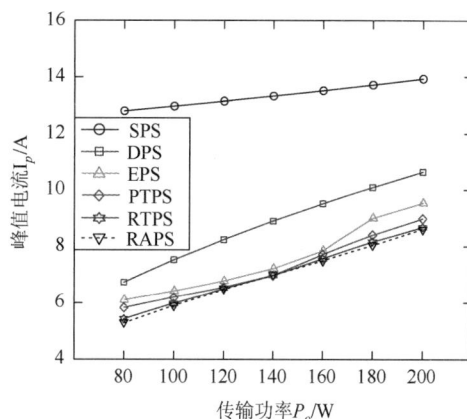

(b) $V_1 = 140\text{V}$，$V_2 = 40\text{V}$

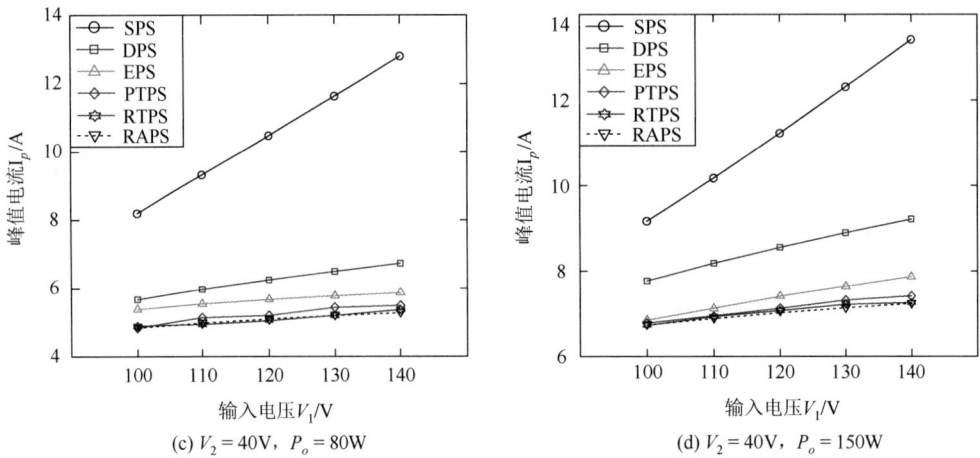

(c) $V_2 = 40\text{V}$, $P_o = 80\text{W}$ (d) $V_2 = 40\text{V}$, $P_o = 150\text{W}$

图 7-16 实验测量的峰值电流曲线图

的峰值电流曲线比较接近,且相比于其他三种调制策略可以降低电流应力。与此同时,本节提出的 RAPS 方法与 RTPS 的峰值电流曲线在大多数情况下低于 PTPS。这主要是因为本节提出的 RAPS 方法和 RTPS 方法在 Q-learning 算法的离线训练过程中考虑了所有有效的运行模态和 ZVS 性能,这为 DAB DC-DC 变换器求解全局最优调制策略提供了有利的条件。

    如图 7-17 所示为实验测量得到的不同方法之间的传输效率对比曲线,其中图 7-17(a)为输入电压 $V_1 = 100\text{V}$,输出电压 $V_2 = 40\text{V}$ 时,传输效率随传输功率的变化曲线;图 7-17(b)为输入电压 $V_1 = 140\text{V}$,输出电压 $V_2 = 40\text{V}$ 时,传输效率随传输功率的变化曲线。由图 7-17(a)和图 7-17(b)可知,在整个运行范围下,PTPS、RTPS 和本节提出的 RAPS 方法的效率曲线比较接近,且传输效率高于其他三种调制策略。此外,本节提出的 RAPS 方法和 RTPS 的传输效率在大多数情况下高于 PTPS。在轻载条件下,本节提出的 RAPS 方法与 SPS 调制策略相比,当输入电压 $V_1 = 100\text{V}$ 时传输效率提升了 12.8%,当输入电压 $V_1 = 140\text{V}$ 时传输效率提升了 29.4%。在重载条件下,本节提出的 RAPS 方法与 SPS 调制策略相比,当输入电压 $V_1 = 100\text{V}$ 时传输效率提升了 1.6%,当输入电压 $V_1 = 140\text{V}$ 时传输效率提升了 10.7%。因此,图 7-17(a)和图 7-17(b)的对比结果分别与如图 7-16(a)和图 7-16(b)所示的电流峰值曲线相对应。

    如图 7-17(c)所示为输出电压 $V_2 = 40\text{V}$,传输功率 $P_o = 80\text{W}$ 时,传输效率随输入电压 V_1 的变化曲线;如图 7-17(d)所示为输出电压 $V_2 = 40\text{V}$,传输功率 $P_o = 150\text{W}$ 时,传输效率随输入电压 V_1 的变化曲线。由图 7-17(c)和图 7-17(d)可知,在传输功率 P_o 不变时,传输效率随着输入电压 V_1 的增加而降低。与此同时,PTPS、RTPS 和本节提出的 RAPS 方法的效率曲线比较接近,且效率高于其他三种调制策略。此外,本节提出的 RAPS 方法和 RTPS 的效率在大多数情况下高于 PTPS。因此,在整个电压转换比 k 的范围内,本节提出的 RAPS 方法能有效地提升 DAB DC-DC 变换器的传输效率。

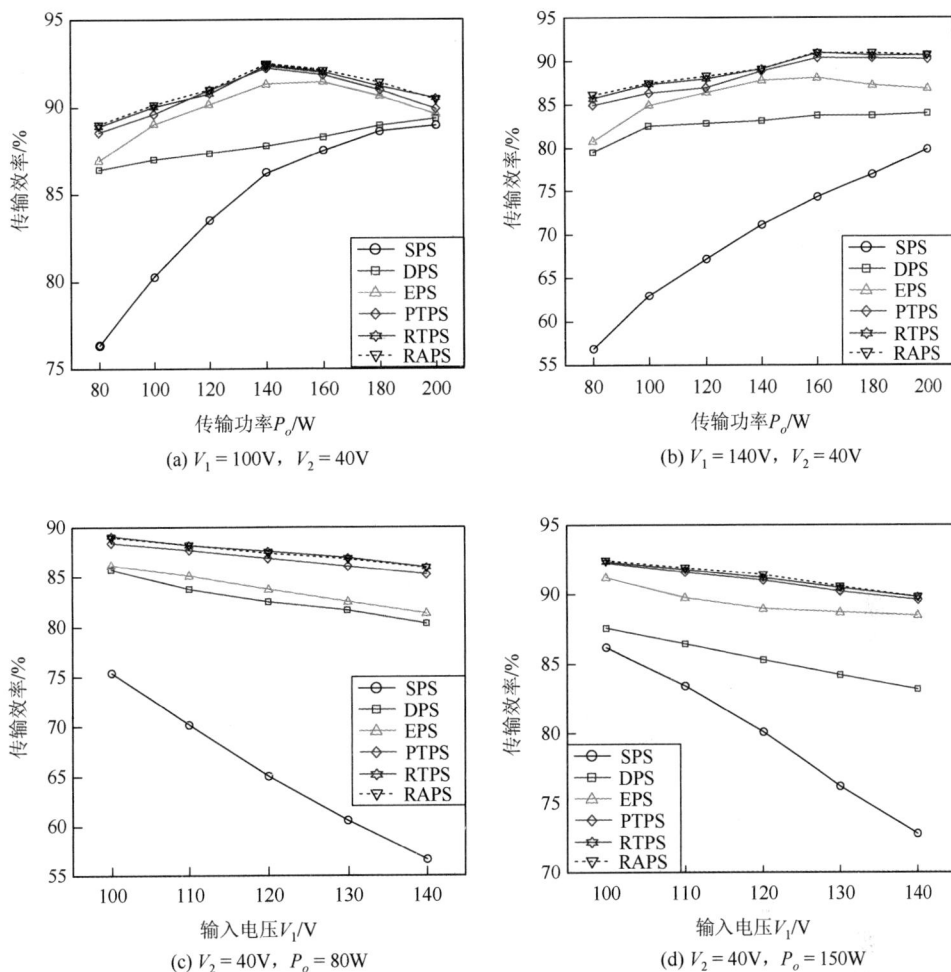

图 7-17　实验测量的传输效率曲线图

如表 7-5 所示关键电路参数，输入电压 V_1 在 $100\sim140V$ 变化，以模拟需要输入电压有较宽变化范围的应用场合，输出电压 V_2 的范围为 $40\sim50V$，传输功率范围为 $0\sim200W$。对于启发式算法（如遗传算法和 PSO 算法）而言，假设 V_1、V_2 和 P_o 的间隔分别设置为 $0.5V$、$0.5V$ 和 $0.5W$，那么运用启发式算法至少需要 640000 次单独的优化过程，非常复杂且耗时。与启发式算法相比，RTPS 方法不需要如此复杂的优化过程。然而，与上述启发式算法类似，在 Q-learning 算法训练后，RTPS 方法需要建立一个包含 640000 个训练结果的大型 look-up table。这个 look-up table 的内存大于 30MB（30720KB）。由于 look-up table 中存储的是离散数据，因此在实际应用中无法在连续的运行范围内为 DAB DC-DC 变换器提供实时的优化调制策略，这会导致一定的功率误差，同时也会导致 DAB DC-DC 变换器的稳态性能下降。

表 7-7 定量比较了 look-up table 中使用不同数据点之间的内存。从表 7-7 可以看出，数据点的减少会降低 look-up table 的内存，但相应间隔变大也会影响其控制精度和稳态

性能。因此，在实际应用中，为了保证控制精度，look-up table 中应存储足够的数据。本章使用的是 DSP TMS320F28335，其最大内存为 512KB。但是，如果单片机的内存较小（如 ARM STM32F722RET7，最大内存为 256KB；STM32F103ZET6，最大内存为 64KB），则需要进一步压缩 look-up table 才能实现闭环控制。如果 DAB DC-DC 变换器的运行范围很宽，生成的 look-up table 数据点就会非常大。因此，这种 look-up table 方法存在很大的局限性，并不适用于 DAB DC-DC 变换器的连续控制。

表 7-7 look-up table 中使用不同数据点之间的内存比较

数据点	内存/KB	V_1、V_2、P_o 间隔（V、V、W）	DSP TMS320F28335（512KB）	ARM STM32F722RET7（256KB）	ARM STM32F103ZET6（64KB）
640000	30720	0.5，0.5，0.5	×	×	×
80000	468.75	1，1，1	√	×	×
40000	234.38	1，1，2	√	√	×
20000	117.19	2，1，2	√	√	×
10000	58.6	2，2，2	√	√	√

本节提出的 RAPS 方法包含优化阶段和拟合阶段两个过程，如图 7-6 所示。在第二个阶段运用 ANN 算法来拟合上一步的 RL 算法的训练结果。经过训练后的 ANN 智能体的内存通常小于 100KB。与强化学习和启发式算法训练完以后的 look-up table 相比（通常为几百 KB），本节提出的 RAPS 方法可以有效地减小控制器的内存。经过 RL＋ANN 训练以后的智能体类似于一个快速代理预测器，可以在连续变化的环境（V_1、V_2、P_o）中输出相应的控制量（D_1、D_2、D_3）。因此，相比于 QTPS 方法和 PTPS 方法，本节提出的 RAPS 方法更加适用于 DAB DC-DC 变换器的在线实时控制。

7.3 基于 DDPG 算法的三重移相优化调制方案设计

在 7.2 节已经讨论了基于线性分段时域模型和 RL＋ANN 方法的效率优化调制策略。RL＋ANN 方法的应用有效地解决了强化学习方法训练结果不便于进行连续控制的问题，然而该效率优化调制策略仍然存在以下问题：①DAB DC-DC 变换器的线性分段时域模型不能由统一的表达式来表示，因此在求解优化调制策略时，需要大量复杂的计算；②RL+ANN 方法包含两次训练过程，增加了计算复杂度并且花费了更长的训练时间。在 7.1.2 节已经分析了 DAB DC-DC 变换器的统一谐波分析模型。为了解决上述问题，本节将讨论基于统一谐波分析模型下 DAB DC-DC 变换器的效率优化调制策略。

对于 DAB DC-DC 变换器而言，当传输的有功功率恒定时，无功功率会导致电流有效值和视在功率的增加，进而导致设备和线路容量增大，相关的功率损耗也随之增大。在 DAB DC-DC 变换器中会存在较大的环流，进而导致传输效率较低。因此，无功功率是

DAB DC-DC 变换器的重要性能指标，降低其无功功率对于提高 DAB DC-DC 变换器的传输效率具有重要意义。

基于此，本节提出了基于 DDPG 算法和 TPS 的最小无功功率优化调制策略。具体来说，运用 DDPG 算法进行离线训练，以求解 ZVS 约束下最小无功功率所对应的 TPS 调制策略。具体的优化设计和考虑将在下面的各小节中给出。

7.3.1　DDPG 算法分析

本节采用 DDPG 算法来提升 DAB DC-DC 变换器在 ZVS 约束下的最优 TPS 调制策略，即求解无功功率最低时所对应的移相角（D_1, D_2, D_φ），以实现该变换器的效率提升。在 DDPG 算法的优化过程中，主要目标是根据当前状态（V_1, V_2, P_o）找到合适的动作，使 DAB DC-DC 变换器能够获得最小的无功功率。实际上，DAB DC-DC 变换器的无功功率优化问题可以视为一种马尔可夫决策过程[10]。通常，马尔可夫决策过程包含四个组成部分（S，A，P，R），其中 S 为状态空间，A 为动作空间，P 为状态转移概率函数，R 为奖励函数。智能体在当前状态 $s_t \in S$ 下根据策略 $\pi(a_t|s_t)$ 选择动作 $a_t \in A$ 作用于环境，然后接收到环境反馈回来的奖励 $r_t \in R(s_t, a_t)$，并以转移概率 p 转移到下一个状态 s_{t+1}。将累计的奖励定义为 G_t，并由如下公式进行计算：

$$G_t = \sum_{k=0}^{\infty} \gamma^k \cdot R_{k+t} \tag{7-36}$$

其中，γ 为折扣因子，其范围为 0~1。

对于 DAB DC-DC 变换器，环境特征由输入电压 V_1、输出电压 V_2 和传输功率 P_o 组成。与此同时，DAB DC-DC 变换器所传输功率的大小和相应的性能均取决于移相角（D_1, D_2, D_φ）。因此将状态空间定义为 $S = [V_1, V_o, P_o]$，将动作空间定义为 $A = [D_1, D_2, D_\varphi]$。

DDPG 算法作为一种先进的深度强化学习（DRL）算法，非常适用于求解连续动作空间中复杂的多维优化问题，因此也非常适用于求解马尔可夫决策过程[11, 12]。本节运用 DDPG 算法来求解 DAB DC-DC 变换器的优化调制策略。在 DDPG 算法中，策略函数将状态（V_1, V_2, P_o）映射到期望的输出（D_1, D_2, D_φ），critic 函数将状态和动作（V_1, V_2, P_o, D_1, D_2, D_φ）映射到期望的最大输出 R_t，即最大化动作价值函数 $Q^\pi(s_t, a_t)$。动作价值函数 $Q^\pi(s_t, a_t)$ 的计算公式如下所示：

$$Q^\pi(s_t, a_t) = E_\pi \left(G(s_t, a_t) + \gamma E_{a_{t+1} \sim \pi}(Q^\pi(s_{t+1}, a_{t+1})) \right) \tag{7-37}$$

由于 DDPG 算法中的智能体在经历过前期的探索后，其学习到的策略将逐渐提升，因此给 DAB DC-DC 变换器的效率优化设置一个合适的奖励函数十分重要。该奖励函数的目的是使得 DDPG 算法能够求得最小无功功率和最小功率误差所对应的动作。奖励函数 R（D_1, D_2, D_φ）定义如下：

$$R(D_1, D_2, D_\varphi) = -\left(\delta \cdot |Q_n| + \xi \cdot (P_{on} - P'_{on})^2 \right) \tag{7-38}$$

其中，P'_{on} 表示期望的归一化输出功率；P_{on} 表示训练过程中计算得到的归一化输出功率；ξ 表示与输出功率误差相关的惩罚因子。值得注意的是，对于 DDPG 算法的训练，ξ 的值选取过大会导致无功功率增大，选取过小则会造成较大的输出功率误差。通过仿真实验，本节中将 ξ 的值选取为 200。与此同时，Q_n 表示训练过程中的计算得到的归一化无功功率；δ 表示与 ZVS 性能相关的惩罚因子。若当前的动作能够满足式（7-16）的 ZVS 约束，则 δ 的值为 1；否则，δ 的值将选为 10，以给出一个较小的奖励值，使得 DDPG 智能体避免学习到 ZVS 丢失的情况。综上所述，通过最大化奖励函数的值，完成整个学习过程后的 DDPG 智能体能够使得 DAB DC-DC 变换器在实现软开关的前提下获得最低的无功功率和最小的功率误差。

如图 7-18 所示为应用于 DAB DC-DC 变换器的 DDPG 算法结构图。DDPG 算法基于 actor-critic 框架，即包含两个主要部分（actor 网络和 critic 网络），其中每个部分均包含两个网络（即主网络和目标网络）。actor 网络通过将当前的状态（V_1, V_2, P_o）拟合到相应

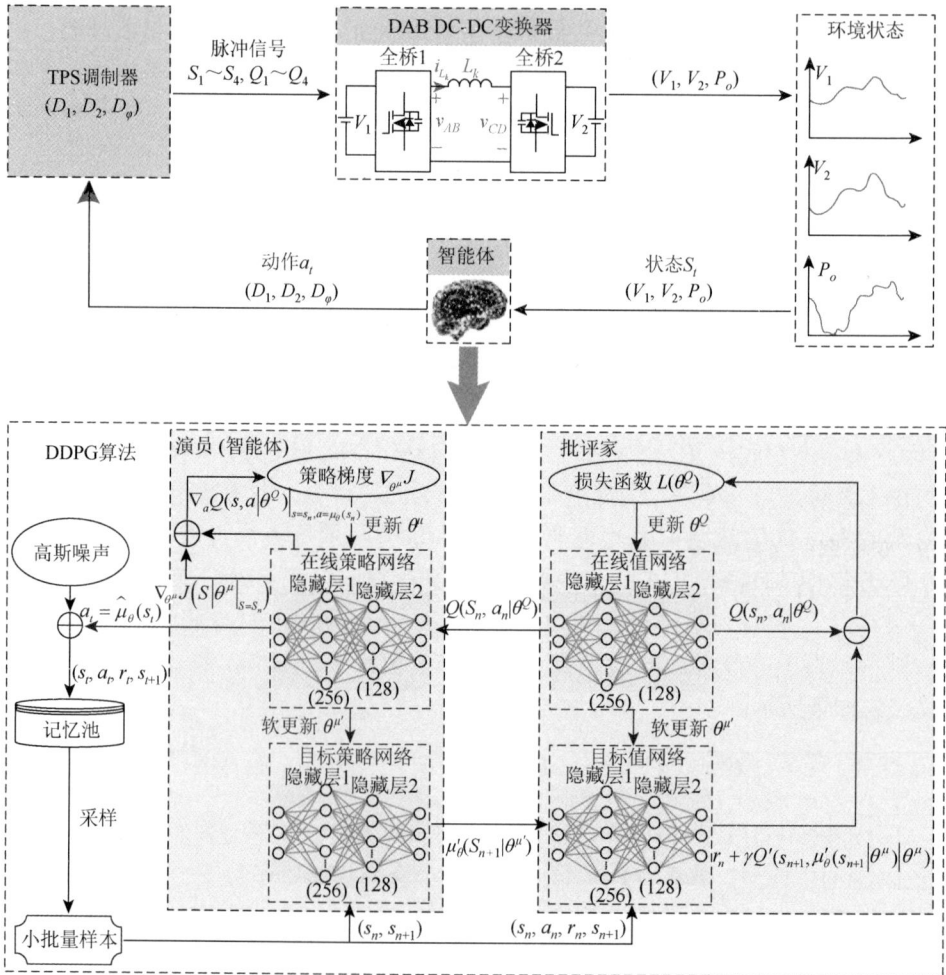

图 7-18　DDPG 算法结构图

的动作 (D_1, D_2, D_φ) 来调整策略函数 $\mu(s|\theta^\mu)$ 中参数 θ^μ 的值，critic 网络则用来调整动作值函数 $Q(s, a|\theta^Q)$ 中参数 θ^Q 的值。

critic 网络中的参数 θ^Q 是通过最小化损耗函数 $\Lambda(\theta^Q)$ 的值来更新的，损耗函数 $\Lambda(\theta^Q)$ 的表达式如下所示：

$$\Lambda(\theta^Q) = \mathrm{E}_{(s,a)}\left((Q(s_t, a_t \mid \theta^Q) - y_t)^2\right) \tag{7-39}$$

其中，$y_t = r_t(s_t, a_t) + \gamma Q(s_{t+1}, \mu(s_t \mid \theta^\mu) \mid \theta^Q)$。

actor 网络中参数 θ^Q 通过式（7-40）所示的策略梯度函数来更新：

$$\begin{aligned}\nabla_{\theta^\mu} J^{\theta^\mu} &\approx \mathrm{E}_{s_t \sim \rho^\beta}\left(\nabla_{\theta^\mu} Q(s, a \mid \theta^Q)\big|_{a=\mu(s|\theta^\mu)} \nabla_{\theta^\mu} \mu(s \mid \theta^\mu)\right)\\ &= \mathrm{E}_{s_t \sim \rho^\beta}\left(\nabla_a Q(s, a \mid \theta^Q)\big|_{a=\mu^\theta(s)} \nabla_{\theta^\mu} \mu(s \mid \theta^\mu)\right)\end{aligned} \tag{7-40}$$

其中，β 表示当前策略 π 所对应的具体策略。

为了提高 DDPG 算法学习过程中的稳定性和可靠性，在 actor 网络和 critic 网络中分别添加了两个不同的目标网络，分别为目标 actor 网络 $\mu'(s|\theta^{\mu'})$ 和目标 critic 网络 $Q'(s, a|\theta^{Q'})$，如图 7-18 所示。在每次迭代中，权重因子（θ^μ 和 θ^Q）将按照如下公式进行软更新：

$$\text{soft update}\begin{cases}\theta^{Q'} \leftarrow \tau\theta^Q + (1-\tau)\theta^{Q'}\\ \theta^{\mu'} \leftarrow \tau\theta^\mu + (1-\tau)\theta^{\mu'}\end{cases} \tag{7-41}$$

其中，τ 表示软更新系数，并且 $\tau \ll 1$。

7.3.2　DDPG 算法的训练

在本节中，DDPG 算法的作用是为 DAB DC-DC 变换器在不同运行条件下提供一种无功功率优化调制策略，因此 DDPG 训练时超参数的选择十分关键。如表 7-5 所示为 DAB DC-DC 变换器的关键电路参数。

对于 DDPG 算法，其包含的主要超参数有神经网络的层数、每个隐藏层所包含的神经元数量、学习率等。为了找到合适的超参数，本节采用了网格搜索方法[6]。将神经网络的层数范围设置为 0~5，步长取为 1；将隐藏层所包含的神经元数量范围设置为 10~150，步长取为 10；学习率的范围设置为 0.1~10^{-8}，并且每次减小到 1/10。类似地，其他的超参数设置成常用的范围，并使用该网格搜索方法进行选取。通过网格搜索方法，本节中 DDPG 算法的 actor 网络和 critic 网络均采用相同的结构，每个网络设置成 4 层，即一个输入层、两个隐藏层、一个输出层；其中隐藏层分别包含 256 个和 128 个神经元，输入层由（V_1, V_2, P_o）组成，输出层由（D_1, D_2, D_φ）组成，如图 7-18 所示。本节所设置的其他超参数如表 7-8 所示。critic 网络中的隐藏层和输出层采用了 ReLU（rectified linear unit）激活函数，actor 网络中的输出层采用了 tanh 激活函数和 softplus 激活函数。

表 7-8　DDPG 算法的关键训练参数

参数	值
critic 网络的学习率（λ_c）	0.002
actor 网络的学习率（λ_a）	0.001
软更新因子（τ）	0.001
经验回收池容量（M）	40000
最大训练回合数（N）	12000
每个训练集的步长	10
训练批次（m）	32

DDPG 算法训练过程如下：

（1）　输入：环境 $[V_1, V_2, P_o]$
（2）　输出：移相角（D_1, D_2, D_φ）
（3）　随机初始化 actor 和 critic 网络参数：　和
（4）　运用 μ′和 Q′初始化 actor 和 critic 目标网络参数：
（5）　**for** $j=1,2,\cdots,N$ do:
（6）　　　复位整个环境，并返回一个初试状态 s_1
（7）　**for** $t=1,2,\cdots 10$ do
（8）　　　　由当前策略 π 和探索率选择一个动作
（9）　　　　执行 a_t 并返回 r_t 和新状态 s_{t+1}
（10）　　　存储（s_t, a_t, r_t, s_{t+1}）到经验回收池 R
（11）　　　从回放缓冲区 R 中提取 mini-batch 组（s_t, a_t, r_t, s_{t+1}）来进行训练
（12）
（13）　　　通过式 (7-39) 来更新 critic 网络
（14）　　　通过式 (7-40) 来更新 actor 网络
（15）　　　通过式 (7-41) 来更新目标 actor 和目标 critic 网络
（16）　　**end for**
（17）　**end for**

如表 7-8 所示，选择最大训练回合数（N）为 12000，每个训练集的步长取为 10。在 Windows 10 操作系统上进行算法训练，其中处理器的型号为 Intel®Core™i7-8700 CPU @3.20GHz 3.19GHz。根据表 7-8 中所给的超参数和上面的算法流程，整个训练过程可以在 30min 以内完成。

如图 7-19 所示为 DDPG 算法训练过程中的 120 回合平均累计奖励值变化趋势，其中实线表示平均累计奖励值，阴影部分表示标准差。由图 7-19 可以看出，整个训练过

程可分为 3 个阶段，即探索阶段、学习阶段和收敛阶段。在探索阶段（约前 1000 回合），DDPG 智能体进行随机探索，以期找到合适的策略。在这个阶段，平均累计奖励值相对较低，这是因为在这个阶段 DDPG 智能体致力于通过随机探索动作空间来收集经验。在学习阶段（1000～8000 回合），DDPG 智能体开始进行学习，对应的奖励值得到快速提升。在收敛阶段（8000～12000 回合），智能体的训练逐渐趋于稳定，以期找到最优的策略。

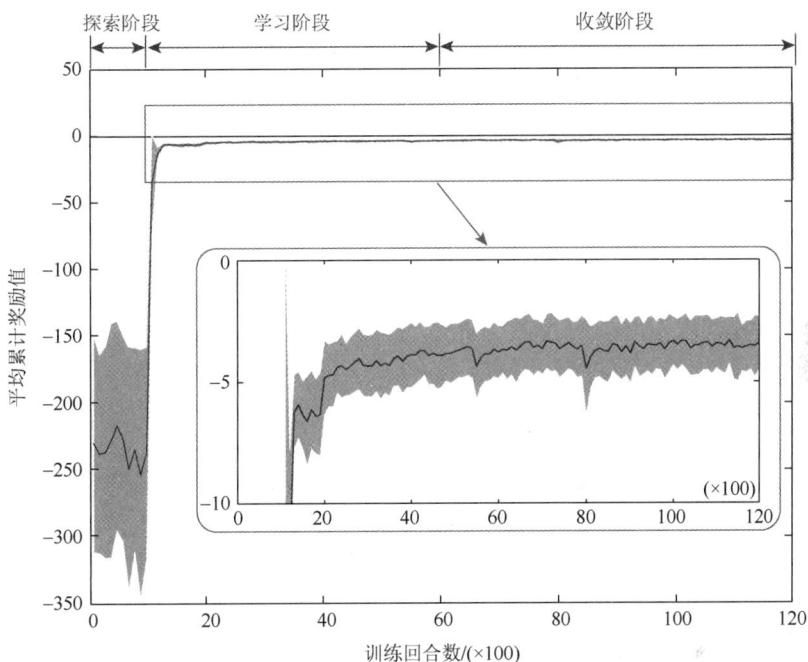

图 7-19　DDPG 算法训练过程中的 120 回合平均累计奖励值变化曲线

整个训练过程结束后，训练好的 DDPG 智能体可以存储在一个微处理器中，如 DSP。当微处理器检测到 DAB DC-DC 变换器的运行环境（V_1，V_2，P_o）时，经过训练的 DDPG 智能体类似于一个快速代理预测器，它能将输入参数（V_1，V_2，P_o）映射到相应的移相角（D_1，D_2，D_φ），该移相角为最小无功功率对应的优化调制策略。

7.3.3　实验验证

为了验证本节所提出的基于 DDPG 算法优化的三重移相调制策略（DDPG algorithm optimized TPS modulation，DTPS）方法的可行性和有效性，本节将进行相应的实验验证和实验分析。所搭建的 DAB DC-DC 变换器实验平台和对应的样机照片如图 7-11 所示，实验平台主要设计指标如表 7-5 所示。下面给出详细的实验结果分析和比较。

图 7-20 和图 7-21 为本节所提出的 DTPS 方法在正向功率流时在不同传输功率情况下的稳态实验波形；其中棕色的实线圆圈表示初级侧第一个桥臂（S_1、S_2）的软开关情况，棕色的虚线圆圈表示初级侧第二个桥臂（S_3、S_4）的软开关情况，蓝色的实线圆圈表示次

级侧第一个桥臂（Q_1、Q_2）的软开关情况，蓝色的虚线圆圈表示次级侧第二个桥臂（Q_3、Q_4）的软开关情况。

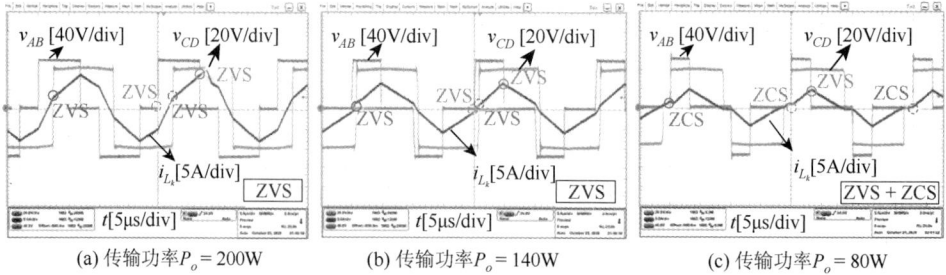

图 7-20　当输入电压 $V_1 = 100\text{V}$，输出电压 $V_2 = 40\text{V}$ 时正向功率传输下的稳态实验波形（彩图扫二维码）

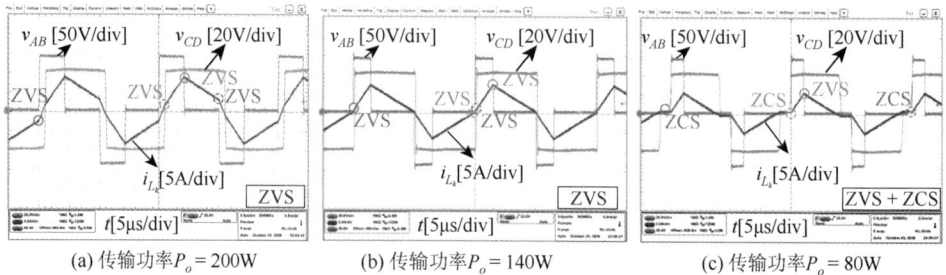

图 7-21　当输入电压 $V_1 = 140\text{V}$，输出电压 $V_2 = 40\text{V}$ 时正向功率传输下的稳态实验波形

如图 7-20 所示为输入电压 $V_1 = 100\text{V}$，输出电压 $V_2 = 40\text{V}$ 时的稳态实验波形，如图 7-21 所示为输入电压 $V_1 = 140\text{V}$，输出电压 $V_2 = 40\text{V}$ 时的稳态实验波形。从图 7-20（a）、图 7-20（b）、图 7-21（a）和图 7-21（b）可以看出，在中功率和高功率情况下，DAB DC-DC 变换器的所有开关管均实现了 ZVS 开通。从图 7-20（c）和图 7-21（c）可以看出，在低功率情况下，初级侧第一个桥臂的开关管（S_1、S_2）可以实现 ZVS 开通，而其余三个桥臂的开关管（S_3、S_4 和 $Q_1 \sim Q_4$）均实现了 ZCS 关断。

如图 7-22 所示为本节所提出的 DTPS 方法在反向功率流时不同传输功率情况下的稳态实验波形。由图 7-22 可知，所有的开关管在不同功率情况下都能实现软开关。从图 7-20～图 7-22 的稳态实验波形可以看出，反向功率和正向功率情况下的软开关性能相似。这是因为 DDPG 算法中加入了 ZVS 约束，可以使 DAB DC-DC 变换器在不同运行条件下均实现软开关性能。

如图 7-23 所示为本节所提出的 DTPS 方法在正向功率流时在不同传输功率情况下的动态实验波形，其中图 7-23（a）表示当 $V_1 = 100\text{V}$，$V_2 = 40\text{V}$ 时，传输功率 P_o 从 200W 变为 80W 时的动态实验波形；图 7-23（b）表示当 $V_1 = 140\text{V}$，$V_2 = 40\text{V}$ 时，传输功率 P_o 从 200W 变为 80W 时的动态实验波形；图 7-23（c）表示当传输功率 $P_o = 200\text{W}$，$V_2 = 40\text{V}$ 时，输入电压 V_1 从 100V 变为 140V 时的动态实验波形。如图 7-23 所示，当负载或者输入电压发生变化以后，实际输出电压 V_{out} 和电感电流 i_{L_k} 迅速恢复并保持稳定。

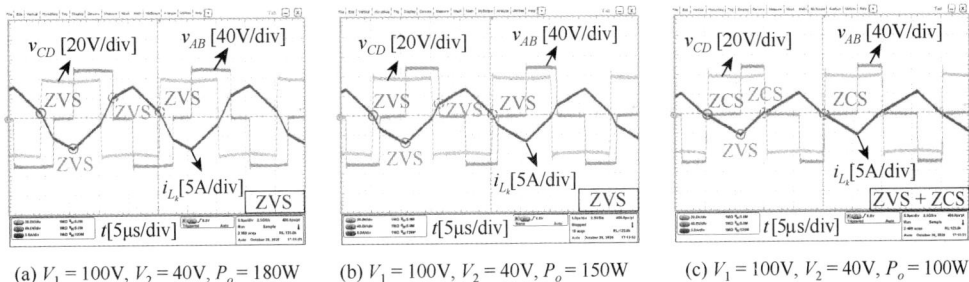

(a) $V_1 = 100V$, $V_2 = 40V$, $P_o = 180W$　　(b) $V_1 = 100V$, $V_2 = 40V$, $P_o = 150W$　　(c) $V_1 = 100V$, $V_2 = 40V$, $P_o = 100W$

图 7-22　当功率反向流时的稳态实验波形

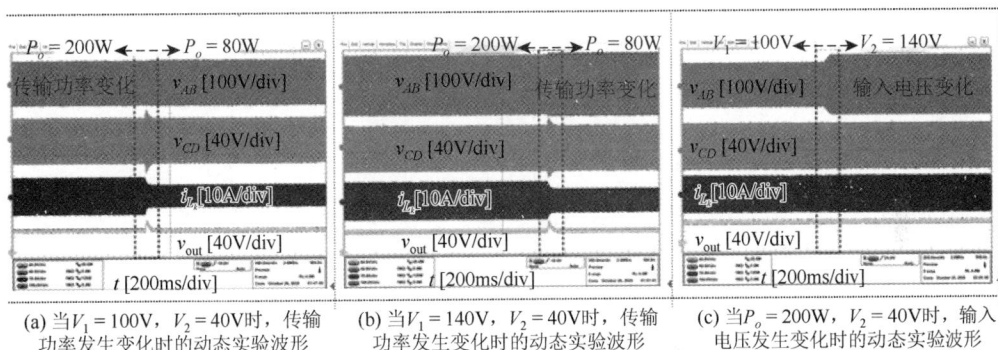

(a) 当 $V_1 = 100V$, $V_2 = 40V$ 时，传输
功率发生变化时的动态实验波形

(b) 当 $V_1 = 140V$, $V_2 = 40V$ 时，传输
功率发生变化时的动态实验波形

(c) 当 $P_o = 200W$, $V_2 = 40V$ 时，输入
电压发生变化时的动态实验波形

图 7-23　正向功率传输下的动态实验波形

从图 7-23（a）和图 7-23（b）可以看出，在负载变化的情况下可以观察到轻微的振荡。这是因为训练后的 DDPG 智能体像一个快速代理预测器，它能将输入参数（V_1, V_2, P_o）映射到相应的移相角（D_1, D_2, D_φ），因此可以使 DAB DC-DC 变换器具有快速的动态响应性能。

　　为了进一步证明本节所提出的 DTPS 方法在传输效率和稳态性能方面提升的能力，接下来与现有的调制策略进行对比，如 SPS 调制[7]、DPS 调制[8]、EPS 调制[9]、PTPS 调制[3]和前面所提出的 RAPS 方法。

　　如图 7-24 所示为实验测量得到的不同方法之间的无功功率曲线图，其中图 7-24（a）为输入电压 $V_1 = 100V$，输出电压 $V_2 = 40V$ 时，无功功率随传输功率的变化曲线；图 7-24（b）为输入电压 $V_1 = 140V$，输出电压 $V_2 = 40V$ 时，无功功率随传输功率的变化曲线。如图 7-24 所示，在整个运行范围内，本节所提出的 DTPS 方法和前面提出的 RAPS 方法的无功功率曲线比较接近，且相比于其他四种调制策略可以有效地降低 DAB DC-DC 变换器的无功功率。与此同时，本节提出的 DTPS 方法的无功功率曲线在大多数情况下低于RAPS。这主要是因为本节提出的 DTPS 方法在采用统一谐波分析模型的基础上运用了先进的 DDPG 算法进行离线训练，这为 DAB DC-DC 变换器求解全局最优调制策略提供了更有利的条件。

　　如图 7-25 所示为实验测量得到的不同方法之间的效率对比曲线，其中图 7-25（a）为输入电压 $V_1 = 100V$，输出电压 $V_2 = 40V$ 时，效率随传输功率的变化曲线；图 7-25（b）为

输入电压 $V_1 = 140\text{V}$，输出电压 $V_2 = 40\text{V}$ 时，效率随传输功率的变化曲线。由图 7-25 可知，在整个运行范围内，RAPS 和本节提出的 DTPS 方法的效率曲线比较接近，且效率高于其他四种调制策略，其效率曲线跟如图 7-24 所示的无功功率曲线相对应。根据图 7-25（a）所示的效率曲线，当输入电压 $V_1 = 100\text{V}$ 时，本节提出的 DTPS 方法在传输效率 $P_o = 140\text{W}$ 达到最高（92.5%），与 SPS 调制策略相比，效率提升了 6.3 个百分点。根据图 7-25（b）所示的效率曲线，当输入电压 $V_1 = 140\text{V}$ 时，本节提出的 DTPS 方法在传输效率 $P_o = 200\text{W}$ 达到最高（90.6%），与 SPS 调制策略相比，效率提升了 10.8 个百分点。因此，在不同的运行条件下，本节提出的 DTPS 方法能有效地提升 DAB DC-DC 变换器的传输效率。

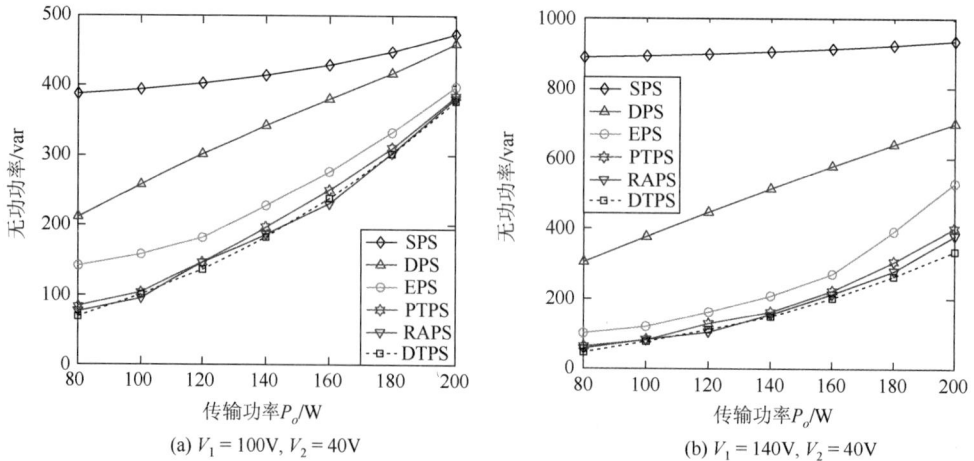

(a) $V_1 = 100\text{V}$, $V_2 = 40\text{V}$　　　　(b) $V_1 = 140\text{V}$, $V_2 = 40\text{V}$

图 7-24　实验测量的无功功率曲线图

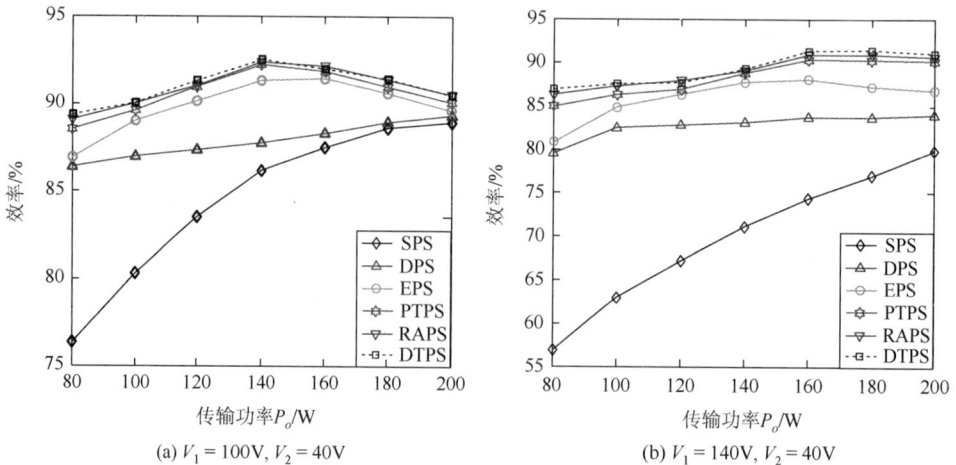

(a) $V_1 = 100\text{V}$, $V_2 = 40\text{V}$　　　　(b) $V_1 = 140\text{V}$, $V_2 = 40\text{V}$

图 7-25　实验测量的效率曲线图

基于上述分析，本节所提出的 DTPS 方案可以在整个运行范围内在保证软开关性能的条件下降低 DAB DC-DC 变换器的无功功率。与基于启发式算法和强化学习优化调制策略相比，训练好的 DDPG 智能体可实时在线提供优化调制策略，而不需要相应的 look-up table，具有准确、快速的动态响应性能。与前面所提出的 RAPS 方法相比较，本节所提出的 DTPS 方法的整个训练过程可以一次性完成，简化了训练的复杂度、节约了训练时间。与此同时，上述实验结果也与理论分析相吻合，验证了理论分析的正确性。

参 考 文 献

[1]　Hou N, Li Y W. Overview and comparison of modulation and control strategies for a non-resonant single-phase dual-active-bridge DC-DC converter[J]. IEEE Transactions on Power Electronics, 2020, 35(3): 3148-3172.

[2]　Krismer F, Kolar J W. Closed form solution for minimum conduction loss modulation of DAB converters[J]. IEEE Transactions on Power Electronics, 2012, 27(1): 174-188.

[3]　Shi H C, Wen H Q, Hu Y H, et al. Reactive power minimization in bidirectional DC–DC converters using a unified-phasor-based particle swarm optimization[J]. IEEE Transactions on Power Electronics, 2018, 33(12): 10990-11006.

[4]　Mou D, Luo Q M, Wang Z Q, et al. Optimal asymmetric duty modulation to minimize in ductor peak-to-peak current for dual active bridge DC-DC converter[J]. IEEE Transactions on Power Electronics, 2021, 36(4): 4572-4584.

[5]　赵彪. 双主动全桥 DC-DC 变换器的理论和应用技术[M]. 北京: 科学出版社, 2017.

[6]　Fayed H A, Atiya A F. Speed up grid-search for parameter selection of support vector machines[J]. Applied Soft Computing, 2019, 80: 202-210.

[7]　de Doncker R W A A, Divan D M, Kheraluwals M H. A three-phase soft-switched high-power-density DC/DC converter for high-power applications[J]. IEEE Transactions on Industry Applications, 1991, 27(1): 63-73.

[8]　Zhao B, Song Q, Liu W H, et al. Current-stress-optimized switching strategy of isolated bidirectional DC–DC converter with dual-phase-shift control[J]. IEEE Transactions on Industrial Electronics, 2013, 60(10): 4458-4467.

[9]　Liu B C, Davari P, Blaabjerg F. An optimized hybrid modulation scheme for reducing conduction losses in dual active bridge converters[J]. IEEE Journal of Emerging and Selected Topics in Power Electronics, 2021, 9(1): 921-936.

[10]　Ye Y J, Qiu D W, Sun M Y, et al. Deep reinforcement learning for strategic bidding in electricity markets[J]. IEEE Transactions on Smart Grid, 2020, 11(2): 1343-1355.

[11]　Lillicrap T P, Hunt J J, Pritzel A, et al. Continuous control with deep reinforcement learning[EB/OL]（2019-07-05）[2024-09-10]. https://arxiv.org/abs/1509.02971.

[12]　Wang Y D, Sun J, He H B, et al. Deterministic policy gradient with integral compensator for robust quadrotor control[J]. IEEE Transactions on Systems, Man, and Cybernetics: Systems, 2020, 50(10): 3713-3725.